第 3 版

土質力学

石原研而・著

丸善出版

第3版　改訂のことば

　本書の第2版が上梓されて以来17年が経過した．その間，建設産業における規格化やICT化が進み，実務に関連した施工管理のための現位置調査や観測法は格段に進歩し，それに伴い実用面での地盤工学は進歩を続けている．しかし，その反面，原理原則や基本的概念の理解は一般に過小評価され希薄化が進んでいるように思える．つまり，サイエンスとしての土質力学は，テクノロジーとしての地盤工学に比べて影が薄くなってきていると思われる．

　欧米諸国では伝統的にサイエンスの格式が高く，テクノロジーは一段低い地位に位置付けられてきた．古代ギリシアでは神学，哲学，天文学，数学が最高の格式をもつサイエンスであった．中世以後，物理，化学，医学，法学等がそれに加わっているが，18世紀から力学または応用力学もその仲間入りをしてきたと思ってよい．

　欧米では土質力学もその一部門であり，サイエンスという範疇内での地位を確保すべきとする願望は依然として強い．このことは我が国でも認識を新たに持つべきことで，工学の進歩に平行して土質力学の内容の理解も発展普及されるべきであると考えている．以上のような事情から，第3版では説明を追加して土の力学の内容の理解をより深めるように配慮したつもりである．

　次に，第2版までは粘性土を中心とした内容であったが，最近の進歩に鑑み第3版では砂質土の力学特性についての記述も付け加えた．周知のように，粘性土は圧密やすべりで代表されるように静的載荷環境のもとでの課題が主で，動的環境のもとでの課題は少なかった．逆に砂質土では静的課題が少なく，地震時等の動的載荷環境のもとで，液状化に代表されるような大きな問題が浮上してきて現在に至っている．よって本書では，動的課題を念頭におき砂質土の挙動についての内容を追加した．以上のような背景のもとで，改訂された本書が読者の皆さまのお役に立つならば，望外の喜びである．

砂質土の動的課題については，我が国の寄与が多大であったと思われるが，この分野の進歩に多大な貢献をされた東京工業大学の吉見吉昭名誉教授，時松孝次名誉教授，東京大学の龍岡文夫名誉教授，中央大学の国生剛治名誉教授，東京電機大学の安田進教授，首都大学東京の吉嶺充俊准教授，東京理科大学の塚本良道教授，チリ大学の Ramon Verdugo 教授，カンタベリー大学の Misko Cubrinovski 教授，そして多くの日本の研究者の皆様の御努力に満腔の敬意を表わしたい．

本書の第3版の改訂については，大東文化大学元講師の三浦基弘氏に叱咤激励と貴重なコメントをいただいた．そして，丸善出版企画・編集部の渡邊康治，萩田小百合の両氏には大変お世話になった．ここに深く感謝の意を表するものである．

2017年12月

石 原 研 而

第 2 版　改訂のことば

　本書を上梓して以来 13 年の年月が経ってしまった．その間，土質力学自体も目覚しい進歩を遂げ，細分化と深化が進み，全貌を理解することはますます困難になってきた．また，一方で工学を一般の人々に理解してもらうための広報活動や説明責任の重要性も各所で謳われており，その意味で地盤工学の基礎をなす土質力学の原理が，専門の技術者によく理解されていることの重要性も増してきたと思える．

　このような中で，本書の改訂が要請され，それに応えるべく尽力したつもりであるが所望の成果が挙がったとは思われない．内容の解りにくい箇所を平易な説明に書き換えたこと，立ち入った内容の部分を削除したこと，そして各章間のつながりに配慮したこと，等が主な改正点である．

　本書が世に出て以来，多くの方々にミスプリの指摘や内容に関する有益なコメントをいただいた．特に，東京大学の龍岡文夫教授，九州工業大学の永瀬英生助教授，そして新潟大学の大熊孝教授からは，懇切丁寧なご指導をいただいた．ここに深く感謝の意を表する次第である．

2001 年 9 月

石　原　研　而

初版序文

 本書は，土質力学を最初から学ぼうとする人々を対象にした入門書であり，多彩な内容をもつ土質力学の中の，限られた基本的題材について詳しく解説を加えたものである．色々な学術書を読んで，説明が簡単すぎるが故に十分な理解がえられず，通読を頓座させられた経験を，著者はしばしば味わってきた．みずからのこのような苦心に鑑み，内容の理解が円滑に進むよう，細かい事項まで詳しく説明するように心掛けた積りである．

 本書の内容は，著者が昭和46年以来，東京大学工学部学生を対象に担当してきた講義用の雑記録をとりまとめたものである．長年，繰り返し話してきた内容であるため，個人的トーンが強く出てしまったこと，感覚的に理解していたものを書き下したため，厳密性に欠ける記述が散見されること，等が内心忸怩たる所であるが，この点については，読者諸賢の御批判をいただき，機会を見て正していきたいと考えている．

 本書を書きはじめてから，数年の月日が経ってしまった．この間，土質力学の研究教育について，故最上武雄教授，福岡正巳教授から，幾多の御教示を頂いた．そして，当学科の東畑郁生助教授，桑野二郎講師には，原稿について貴重な意見をいただいた．また，丸善出版事業部には，原稿の催促や調整などで，大変お世話いただいた．ここに深く感謝の意を表する次第である．

1988年7月

石 原 研 而

目　次

第1章　土の基本的性質

1・1　土の基本的物理量……………………………………………………………1
　　1・1・1　基本的物理量の定義……………………………………………………1
　　1・1・2　基本的物理量の間の関係………………………………………………4
　　1・1・3　基本的物理量の測定法…………………………………………………6
1・2　土　の　粒　度………………………………………………………………8
　　1・2・1　粒径による区分…………………………………………………………8
　　1・2・2　粒　度　分　布…………………………………………………………9
1・3　土のコンシステンシー………………………………………………………13
　　1・3・1　コンシステンシーの意義………………………………………………13
　　1・3・2　液性限界と塑性限界の求め方…………………………………………15
　　1・3・3　液性限界，塑性限界，塑性指数の物理的意味………………………17
　　1・3・4　粘土の活性度……………………………………………………………21
　　1・3・5　鋭　敏　比………………………………………………………………23
1・4　砂の相対密度…………………………………………………………………25
1・5　土の工学的分類………………………………………………………………27
　　1・5・1　統　一　分　類　法……………………………………………………28

第2章　不飽和土の諸性質

2・1　毛管作用とサクション………………………………………………………33
　　2・1・1　土中の毛管作用…………………………………………………………34
　　2・1・2　毛管圧力と結合力………………………………………………………35
　　2・1・3　サクションの測定………………………………………………………38
　　2・1・4　サクションと含水比の関係……………………………………………39
　　2・1・5　不飽和領域への浸透……………………………………………………40

2・2 土の凍結凍上……………………………………………………43
　2・2・1 土の熱的性質……………………………………………43
　2・2・2 凍結の進行………………………………………………47
　2・2・3 凍上現象…………………………………………………49

第3章 土の締固め

3・1 締め固めた土の性質……………………………………………53
　3・1・1 締固め曲線と最適含水比………………………………53
　3・1・2 土の締固め試験…………………………………………55
　3・1・3 土の種類と締固め曲線…………………………………58

第4章 透　　水

4・1 Darcyの法則……………………………………………………63
4・2 透水係数…………………………………………………………64
　4・2・1 透水係数の求め方………………………………………64
　4・2・2 透水係数の値……………………………………………67
4・3 透水力と透水安定性……………………………………………75
　4・3・1 透　水　力………………………………………………75
　4・3・2 透水に対する安定性……………………………………78
　4・3・3 フィルター………………………………………………81
　4・3・4 内部浸蝕…………………………………………………84

第5章 有効応力，摩擦則とダイレタンシー則

5・1 有効応力と間隙水圧……………………………………………87
5・2 外力によって生ずる間隙水圧…………………………………90
　5・2・1 圧縮応力による間隙水圧………………………………92
　5・2・2 変形強度を支配する摩擦則……………………………95
　5・2・3 変形時のダイレタンシー則……………………………98
　5・2・4 土の変形強度特性………………………………………98

第6章 粘土の圧密

6・1 土の圧縮…………………………………………………………105

6・1・1　飽和粘土の圧密過程 …………………………………… 105
　　6・1・2　間隙比と有効応力との関係 …………………………… 107
　　6・1・3　粘土の圧縮曲線の特性 ………………………………… 110
　6・2　圧　密　理　論 ………………………………………………… 116
　　6・2・1　圧密方程式の誘導 ……………………………………… 116
　　6・2・2　圧密方程式の解 ………………………………………… 120
　　6・2・3　圧　　密　　度 ………………………………………… 124
　　6・2・4　圧密試験と整理法 ……………………………………… 128
　6・3　圧密現象の種類 ………………………………………………… 134

第7章　粘性土のせん断強度

　7・1　組　合　せ　応　力 …………………………………………… 139
　　7・1・1　応　力　の　変　換 …………………………………… 139
　　7・1・2　Mohrの応力円表示 ……………………………………… 144
　7・2　Mohr-Coulombの破壊規準 ……………………………………… 146
　　7・2・1　すべり面上の応力による表示 ………………………… 146
　　7・2・2　主応力による破壊規準の表示 ………………………… 148
　　7・2・3　最大せん断応力面上の応力による表示 ……………… 152
　　7・2・4　x, y-面上の応力による表示 …………………………… 152
　　7・2・5　破壊規準の表示方法についてのまとめ ……………… 153
　7・3　粘性土のせん断強度 …………………………………………… 154
　　7・3・1　応力履歴の再現と載荷環境 …………………………… 154
　　7・3・2　三軸せん断試験 ………………………………………… 156
　　7・3・3　三軸圧縮せん断試験結果 ……………………………… 158
　7・4　粘土の非排水せん断強度 ……………………………………… 160
　　7・4・1　正規圧密粘土の非排水せん断強度 …………………… 160
　　7・4・2　過圧密粘土の非排水せん断強度 ……………………… 165
　　7・4・3　過圧密粘土のせん断強度 ……………………………… 168
　　7・4・4　粘土の一軸圧縮強度 …………………………………… 171
　7・5　粘土の排水せん断強度 ………………………………………… 173
　　7・5・1　エネルギー補正 ………………………………………… 173
　　7・5・2　排水せん断強度 ………………………………………… 176
　　7・5・3　粘土の残留強度 ………………………………………… 179

第8章　砂の変形特性

8・1　砂の変形流動特性 …………………………………………………… 185
    8・1・1　繰返し載荷後の単調載荷と単調載荷のみの場合との比較 …… 187
    8・1・2　砂の非排水せん断における定常状態と準定常状態 ………… 187
    8・1・3　定常状態と準定常状態の間隙比依存性 ……………………… 189
    8・1・4　初期分割線 ……………………………………………………… 193

第9章　地盤内の応力と変位

9・1　半無限弾性体内の応力 ……………………………………………… 195
    9・1・1　単一集中荷重 …………………………………………………… 195
    9・1・2　線状荷重 ………………………………………………………… 200
    9・1・3　帯状荷重 ………………………………………………………… 201
    9・1・4　正弦波荷重 ……………………………………………………… 203
    9・1・5　圧力球根 ………………………………………………………… 206
9・2　地盤の表面沈下 ……………………………………………………… 208
    9・2・1　弾性沈下 ………………………………………………………… 208
    9・2・2　不等沈下に対する適用 ………………………………………… 210
    9・2・3　地盤反力係数 …………………………………………………… 212
9・3　盛土内の応力と変位 ………………………………………………… 214
    9・3・1　アースフィルによる変位 ……………………………………… 214

第10章　土　　　圧

10・1　土　　　圧 ………………………………………………………… 219
    10・1・1　土圧の定義と特徴 …………………………………………… 219
    10・1・2　Rankine の土圧 ……………………………………………… 222
    10・1・3　鉛直自立高さ ………………………………………………… 225
    10・1・4　Coulomb 土圧 ………………………………………………… 226
    10・1・5　静止土圧 ……………………………………………………… 230
    10・1・6　壁の変形パターンと土圧分布 ……………………………… 233
10・2　設計用の土圧公式 ………………………………………………… 234
    10・2・1　擁壁の土圧 …………………………………………………… 234
    10・2・2　矢板土留壁に作用する土圧 ………………………………… 235

10・3　埋設管に作用する鉛直土圧 ……………………………… 238
　　10・3・1　鉛　直　土　圧 …………………………………… 239
　　10・3・2　埋設管の設計用土圧 ……………………………… 240

第11章　地盤の支持力

11・1　支　持　力　論 …………………………………………… 243
　　11・1・1　地盤の弾塑性変形 ………………………………… 243
　　11・1・2　Rankine 塑性域に基づく支持力 ………………… 245
　　11・1・3　塑性過渡領域を考慮した支持力 ………………… 250
11・2　地盤の支持力 ……………………………………………… 256
　　11・2・1　Terzaghi の支持力式 ……………………………… 256
　　11・2・2　杭基礎の支持力 …………………………………… 259

第12章　斜面の安定

12・1　斜面の安定度 ……………………………………………… 263
　　12・1・1　直線斜面の安定性 ………………………………… 263
　　12・1・2　円弧すべり面による安定解析法 ………………… 269
　　12・1・3　水浸斜面の安定解析法 …………………………… 276
　　12・1・4　任意のすべり面に対する安定解析法 …………… 280
　　12・1・5　急速水位降下時の安定解析 ……………………… 282
12・2　全応力解析と有効応力解析 ……………………………… 284

第13章　砂地盤の液状化

13・1　繰返し非排水せん断時の挙動 …………………………… 289
13・2　砂質土の繰返し強度 ……………………………………… 291
13・3　液状化強度の推定法 ……………………………………… 295
13・4　液状化発生有無の判定 …………………………………… 299

索　　　引 ………………………………………………………… 303

Karl Terzaghi (1883-1963)

有効応力原理を発見し，圧密理論を確立した．地盤の支持力，土圧，すべり，浸透破壊等すべての根源的課題について，その体系化と実用化に貢献した．20世紀初頭，社会の近代化幕開けの時代に，土質力学，地盤工学を一早く確立し，この分野の始祖となった．

第1章　土の基本的性質

1・1　土の基本的物理量

　地盤を構成する土は，一般に，土粒子と水と空気の3つの部分から成り立っている．土粒子としては，破砕された岩石等の鉱物や腐食した植物が主成分となり，水の部分は油や海水であることもある．空気の部分には色々のガスが含まれていることもあるので，もっと一般に，土は固体と液体と気体の三相から構成されているといってもよいであろう．この中で，液体と気体の部分は間隙または空隙（void）と呼ばれる．そこで，土の種類や状態を表わすには，これら3つの部分の相対的な重さや体積の比率を示す指標が必要となる．以下，これらのパラメータにつき述べてみることにする．

1・1・1　基本的物理量の定義

　土を構成する3つの相のそれぞれに対して，体積と重量を表わすために，図1.1

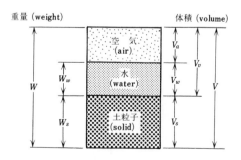

図 **1.1**　三相から成る土のモデル

のような記号が用いられる．体積については V，重量については W の記号を用い，土粒子，水，空気の部分を表わすために，それぞれ，s, w, a の小文字を添字として用いるのが普通である．また，間隙については v が添字として用いられる．

A. 体積に関係した物理量

各相の体積に関する比率を表わすパラメータとして，次のものが挙げられる．

a. 間隙比（void ratio） これは，土粒子の部分の体積 V_s に対する間隙の体積 V_v の比率を表わし，

$$e = \frac{V_v}{V_s} \tag{1.1}$$

で定義される．

b. 間隙率（porosity） これは，全体の体積 V に対する間隙の体積の比率を表わし，

$$n = \frac{V_v}{V} \tag{1.2}$$

で定義される．間隙率はパーセントで表わすこともあるが，小数のまま用いることもある．間隙率と間隙比の間には，

$$n = \frac{e}{1+e} \tag{1.3}$$

なる関係が成り立つ．

c. 飽和度（saturation ratio） これは，間隙の体積に対して水の部分が占める割合を示し，

$$S_r = \frac{V_w}{V_v} (\times 100\%) \tag{1.4}$$

で定義される．飽和度は，一般にパーセントで表現されるが，記述上の煩雑さを避けるため，以下パーセントの表示（×100%）を式の中で用いるのは省略することにする．$S_r = 100\%$ の土は空隙が完全に水で満たされているわけで，特に"飽和土"と呼ばれる．それに対し，$S_r < 100\%$ の土は"不飽和土"と呼ばれる．

d. 体積含水率（volume water content） これは，水の部分の体積 V_w が全体の体積 V に対してどの位の割合を占めるのかを示し，

$$\theta = \frac{V_w}{V} \tag{1.5}$$

で定義されるが，間隙率と飽和度を用いて，

$$\theta = nS_r \tag{1.6}$$

で求められる．

B. 重量に関係した物理量

各相の重量に関する比率を表わすパラメータとしては，次のものがある．

a. 含水比（water content または moisture content） これは，土粒子の部分の重量 W_s に対して，水の重量の占める割合を示し，

$$w = \frac{W_w}{W_s}(\times 100\%) \tag{1.7}$$

で定義される．含水比もパーセントで表示されるのが普通である．

C. 体積と重量の両方に関係した物理量

単位体積の中に存在する各相の物質の重量を表わすパラメータで，次のものがよく用いられる．

a. 湿潤単位体積重量（wet unit weight） これは，三相について区別せず，全体に着目した場合の単体重量で，

$$\gamma = \gamma_t = \frac{W}{V} \tag{1.8}$$

で定義される．単位は kN/m^3 または tf/m^3 である．

b. 乾燥単位体積重量（dry unit weight） これは，土粒子の部分の重さ W_s を全体の体積で除したもので，

$$\gamma_d = \frac{W_s}{V} \tag{1.9}$$

によって与えられる．土中に間隙水が全く存在しない場合には $\gamma_t = \gamma_d$ になるが，水が存在すると常に $\gamma_t > \gamma_d$ となることは明らかである．

c. 土粒子の比重 土粒子の部分にのみ着目した場合の単体重量は，

$$\gamma_s = \frac{W_s}{V_s}$$

で与えられるが，一般にはこれを水の単体重量 γ_w で除した比重 G または G_s がよく用いられる．つまり，

$$G = G_s = \gamma_s/\gamma_w \tag{1.10}$$

1・1・2 基本的物理量の間の関係

以上定義した物理量の中でよく用いられるものは,間隙比 e, 飽和度 S_r, 含水比 w, 湿潤単体重量 γ_t, 乾燥単体重量 γ_d および比重 G_s, の6つである. この中で, 室内または原位置での測定により比較的容易に求めうるのは, 含水比, 湿潤単体重量そして比重の3つである. よって, 残りのものは次に述べる関係式を用いて, 計算で求めるのが普通である. つまり, 一般の不飽和土に対しては,

$$(w,\ \gamma_t,\ G_s) \Rightarrow (\gamma_d,\ e,\ S_r)$$
直接測定　　　　　式による算定

のような図式が成り立つ. γ_d, e, S_r の算定式は, 図1.2を参照して次のようにして導かれる.

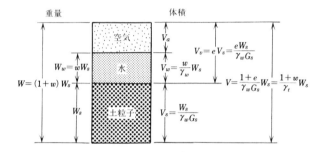

図 **1.2** 土粒子の重量 W_s で表わした各相の重量と体積

この図では, すべての量が W_s を用いて表現してあるので, 式の誘導は容易である.

$$\left. \begin{array}{l} \gamma_d = W_s/V = \dfrac{\gamma_t}{1+w} \\[2mm] e = (V-V_s)/V_s = \dfrac{G_s \gamma_w}{\gamma_d} - 1 \\[2mm] S_r = V_w/V_v = \dfrac{wG_s}{e} \end{array} \right\} \qquad (1.11)$$

最初の式から, まず γ_d を求め, これを2番目の式に用いて e を求める. そして, この e を第3式に代入して S_r を求めるという順序を踏めばよい. 以上は, 一般的な不飽和土を対象にした場合であるが, 地下水面より下に存在する土のように土が完全に水で飽和されている場合には $S_r = 1.0$ となり, $e = wG_s$ なる関係が成り立つ

から，式 (1.11) に対応する式は，

$$\gamma_d = \frac{G_s \gamma_w}{1+wG_s}, \quad e = wG_s \qquad (1.12)$$

に帰着され，直接測定すべき量は G_s と w の2つになる．よって，飽和土に対しては，

$$(w,\ G_s) \Rightarrow (\gamma_d,\ e)$$
直接測定　　式による算定

なる図式が成り立つことになる．この時，湿潤単体重量 γ_t を測定する必要がないので，γ_d と e の算定はずっと容易になる．飽和土の γ_t は，式 (1.11) の第1式と式 (1.12) の関係を用いて，

$$\gamma_t = \frac{1+w}{1+wG_s}\gamma_w G_s \qquad (1.13)$$

によって計算で求めることが可能になってくる．

ところで，海岸の近くに発達した沖積平野を構成する地盤や，埋立てによって造成された地盤では，土が水で飽和されていることが多い．更に，土粒子の比重は一般に岩石の比重に近く，$G_s = 2.60 \sim 2.70$ の間の値をとることが多い．そこで，代表的な値として $G_s = 2.65$ を採用することにすると，近似的に，式 (1.12)，(1.13) は，

$$e \fallingdotseq 2.65w, \quad \gamma_d/\gamma_w \fallingdotseq \frac{2.65}{1+2.65w}, \quad \gamma_t/\gamma_w \fallingdotseq 2.65\frac{1+w}{1+2.65w} \qquad (1.14)$$

となる．これらの式は，測定が最も簡単な含水比 w が分っている時，e, γ_d, γ_t を迅速に求めるために便利な近似式である[1]．

式 (1.11) に示した関係式の他によく用いられるのは，各種の単体重量を e, S_r, G_s の関数として表示することである．湿潤単体重量については図 1.2 を参照して，直ちに，

$$\gamma_t = \frac{1+w}{1+e}G_s \gamma_w \qquad (1.15)$$

がえられるが，式 (1.11) より $w = S_r e/G_s$ であることを利用すると，

$$\gamma_t = \frac{G_s + S_r e}{1+e}\gamma_w \qquad (1.16)$$

がえられる．乾燥単体重量については図 1.2 を参照して，直ちに，

がえられる.

地下水面より下にある土については飽和度 S_r が 100% であるから，式 (1.16) で $S_r = 1.0$ とおくことにより

$$\gamma_{sat} = \frac{G_s + e}{1 + e} \gamma_w \qquad (1.18)$$

がえられる．飽和土については γ_t の代わりに，γ_{sat} なる記号が用いられる.

地下水面より深い位置にある土に対しては，水中単位体積重量 γ' を次のように定義することができる.

$$\gamma' = \frac{W - \gamma_w V}{V} = \frac{W_s - \gamma_w V_s}{V} = \frac{G_s - 1}{1 + e} \gamma_w \qquad (1.19)$$

この式より，土の水中単体重量は，土が占有する体積に等しい水の重さ $\gamma_w V$ を全重量 W から差し引いた重さについての単位体積重量であると見なすことができる．あるいは，土粒子の部分が占める体積に等しい水の重さ $\gamma_w V_s$ を，土粒子の部分の重量 W_s から差し引いた重さについての単体重量であると考えても同じことである．式 (1.18) と式 (1.19) より，

$$\gamma' = \gamma_{sat} - \gamma_w \qquad (1.20)$$

なる関係がえられるので，これによって，土の水中単体重量を求めるとよい.

1・1・3 基本的物理量の測定法

a. 含水比　　時計皿の上に少量の土をのせ，全体の重さ W_t を測る．これは，時計皿の重さ W_p と土粒子の部分の重さ W_s と水の重さ W_w の総和に等しい．次に，この土を 110° 程度の温度で約 24 時間炉乾燥させ，再び重さを測る．この時の重量を W_a とすると，$W_a = W_p + W_s$ である．よって，含水比は，

$$w = \frac{W_w}{W_s} = \frac{W_t - W_a}{W_a - W_p} \qquad (1.21)$$

によって求めることができる．含水比の測定は最も簡単で，しかも精度よく実施できるのが特徴である.

b. 比　重　　内容積が V_p，重さが W_p のピクノメータ（図 1.3）に蒸留水を満した時の重さを W_c とすると，$W_c = W_p + \gamma_w V_p$ である．次に，このピクノメータに土

図 **1.3** ピクノメータ

を入れ，十分に空気を追い出した時の全体の重さを W_t とすると，土粒子の部分の重量を W_s，体積を V_s とする時，$W_t = W_p + (V_p - V_s)\gamma_w + W_s$ なる関係が成り立つから

$$W_t = W_p + \left(V_p - \frac{W_s}{G_s \gamma_w}\right)\gamma_w + W_s = W_c + \left(1 - \frac{1}{G_s}\right)W_s$$

となる．よって，ピクノメータから土を取り出し，炉乾燥した後の土粒子部分の重量 W_s を測定することにより，

$$G_s = \frac{W_s}{W_s + W_c - W_t} \tag{1.22}$$

によって比重を求めることができる．試験を行う際，土中の気泡の排出が十分でないと，比重の値が実際より小さく算出されるので，煮沸または薬剤を用いて十分に気泡を除去することが比重測定の精度を高める上での必要条件となる．土粒子の比重は，造岩鉱物の比重に他ならない．よって，石英質の砂は石英自身の比重 2.65 とほぼ同じであり，カオリナイト，ハロイサイト，モンモリロナイト，イライト等の鉱物から成る粘土は，2.80～2.90 の比重を持つことが多い．

c. 単位体積重量 単体重量を決める上で重量 W の測定は容易であるが，体積 V の測定は一般に相当の困難を伴う．体積の測定は色々の方法で行われるが，大別すると直接測定法と置換測定法に分けられる．前者は，成形可能な粘土や固結した砂等の供試体を四角形または円筒形に切り出し，各辺の長さや直径を直接物差しで測る方法である．後者としては，実験室内において成形した土試料を水銀の中へ入れ，除去される水銀の体積を測る方法や，パラフィン・シールした試料を水中に沈

めて排除される水の体積を測り，後にパラフィンを熱で溶かして補正する方法等がある．原位置では，水置換法と砂置換法がよく用いられる．原地盤の上に直径30～40 cm，深さ30 cm程度の穴を掘り，除去した土の重量を測ってWを求める．次に，ビニールシートを穴の中に密着させて敷き，水を注入して，穴を満たすに必要な水の量を測ってVとするのである．水の代わりに，穴の中に特別装置を使って乾燥砂を注入し，この砂の重量を，同じ方法で注入堆積させて別途定めたこの砂の単体重量で割ってVを求めるのが，砂置換法である．

以上は，いずれも，盛立て中のアームダムや盛土のように体積を求めようとする土が手元にある場合にしか適用できない．地下水面より下に存在する砂層の単体重量を求めるような場合には，攪乱を最小限に止めて，ボーリング孔より土の試料を引き上げてくる必要がある．この時には，特殊なサンプラー（試料採取機）や，地盤を凍結して試料を採取する方法が用いられる．単体重量を求めるその他の方法として，ラジオアイソトープを利用した間接的な原位置密度測定も時折行われる．

1・2 土 の 粒 度

1・2・1 粒径による区分

土は色々な大きさの粒子の集合から成っているが，粒子の大きさを表わす粒径に基づく区分名称がよく用いられる．土の粒径は，ふるい分け試験で用いるふるいの目の大きさで表わすのが普通である．ふるいは，目の大きさによって図1.4のように番号がつけられているが，土質試験で用いられる最も細かいふるいは200番ふるい（#200と書く）で，目の大きさは74μ（ミクロン）である．これより大きい目をもつふるいは，図1.4のように次第に若い番号がつけられており，4番ふるいの目の大きさは4.76 mmである．ふるいの番号は，1インチ＝2.54 cmの間に含まれる目の数を意味しており，たとえば，200番ふるいは1インチの中に200個の目が存在することを意味している．4番ふるいより大きな目のふるいは，目の大きさを直接インチで表示して，3/8インチふるい，1インチふるい，というふうに呼ばれている．ただし，インチで呼ぶ場合は，必ず1/8とか1/4とかの分数を用いるが，これはインチ物差しの目盛が，1/16単位であることに由来している．

後述する統一分類法によると，74μ以下，5μ以上の粒径をもつ土をシルト（silt）

1・2 土 の 粒 度　9

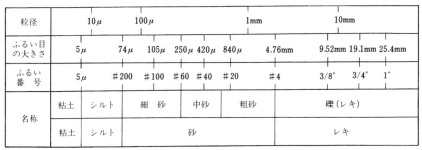

図 1.4　粒径の区分と名称（統一分類法による）

と呼び，74μ以上 4760μ以下の粒径から成る土を砂と呼んでいる．4760μ以上の粒径から成る土はレキ（礫）と称している．しかし，シルトと砂の境界を 50μ，砂とレキの境界を 2000μ とする分類法も用いられている．砂は更に，細砂，中砂，粗砂と3つに分類して呼ぶこともある．5μ または 2μ 以下の微細粒土は，普通，粘土と呼ばれている．

1・2・2　粒 度 分 布

　土の中に含まれている色々な大きさの粒子の混合割合のことを粒度と呼んでいる．粒度の表示には，ある大きさの粒子が全体の何％を占めているかを重量比で示すことが多く，そのためにふるい分け分析が行われる．図 1.5 のごとく，目の細かいふるいから粗い目のふるいへと，上へ向っていくつかのふるいを重ねておき，最上部のふるいに既定の重量 W の土を入れる．そして，水を注いで土を細かくほぐしながら全体に振動を加えてやると，各ふるいにそのふるい目より大きい粒子の部分が残留する．今，全体の重量が 1000 g であり，図に示すような重さの土が各ふるいに残留したとすると，200 番ふるいを通過する土量は全体の 5% である．よって，通過重量百分率を縦軸にとり，粒径を横軸に対数目盛でとった図 1.6 のようなグラフにこのデータをプロットすると点 A_1 がえられる．次に，100 番ふるいを通過する土は 200 g あり，全体の 20% だから，このデータを図 1.6 にプロットすると点 A_2 がえられる．同様にして，各ふるいを通過する土の重量百分率を求め，それぞれのふるい目の大きさに対してプロットすると，図 1.6 に示す A_3，A_4，A_5 の各点がえられる．これらの点を連ねた曲線が，粒径加積曲線と呼ばれるものである．こ

10   第1章 土の基本的性質

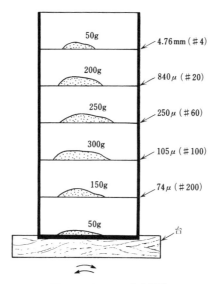

図 1.5 ふるい分け試験

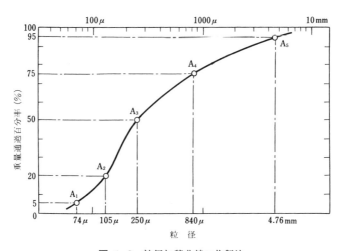

図 1.6 粒径加積曲線の作製法

の種のプロットではある粒径より小さい粒子の占める割合を縦軸に選んでいるから，粒径加積曲線は常に右上りのカーブとなる．この曲線は土の粒度構成を図上で表示するためによく用いられるが，粒度を数量的に表わすことも必要になってくる．そのために，粒子の大きさの表示方法につき，まず図1.7にしたがって説明してみ

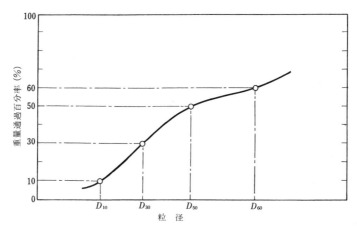

図 1.7　粒径の表示方法

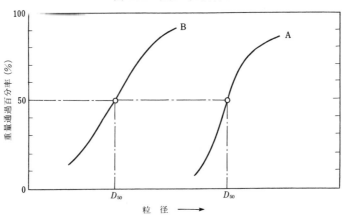

図 1.8　有効粒径 D_{50} の定義

る．与えられた土の中で，重量にして全体の 10% のものが通過してしまうようなふるいがあったとすると，その目の大きさが D_{10} （D は直径を意味する diameter の略称）で表わされる．よって，この土の中には D_{10} より小さい粒径をもつ粒子が，重量で 10% 含まれることを意味する．同様にして，D_{30}, D_{50}, D_{60} はこれらより小さい粒径の粒子が，それぞれ 30%，50%，60%，その土の中に含まれていることを意味するのである．これらの表示方法に基づいて，粒度構成を数量的に表わすのによく用いられるパラメータとして，次のものが挙げられる．

a. 有効粒径 D_{50}　　与えられた土の中の，中位の大きさの粒子の粒径を示すもので，図1.8に示すように，D_{50} が大きな土は全体的に粗粒で，D_{50} が小さい土は細粒であることを表わす．

b. 均等係数 U_c　　これは，D_{60} と D_{10} の比で，

$$U_c = D_{60}/D_{10} \tag{1.23}$$

によって定義される．与えられた土の中に，異なった大きさの粒子がどの程度含まれているかを示す目安として使われる．今，平均的な粒子の大きさを D_{60} で表わす

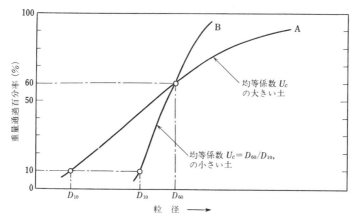

図 **1.9**　均等係数 U_c の定義

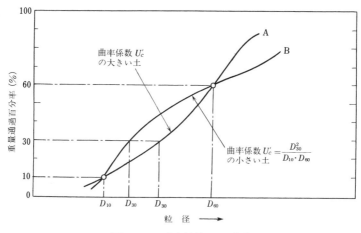

図 **1.10**　曲率係数 U_c' の定義

として（D_{50}でもD_{60}でも大きな差異はない），D_{60}が等しい2種類の土A，B，があり，図1.9のような粒径加積曲線を持っているとしよう．この場合，Aの方がBに比して，明らかに均等係数は大きい．したがって，U_cの大きな土は粒径加積曲線が横に傾いていて，色々な大きさの粒子の集合体から成っていることが分る．逆に，均等係数が小さい土は粒径加積曲線が立ち上っていて，ほぼ同じ大きさの粒子からその土が成り立っていることを示す．たとえば，パチンコの球の集合を考えると，すべての球の大きさが等しいから粒径加積曲線は直立しており，U_cの値は1となる．U_cの大きな土は良配合（well graded）であるという，U_cの小さい土は貧配合（poorly graded）であるともいう．

c. 曲率係数 U_c' この定義は，

$$U_c' = \frac{D_{30}^2}{D_{10} \cdot D_{60}} \qquad (1.24)$$

である．図1.10のごとく，D_{10}とD_{60}とが同じA，B，なる2つの土があるとするとAの方がBに比してD_{30}の値が大きいから，曲率係数は大きくなる．よって，曲率係数が大きい事は，やや細かい部分の粒子の寸法が相対的に大きいことを意味している．一般に，$U_c' = 1 \sim 3$ の範囲にある時，粒度の分布が一様であるとされている．

1・3 土のコンシステンシー

1・3・1 コンシステンシーの意義

土の力学的性質を判断する上で最も重要な情報の一つは，その土の粒度特性である．しかし，粒度が工学的に意味を持つのは砂やレキの粗粒土に限られ，粘土やシルト等の細粒土ではその意義は薄い．そこで，細粒土に対して粒度に代わる工学的パラメータとして登場するのが，コンシステンシーである．これは一口でいうと，含水比の変化に伴う土の流動特性と考えてよいが，その内容は色々な意味をもっている．図1.11は，含水比の減少に伴い液体状から次第に固体状または粉体状へと土の様相が変化していくのを，体積変化と関連させて説明したものである．含水比が大きいと土はドロドロとした液体状をなしているが，含水量が減ると次第にねばねばとした塑性状を呈し，成形が可能になってくる．この2つの状態の境界に相当する含水比を液性限界（liquid limit）と呼び，w_LまたはLLなる記号で表わす．こ

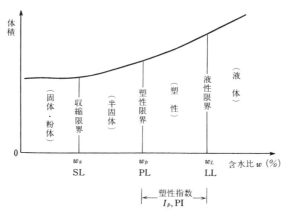

図 1.11 アッターベルグ限界の定義

の含水比前後では，土はまだ飽和状態にあるから，含水比の減少と同量だけ体積が減ることになる．更に含水量が減ると，土は塑性を失ないぼろぼろに分離して，再び成形が困難になる．この半固体状態と塑性状態の境界を画す含水比を塑性限界（plastic limit）と称し，w_p または PL なる記号で表わす．土がぼろぼろとした半固体状になると土中に空気が存在するようになるので，含水量の減少より小さい量の体積減少しか起こりえない．更に含水量が低下すると，土中に空気間隙が増えるのみで体積変化が生じなくなり，土は完全な固体または粉体状になってしまう．この固体状態と半固体状態の境目を定める含水比は，同時に，体積変化が無くなり始める時の含水比にも相当するわけで，これを収縮限界（shrinkage limit）と呼び，w_S または SL なる記号で表わしている．以上 4 つの状態を画する含水比は，総称して，アッターベルク限界（Atterberg limit）といわれている．原位置における土は，液体状になって流れ出したり半固体状になって崩れ落ちたりしないために，塑性状態を保って安定していることが望ましい．そこで，土が成形可能で塑性状態を保持しうる含水比の範囲を示すパラメータとして，塑性指数（plasticity index）I_p または PI が用いられる．この定義は，

$$I_p = w_L - w_p \tag{1.25}$$

で与えられる．

含水比自身は，土の種類によって相対的に高かったり低かったりするので，異なった土の流動性を比較する時には，含水比ではなく液性指数（liquidity index）I_L が

よく用いられる．この定義は，

$$I_L = \frac{w - w_p}{w_L - w_p} = \frac{w - w_p}{I_p} \tag{1.26}$$

であり，その土が成形可能な塑性状態を保持しうる含水比の範囲内で，現在の含水比 w が相対的にどの位の所にあるかを示しているといえよう．次に，同じようなパラメータとして，

$$I_c = \frac{w_L - w}{w_L - w_p} = \frac{w_L - w}{I_p} \tag{1.27}$$

が用いられることもある．これは，コンシステンシー指数（consistency index）と呼ばれているが，物理的には少し異なった意味合いをもっている．一般に，含水比が増加すると，土の流動に対する抵抗力は減少してくる．これに対応して，式(1.27)の定義により，I_c の値は含水比 w の増加に伴い減少するようになっている．したがって，コンシステンシー指数は，土の流動に対する抵抗性を表わすパラメータであると解釈してよい．

1・3・2　液性限界と塑性限界の求め方

a. 液性限界　40番ふるいを通過した 420μ 以下の粒径をもつ細粒土に，適当な量の水を加えて練り混ぜ，ペースト状の土を準備する．この土を図1.12 (a) に示すようなボウル状の容器に入れ，底に平たく張りつけて，図1.12 (b) に示す小道具で中央部に溝を切る．次に，この容器を 10 mm の高さから何度も落下すると溝が次第に狭まってくるから，底部で 15 mm の長さにわたって，この溝がくっつくようになるまでの落下回数 N を求める．この回数を対数目盛で横軸にとり，同時に測定した含水比 w を縦軸にとると，図1.13 においてたとえば A のような点が定まる．次に，含水比を変えて同じ要領で試験を何度か繰り返す．得られたデータを同じ図上にプロットしていくと，図1.13 に示すごとく各データはほぼ一直線上にのることが分る．そこで，25回の落下に相当する含水比を図のようにして求めて，液性限界 w_L とするのである．含水比と落下回数の関係を示す図の直線は流動曲線（flow curve）と呼ばれ，その勾配は流動指数（flow index）I_f と称せられている．液性限界の求め方の詳細は，JIS* A 1205 に記載されている．

---

*　Japanese Industrial Standards（日本産業規格）の略．

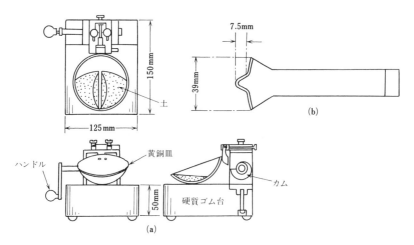

図 **1.12** 液性限界測定装置

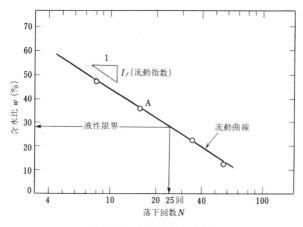

図 **1.13** 液性限界の求め方

b. 塑性限界　水分を少な目にしたダンゴ状の土をすりガラスの上にのせて，手のひらで押しながら転がし，土のひもを作る．含水比が十分あると，このひもが 3 mm の径をもつほど細くなってもひもは切れないでつながっている．しかし，含水比を少しずつ減らして何度もひもを作っていると，ある含水比の時，この 3 mm 径の土のひもはつながらなくて，切れ切れになってしまう．この時の含水比を塑性限界 w_p とする．この試験に対しても，#40 ふるいを通過した 420μ 以下の粒径の

細粒土を用いることが定められている．試験の詳細は JIS A 1206 に述べられている．

1・3・3 液性限界，塑性限界，塑性指数の物理的意味

液性限界を求める試験を行った時，ボウルの中に置かれたペースト状の土は，図 1.14 (a) に示すような変形を起こす．この中の微小な土の要素を取り出し，試験前後の土の形状を示すと図 1.14 (b) のごとくになっていると考えられる．つまり，落下の衝撃を加えたことにより土は大きく変形しており，破壊に至っていると見なしてよい．このような破壊が一軸圧縮状態で発生したと仮定すると，土の試料には図 1.14 (b) に示すように，破壊に必要な応力，つまり破壊強度 C_u に等しい応力が作用しているはずである．よって，液性限界の試験で容器を 10 mm の高さから 25 回落下させるという作業は，破壊強度に等価な外力を，ペースト状の土の試料に加えていることと同じであると見なしてよい．そこで問題になるのは，どの位の外力を液性限界試験で土に加えていることになるのか，という点であるが，一説によると 1 回の落下で $1\,\mathrm{gf/cm^2} \fallingdotseq 0.1\,\mathrm{kN/m^2}$ の応力が加わるので，25 回の落下では $2.5\,\mathrm{kN/m^2}$ になるということである．また，別の説では $2\,\mathrm{kN/m^2}$ 程度の応力を加えることに相当するとされている．いずれにしても，$2 \sim 2.5\,\mathrm{kN/m^2}$ の応力を土の試料に加えて破壊を発生させているのが，液性限界の試験であると解釈してよいであろう．よって，この試験の目的は $2 \sim 2.5\,\mathrm{kN/m^2}$ の応力で破壊が生じるような土の含水比を求めることと等価である，といってもよい．一般に，細粒土は含水比が増大すると破壊強度が低下してくる．したがって，ある土の破壊強度がちょうど 2

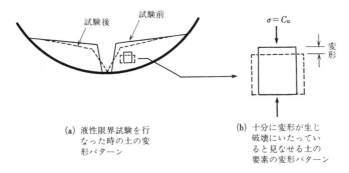

(a) 液性限界試験を行なった時の土の変形パターン

(b) 十分に変形が生じ破壊にいたっていると見なせる土の要素の変形パターン

図 1.14　液性限界試験における土の変形

～2.5 kN/m^2 になる時の含水比が，液性限界 w_L であると考えてよいのである．液性限界の高い土は含水比が大きく，したがって間隙比が大であっても所定の強度を保持し，かつ塑性状態で存在しうる．しかしその反面，間隙が大きいから力を受けた時に体積収縮を起こしやすいのである．よって，液性限界の大きい土は，圧縮性の大きい多孔質の土であると考えてよい．このことは，後述のごとく式 (6.11) の経験式でより具体的に表わされる．

　次に，塑性限界について考えて見ると，この試験でも土は十分こね返されているから，大きな変形を受けて破壊状態にあると考えられる．この時の外力の推定についても明確な値は不明であるが，大体，応力にして $2 \text{ kgf/cm}^2 \fallingdotseq 200 \text{ kN/m}^2$ 位だとされている．したがって，塑性限界は与えられた土が 200 kN/m^2 程度の破壊強度を示す時の含水比を表わす，と解釈してよいであろう．

　ところで，細粒土の破壊強度が含水比と共にいかに変化するかについては，色々の装置を用いて，色々の土に対して別の方法で調べられている．図 1.15 はこのようなデータを集計して示したもので，縦軸に液性指数 I_L をとり，横軸にはそれぞれの土のこね返した状態におけるせん断強度がプロットしてある．この図において，$I_L = 1.0$ に相当する強度は土の液性限界に対応する強度であるが，平均的にみてこの値は 2 kN/m^2 位であるとしてよいであろう．また，$I_L = 0$ に相当する強度は塑性限界に対応する強度であるが，平均的にこれは 200 kN/m^2 程度であると推定してよかろう．

　次に，塑性指数について考えてみるに，これは液性限界と塑性限界の差として定義されるから，上記の考察に基づき，塑性指数 I_p はある与えられた土の破壊強度が 200 kN/m^2 から 2 kN/m^2 まで，約 1/100 にまで減少するために必要な含水比の増加量を表わしていると考えられる．塑性指数が小さいことは，約 100 倍の強度変化をもたらすのに必要な含水比の変化が少ないことを示している．逆に，塑性指数の高い土は，所定の強度変化をもたらすのに相当な量の含水比変化が生じてよいことを示している．あるいは，含水比の増減によって生ずる強度変化の大きい土が低塑性で，逆に小さい土が高塑性土であるといってもよかろう．含水量は間隙の大きさを表わしているから，塑性指数の大小もまた土の圧縮性の大小を示しているといえよう．代表的な粘土鉱物に対して，液性限界と塑性限界の大体の存在範囲を示すと，図 1.16 のようになる．一般に，カオリナイトは低塑性の粘土で，モンモリロ

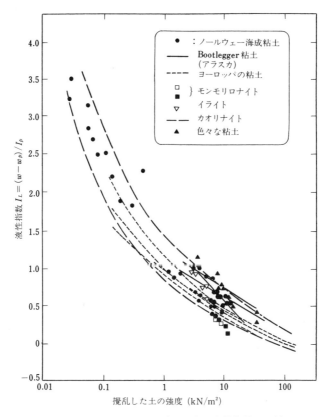

図 1.15 色々な粘土の攪乱強度と液性指数の関係
(Mitchell, 1976)[2]

ナイトは非常に高い塑性を示す粘土であると考えてよい．通常，塑性の低い粘土ほど，手ざわりはさらさらしていて，粒子間のねばりに欠けて，粒子は細かくても砂のような感じを与える．特に塑性の小さい土は液性限界や塑性限界の試験そのものが実施不可能になり，このような細粒土は非塑性土（non-plastic soil）と呼ばれ，NPという記号で表わされる．風化や変質を受けていない純粋な岩石を粉にしたもの等は，低塑性または非塑性であることが多い．例えば，鉱山の選鉱場において貴金属を浮遊選鉱法で取り去ったあとの鉱さいは，岩石の粉砕で得られるシルトや粘土であるので塑性指数は低い．また，真珠岩や黒曜石を粉砕発泡させて作るパーライト等もNPである．これとは逆に，塑性指数の大きい土は，ねばねばした手ざわ

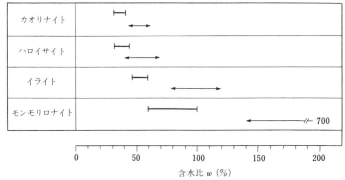

図 1.16 代表的な粘土鉱物の液性，塑性限界の大略の範囲

りで，粘着性に富んでいる．

　細粒土の性質を，液性限界と塑性指数を用いて定性的に表現するためによく用いられるのが，塑性図である．これは図 1.17 のように縦軸に塑性指数を，横軸に液性限界をとり，与えられた土の I_p と w_L がこの図のどの位置にプロットされるかによって，その土の物理的性質の概略を判定しようとするものである．塑性図では，

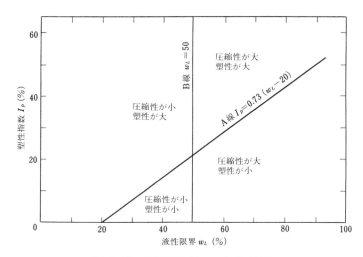

図 1.17 塑性図で表わした粘土の特性

図のようにA線とB線の2本の線を引き,全体を4つの区画に分けておく.そして,B線より右側にプロットされるような液性限界と塑性限界を持つ土は,$w_L \geqq 50$で圧縮性の大きい土とみなされる.逆に,B線より左側にある土は圧縮性の小さい土と見なされる.次に,A線より上側にプロットされる液性限界と塑性限界を有する土は,高塑性でねばねばしており(fatという),これより下に位置する土は,さらさらとした(leanという)低塑性土というふうに見なされる.

1・3・4 粘土の活性度

図1.16から明らかなように,粘土の液性限界と塑性限界の値は,粘土鉱物の種類によって大きく変化する.したがって,塑性指数の値もその土に含まれている粘土分の種類に依存していると考えられる.そこで,色々な種類の粘土を選び,それぞれに対して粘土分の含有量を変えた試料を準備し,塑性指数を実験で求めてみると図1.18に示すような結果がえられる.この図で,縦軸は塑性指数を示し,横軸には粒径が2μ以下の粘土分の含有率P_cがプロットしてある.前述のごとく,液

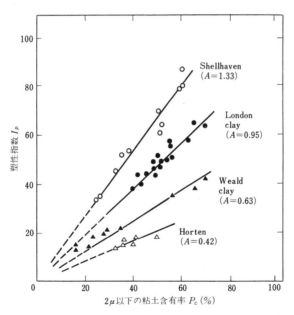

図 1.18 塑性指数と粘土含有率との関係 (Skempton 1953)[3]

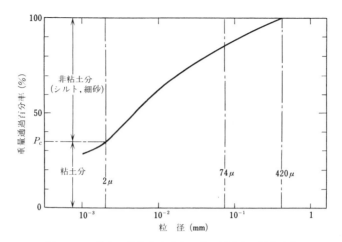

図 1.19 粘土の活性度を求める時の細粒土の粒度分布

性限界と塑性限界を求める試験では 420μ 以下の細粒土が用いられるから，この土の粒度分布は図 1.19 のようになっている．図 1.18 より，細粒土の塑性指数は粘性土の含有量が増えるとほぼそれに比例して増加すること，更にこの増加の割合は粘土分の種類によって異なることが分る．そこで，粘土の種類ごとにデータを直線で近似し，この直線の勾配により活性度（activity）A を定義する．すなわち，

$$A = \frac{塑性指数}{2\mu 以下の粘土分の含有率（\%）} = \frac{I_p}{P_c} \tag{1.28}$$

図 1.18 より明らかなように，活性度の高い粘土ほどそれを含んだ土の塑性指数の増加率が高いといえる．さて，式（1.28）において $P_c = 100\%$ を代入し，その時の塑性指数を I_{pc} とおくと，

$$A = \frac{I_{pc}}{100} \tag{1.29}$$

なる関係がえられる．よって，活性度は 2μ 以下の粘土分自体の塑性指数 I_{pc} を表わしていると解釈してもよい．次に，式（1.29）を式（1.28）に用いると，

$$I_p = \frac{P_c}{100} \cdot I_{pc} \tag{1.30}$$

なる関係がえられる．これは，細砂やシルトを含む細粒土の塑性指数が，粘土分自体の塑性指数 I_{pc} とその粘土の含有量 P_c の積で与えられ，細砂やシルト部分の粒度特性には無関係であることを示しているといえよう．したがって，たとえば図 1.20

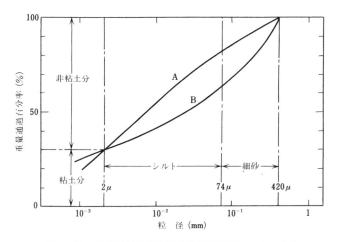

図 1.20 粒度は異なるが粘土含有量が等しい 2 つの土

表 1.1 粘土鉱物の活性度 A

カオリナイト	0.4〜0.5
ハロイサイト	0.1〜0.5
イライト	0.5〜1.0
モンモリロナイト	7.0〜8.0

のように，シルトや細砂部分の粒度が異なる 2 つの細粒土があったとしても，粘土分の含有率が同じであれば，同じ塑性指数がえられる，ということになる．したがって，粘土と非粘土（細砂とシルト）の混合物を考えると，この土の塑性指数は粘土部分の性質とその含有量に大きく依存していることを式 (1.30) は物語っているといえる．代表的な粘土鉱物の活性度を示すと表 1.1 のごとくになるが，一般にカオリナイトとハロイサイトは活性度が低く，モンモリロナイトは非常に大きな活性度を有していることが分る．我が国の沖積平野に広く存在する粘土については，$A = 0.6〜0.8$ の値をとることが多い．

1・3・5 鋭 敏 比

原位置の土は，それぞれの堆積環境のもとで作られた独特の構造を持っており，それ特有のせん断強度を示すことが多い．しかし，この堆積構造はその土が一旦撹乱を受けると失われてしまうため，含水比は同一であっても強度は著しく低下して

来る．そこで，不攪乱の粘土の一軸圧縮試験（7・4・4項参照）とそれを攪乱して再成形した時の一軸圧縮試験の比をとって，鋭敏比（sensitivity ratio）S_t と呼んでいる．すなわち，

$$S_t = \frac{乱さない土の一軸圧縮強さ}{乱した土の一軸圧縮強さ} \quad (1.31)$$

一般の粘土は，3～5の鋭敏比をもっているのが普通なので，特に S_t が4以上の土を鋭敏な粘土と呼んでいる．スカンジナビア地域には氷河期に海中で堆積した間隙比の大きい粘土が広範囲に存在しているが，その後の氷河の後退に伴う地盤の隆起により，これらの粘土地盤は陸上に存在するようになった．その後，降雨の浸透等が続いて，間隙中の海水が洗い流されて淡水で置き換えられる現象を溶脱作用（leaching）と呼ぶが，この作用を受けた粘土は含水比が高いにもかかわらず，ある程度の強度を保持している．しかし，一旦攪乱を受けると強度が極端に低下し，鋭敏比が500以上にもなることがあり，特にクイッククレイ（quick clay）と呼ばれている．この粘土をねり返して液性限界を求めてみると，自然含水比よりも相当小さくなるので，式（1.26）で定義した液性指数は1より当然大きくなってくる．一般に，自然含水比が液性限界より大きくなればなる程，攪乱時の強度低下が著し

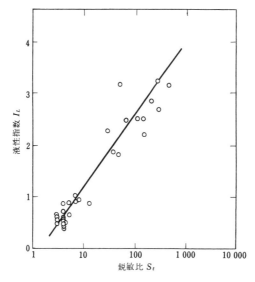

図 **1.21** 鋭敏比と液性指数の関係（Bjerrum, 1954）[4]

くなるから,液性指数の大きい土ほど鋭敏比が増大してくることは想像に難くない.この関係を示す一例が図1.21であるが,液性指数が4位になると鋭敏比も1000程度まで増大してくることが知れる.

1・4 砂の相対密度

与えられた砂の締まり具合を表わすには,間隙比や乾燥密度がよく用いられるが,異なった砂の力学的挙動を同じ締まり具合の条件のもとで比較する場合,間隙比や乾燥密度は必ずしも適切なパラメータとは言い難い.砂は重力の作用のもとで取りうる最大の間隙比 e_{max} と最小の間隙比 e_{min} が存在し,これらの値が砂によって異なっているため,同じ間隙比を有していても,砂が違うと最大値と最小値の間で占める間隙比の相対的位置が異なってくるためである.このことに鑑みて,相対密度(relative density) D_r を

$$D_r = \frac{e_{max} - e}{e_{max} - e_{min}} (\%) \tag{1.32}$$

によって定義し,密度を表わす指標として用いることが多い.今,異なった最大・最小間隙比を有する豊浦砂と浅間山砂が,$e=0.75$ なる同じ間隙比で堆積しているとすると,図1.22に示すごとくそれぞれの相対密度は63%と37%となる.よって,間隙比0.75は豊浦砂にとっては比較的締まった状態を表わすが,浅間山砂にとってはむしろゆる詰めの状態に対応していることが分る.一般に,相対密度と締まり具合の間には,

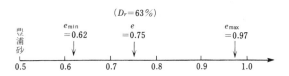

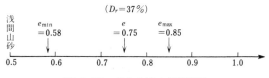

図 1.22 異なる砂の相対密度

$0 \leq D_r < 40\%$ ………ゆる詰め

$40 \leq D_r < 65\%$ ………中密

$65 \leq D_r \leq 100\%$ ………密詰め

の対応があると考えてよい．相対密度を求めるには，まず e_{max} と e_{min} を与えられた砂に対して実験的に求める必要がある．地盤工学会が定める日本の標準的方法によると，最大間隙比は乾燥砂を紙漏斗（じょうご）を用いて最小の落下高さから鉄製の容器に入れて単体重量 γ_d を求め，式 (1.11) より算定される．また，最小間隙比は同じく乾燥砂を鉄製の容器に入れ，木槌で側面を叩いて十分締固めた試料を作って，上と同様な方法で算定される．これらは拘束圧がゼロの時の最大・最小間隙比である．e_{max} と e_{min} の値は砂質土の種類，粒子形状，細粒土の含有率 F_c 等によって変化する．我が国で測られた値について間隙比の存在範囲 $e_{max} - e_{min}$ を F_c に対してプロットしてみると図 1.23 のようになる[5]．

これより，レキや粗砂は間隙比の存在範囲が狭く，シルトや細砂は広いことがわかる．同じデータを e_{max} を横軸にとってプロットしたのが図 1.24 である[6]．この

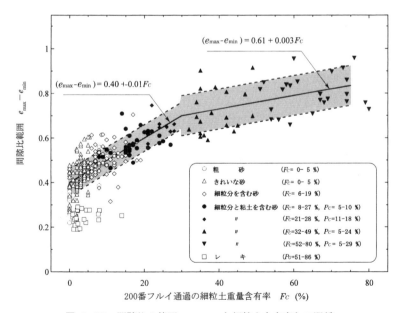

図 **1.23** 間隙比の範囲 $e_{max} - e_{min}$ と細粒土含有率との関係

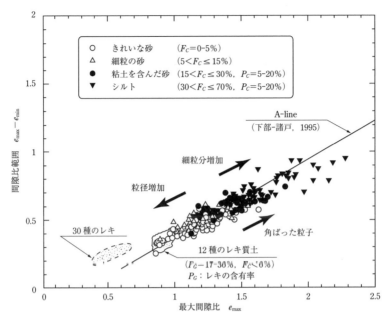

図 1.24　間隙比範囲と最大間隙比の関係

図は粘性土を対象に作られた塑性図（図 1.17）に対応しており，e_{max} が大きいほど間隙比の存在可能範囲が広くなることを示している．

1・5　土の工学的分類

それぞれの利用目的に合致した土の分類方法が色々な分野で用いられているが，それらに要求される条件としては，分類される土とその土の工学的性質との間に一定の関係があること，簡易な判別や分類試験によって分類ができること，そして，誰がどこで行っても同じ分類結果がえられるような簡潔な方法であること等が挙げられる．これらの要求を満たし，最も広く用いられている方法は，米国で作られた統一分類法（Unified Classification System）であろう．

日本の土の特殊性を考慮して，これに改訂を加えた分類法が，我が国では用いられているが，多少複雑であるので，ここでは統一分類法についてその基本的考え方も含めて説明してみることにする．

1・5・1 統 一 分 類 法

この分類法の原形は，Casagrande (1948)[7]によって空港建設の土工事のために作られたAC分類法（Airfield Classification System）にさかのぼる．その後これが改訂され，統一分類法の名のもとに1969年 ASTM (American Society of Testing Materials) の規準として採択され，一般的な土質分類法として広く用いられるようになった．この分類法の基本は，土をまず粗粒土と細粒土とに大別し，前者に対してはふるい分け試験による粒度特性を尺度として用い，後者に対してはコンシステンシー試験による液性限界と塑性指数の組合せを規準に用いていることである．分類された土は，表1.2に示すごとく2つの記号によって表わされる．最初の記号は土の種類を表わし，粗粒土についてはレキをG，砂をSで表わす．細粒土に関してはシルトをM，粘土をC，有機質土をOによって表わす．第2の記号はその土の特徴を表わし，粗粒土については粒度分布の良し悪しをWとPでそれぞれ表わす．もし，レキや砂から成る粗粒土がシルトや粘土を含んでいると，それぞれMとCで表わす．

細粒土について，第2記号は圧縮性の大小をHとLを用いて，それぞれ表わす．

次に，統一分類の内容と手順を図1.25，1.26によって説明することにする．

(1) まず，与えられた土を74μふるいでふるい分け，もしこのふるいを通過する量が50%以下であれば粗粒土と名付け，通過量が50%以上であれば細粒土の部類に入れる．この分類を粒径加積曲線で説明したのが，図1.27 (a) である．

表 1.2 統一分類法で用いる記号

	第 1 記 号	第 2 記 号
粗 粒 土	G：Gravel （レキ） S：Sand （砂）	W：Well-graded（粒度配合が良い） P：Poorly graded（粒度配合が悪い） M：Mo（シルト質） C：Clayey（粘土質）
細 粒 土	M：Mo*（シルト） C：Clay（粘土） O：Organic（有機質）	H：High compressibility（圧縮性が大きい） L：Low compressibility（圧縮性が小さい）
有 機 土	Pt：Peat（泥炭）	

* スウェーデン語

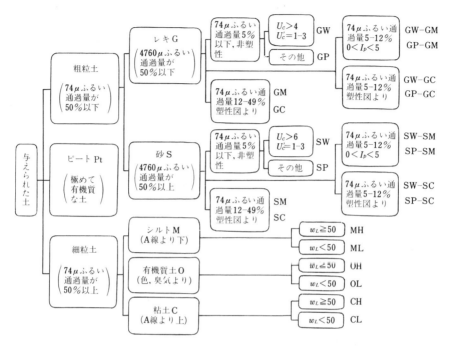

図 1.25 土の統一分類法

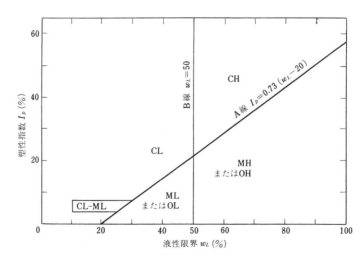

図 1.26 統一分類で用いる塑性図

30   第1章　土の基本的性質

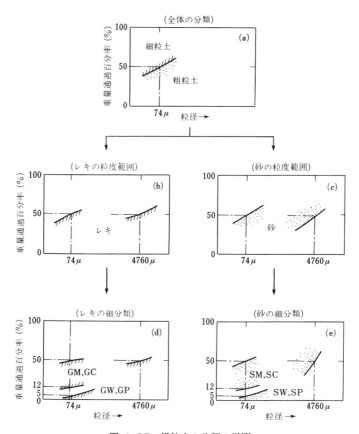

図 1.27　粗粒土の分類の説明

(2) 粗粒土と分類された場合，この土を更に 4760μ のふるいでふるいわける．この通過量が 50% 以下であればレキと分類され，50% 以上であれば砂の部類に入れる．この部分の分類を粒径加積曲線で説明すると，図 1.27(b)，(c) のごとくになる．

(3) レキと分類されたら，前に 74μ ふるいでふるい分けた時の通過量をふり返って調べてみる．74μ ふるいの通過量が 5% 以下であったら，更に詳しいふるい分け試験によって粒径加積曲線を求め，均等係数 U_c と曲率係数 U_c' とを決める．この時，$U_c>4$，$U_c'=1\sim 3$ であれば GW の記号が与えられ，さもなくば GP と分類される．よって，GW は色々な大きさの粒子を含む細粒分の少ないレキを意味してい

る．また，GP は大きさがほぼ揃った粒子から成る細粒分の少ないレキを表わしている．粒径加積曲線のおおよその位置で，GW と GP を示すと図 1.27 (d) のようになる．

(4) レキと分類された土で 74μ ふるいの通過量が 12～49% である場合には，全体の土を 420μ のふるいにかけ，通過した細粒土に対して液性限界と塑性限界の試験を行う．これから求めた液性限界 w_L と塑性指数 I_p を図 1.26 に示す塑性図上にプロットしてみる．もし，A 線より上に来るとこの土は GC に，下にプロットされると GM の分類記号が与えられる．よって GM はシルトを含んだレキ，GC は粘土をある程度含んだレキを意味している．GM と GC に分類された土の粒径加積曲線の位置を示すと，おおよそ図 1.26 (d) のごとくになる．

(5) レキと分類された土で 74μ ふるいの通過量が 5～12% である場合には，粒度試験を行って，GW か GP かを決める．同時に，コンシステンシー試験も行って，GM か GC かを上記のルールに従って決める．その結果，分類は，たとえば GW-GC のような複合記号を用いて表わす．

(6) 4760μ のふるい通過量が 50% 以上あって，砂と分類された土に対してもレキの場合と同じ考え方と方法が適用される．したがって，SW は粒度配合のよい細粒分の少ない砂を，SP は粒度配合の悪い細粒分の少ない砂を表わすことになる．また，SM と SC はそれぞれ，シルトと粘土を若干含む砂を表わしている．複合記号の使い方についても，図 1.25 に示すごとくレキの場合とほぼ同じである．SW，SP および SM，SC と分類された土の粒度分布の位置を示すと，図 1.27 (e) のごとくになる．

(7) 74μ のふるいを通過する量が 50% 以上あるような土は，細粒土と分類される．粒度試験はもはやする必要がなく，420μ ふるいを通過した部分に対してコンシステンシー試験を実施する．その結果えられた液性限界 w_L と塑性指数 I_p の値を図 1.26 の塑性図の上に落としてみて，A 線より上にくれば粘土と見なし，C の第 1 記号を与える．A 線より下にくればシルトまたは有機質の土と見なし，M または O の第 1 記号を与える．有機質土は，一般に黒褐色をしていて特有な臭気をもっているので，シルトと有機質土を区別することは一般に容易である．次に，この土の液性限界に着目し，$w_L \geqq 50$ であれば圧縮性が大きいことから，H の第 2 記号をつける．逆に，$w_L < 50$ であれば圧縮性が小さいから L の第 2 記号をつける．この区

別は，塑性図上で B-線の左にあるか右にあるかに対応している．したがって，MH，ML と分類された土はそれぞれ，圧縮性の高いまたは低いシルトを表わす．OH，OL は，圧縮性の高いまたは低い有機質土をそれぞれ表わす．また，圧縮性の高いまたは低い粘土はそれぞれ，CH，CL の分類記号で表わされることになる．

(8) 泥炭地の地盤等では，鉱物性の土粒子をほとんど含まない．ほぼ純粋な植物性の有機土にでくわすことがある．このような土は始めから別扱いにし，P_t（peat）という単一な分類記号を与えてしまう．

以上が統一分類法の概略であるが，詳しくは別書[8]を参照するとよい．

参 考 文 献

1) 松尾稔，最新土質実験―その背景と役割，森北出版，1974．
2) Mitchell, J. K., Fundamentals of Soil Behavior, John Wiley & Sons, 1976.
3) Skempton, A. W., "The Colloidal Activity of Clays," *Proc. 3rd International Conference on Soil Mechanics and Foundation Engineering*, Zurich, Vol. 1, pp. 57-61, 1953.
4) Bjerrum, L., "Geotechnical Properties of Norwegian Marine Clays," *Geotechnique*, Vol. 4, pp. 49-69, 1954.
5) Cubrinovski, M. and Ishihara, K., "Maximum and Minimum Void Ratio Characteristics of Sands," *Soils and Foundations*, Vol. 42, No. 6, pp. 65-78, 2002.
6) Shimobe, S. and Moroto, N., "A New Clarification Chart for Sand Liquefaction," *Proc. 1st International Conference on Earthquake Geotechnical Engineering*, Tokyo, Vol. 1, pp. 315-320, 1995.
7) Casagrande, A., "Classification and Identification of Soils," *Transaction of ASCE*, Vol. 113, pp. 901-930, 1948.
8) 最上武雄監修，三木五三郎，斎藤孝夫，土の工学的分類とその利用，鹿島出版会，1979．

第2章　不飽和土の諸性質

2・1　毛管作用とサクション

　平坦な地盤の地下水面以下の土や，ダムや盛土の浸潤面以下の土は水で飽和されているのが普通であるが，これらの自由水面より上部にある土は部分飽和の状態で，間隙には水と空気の両方が混在している．間隙の水は，地表面から雨水等が浸透してくることにもよるが，むしろ地下水面以下の水が毛管作用によって吸い上げられることに由来している．そのため，この部分は図2.1に示すごとく毛管水帯と呼ばれていて，その含水状態は毛管作用による吸引能力あるいは保水能力によって決まる．この毛管水帯の保水・通水特性は，アースダムの貯水位変動や降雨の浸透のよ

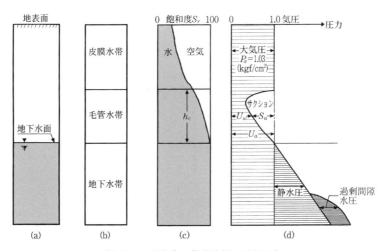

図 2.1　地盤内の帯水状態と圧力分布

うに，不飽和から飽和へ，または飽和から不飽和へと含水状態が変化する領域を含む問題を考える上で，重要な役割を果たす．そこで以下，毛管作用についてまず説明してみることにする．

2・1・1 土中の毛管作用

土中の間隙は，複雑にからみ合う無数の毛細管から成り立っていると考えられる．そこで，地下水面とつながっている毛細管の一本を取り出し，それが図2.2（b）のように，下端を水中に浸した2枚のガラス板のすき間で代表されると考えてみる．すき間にはある高さまで水が上昇してくるが，これは水に表面張力が働くためである．これは，すき間内の水の表面に張りついている薄皮のような膜に作用する力であるが，この膜がガラスの壁にくっついてぶら下っているので，図2.2に示すごとく，逆にガラス板がこの膜を介してすき間内の水をつり上げるかっこうになっている．単位長さ当りの表面張力をT_sとし，この作用方向が鉛直とαなる角度をなしているとすると，表面張力の鉛直方向成分は$T_s\cos\alpha$で与えられる．一方，ガラス板のすき間に上昇してきた水の重さは，上昇高さをh_cとすると単位奥行き幅当り$h_c\gamma_w d$であるから，両者が釣り合うという条件から

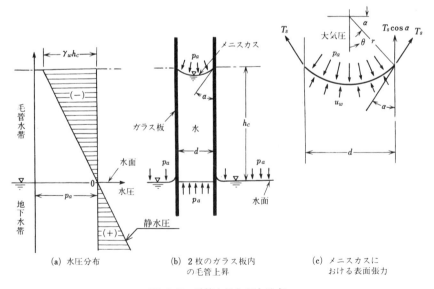

(a) 水圧分布　　(b) 2枚のガラス板内の毛管上昇　　(c) メニスカスにおける表面張力

図 **2.2**　毛管上昇と圧力分布

$$h_c = \frac{2 T_s \cos \alpha}{d \gamma_w} \tag{2.1}$$

がえられる．ただし，d はすき間の間隔を表わす．水の表面張力は温度によって異なるが，25℃ では $T_s = 75 \text{ dyne/cm} = 0.075 \text{ g/cm}$ である．また，ぬれたガラス管で $\alpha \fallingdotseq 0$ であるとみなすと，式 (2.1) は

$$h_c = \frac{0.15}{d} \tag{2.2}$$

となる．ただし，h_c と d は cm 単位で表わすものとする．よって，水の上昇高さは，2 枚のガラス板の間隔 d に逆比例して増大していくことが分る．実際の土中に存在する間隙は，ガラス板のすき間のように規則正しくなく，大小の径の毛細管が縦横に錯綜していると見なされる．そこで，すき間の間隔 d に等価なパラメータとして，土の間隙比 e と 10% 通過の粒径 D_{10} の積を採用してみると，式 (2.2) の代わりに

$$h_c = \frac{C}{eD_{10}} \tag{2.3}$$

をうる．今までの経験から $C = 0.1 \sim 0.5 \text{ cm}^2$ の値を採用すれば，この式により実際の土中の毛管上昇高さのおおよその値を推定できるとされている．

2・1・2 毛管圧力と結合力

図 2.2 (b) において，ガラス板のすき間にできるメニスカスの部分を取り出して力の作用状態を示すと図 2.2 (c) のごとくになる．メニスカスの上側は空気に接しているから大気圧 $p_a = 1.03 \text{ kgf/cm}^2 \fallingdotseq 100 \text{ kN/m}^2$ が作用しており，下側に存在する水の中の絶対圧力 u_w によりメニスカスは上向きの力を受けている．よって，これらの力と表面張力 T_s が釣合っているという条件より，

$$u_w = p_a - T_s/r \tag{2.4}$$

なる関係がえられる．よって，毛細管現象で引き上げられた水の頂部における水圧 u_w は大気圧より T_s/r だけ小さくなっていることが分る．この大気圧との差，$p_a - u_w = T_s/r > 0$ のことを毛管圧力またはサクションと呼び，S_u で表わす．ところで，図 2.2 (c) より $r = d/(2\cos\alpha)$ であることが分るから，これを式 (2.4) に代入し，更に式 (2.1) を用いると，

$$S_u = p_a - u_w = \gamma_w \cdot h_c \tag{2.5}$$

がえられる．つまり，メニスカスの部分におけるサクションは，毛細管上昇高さ h_c

に相当する水圧に等しいことが分る．サクションは，図 2.1 (d) に示すように大気圧より低い分の圧力を表わすから，大気圧をゼロとするとサクションはマイナスの圧力となる．このことを考慮して，毛管帯内の水圧分布を表わしたのが図 2.2 (a) である．毛管水帯にある土中の間隙水圧はその頂部で $-\gamma_w h_c$ の値をとり，直線的に増加して地下水面以下にある土の静水圧分布につながっていることが分る．

毛管水帯の土の間隙は水で飽和されていることが多いが，それより上部の皮膜水帯内にある土は不飽和であることが多い．このような土に限らず，不飽和な土は色々な場所に存在している．今，土粒子が細棒で代表されると仮定すると，間隙に空気が入りこんでくる場合不飽和土の内部では，図 2.3 に示すように，水が土粒子間の狭い部分に集ってきて空気と水の境界にメニスカスが形成される．そして，水の内部の圧力 u_w が空気側の圧力 p_a より小さくなってくる．メニスカスの部分に作用する力の状態は，図 2.2 で考察した 2 枚のガラス板のメニスカスにおけるものと全く同じである．よって，図 2.3 (a) に示す 2 つの土粒子の接触部分のメニスカスに作用する力が，図 2.2 (c) に示した力と同じであるとすると，2 つの土粒子の接触点を含む面に作用する力は図 2.3 (b) のごとくになる．この図で土粒子に作用する力を考えると，左向きに表面張力 $2T_s$ と周辺の空気圧の合計，$2p_a[(r+D/2)\cos\theta - r]$ がある．また右向きには土粒子の接点力 F と水圧，$2u_w[(r+D/2)\cos\theta - r]$，が作用している．よって，釣合いの条件より，

$$F = 2(p_a - u_w)\left[\left(r+\frac{D}{2}\right)\cos\theta - r\right] + 2T_s \qquad (2.6)$$

がえられる．一方，メニスカスの両側の圧力差は式 (2.4) で示されるように，表面張力をメニスカスの半径 r で割ったものに等しい．よって，$p_a - u_w = T_s/r$ を式 (2.6) に代入し，更に $2\sin\theta = D/(D/2+r)$ なる幾何学的関係を用いると，式 (2.6) は

$$F = 2T_s\sqrt{1+D/r} \qquad (2.7)$$

と変形される．今，粒子の大きさ D とメニスカスの半径 r が同じオーダーの値をとると見なして $D \fallingdotseq r$ とおくと，上式は近似的に

$$F \fallingdotseq 2\sqrt{2} \cdot T_s \qquad (2.8)$$

となる．このことは，粒子間の結合力 F は表面張力に比例して増大することを示している．次に，土中に面積 A なる断面を図 2.4 のように考え，この中に直径が D である土粒子が n 個存在していると仮定してみる．この断面に作用する粒子間

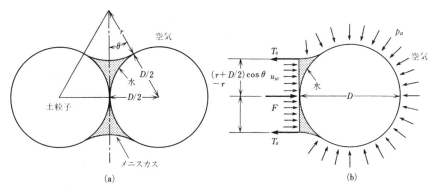

図 2.3 土粒子間のメニスカスと結合力（2次元モデル）

結合力は全体で nF であるから，単位面積当りの結合力は nF/A となる．一方，$A = nD$ なる関係があるから，これを考慮すると単位面積当りの粒子間結合力は F/D となる．これは，粒子間応力または有効応力とも呼ばれる．これを σ' で表わすと，式 (2.8) を用いて，

$$\sigma' \fallingdotseq 2\sqrt{2}\frac{T_s}{D} \tag{2.9}$$

なる関係がえられる．表面張力 T_s の値は飽和の度合によって変わってくるので，今，飽和度が同程度であるとすると，粒子間応力は土粒子の粒径に反比例して増大してくることを，式 (2.9) は物語っている．水で飽和された砂や乾燥した砂は，

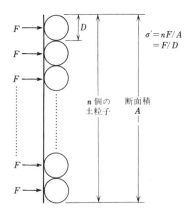

図 2.4 結合力と粒子間応力の関係

成形が不可能であることはよく知られている．それに対し，不飽和状態の砂を用いれば，小さい山やトンネルを作ることができることは海岸の砂浜でよく経験する所である．これは，不飽和砂の土粒子間にメニスカスが形成され，表面張力の作用で土粒子が互いに押しつけられる効果をもつ粒子間の圧縮応力が発生し，それによって砂がある程度の強さを発揮できるようになるためなのである．この粒子間応力は，上述のごとく土粒子の粒径が小さくなるほど大きくなる．一般に，土が細粒になるほど見掛けの粘着力が増大するのは，このためであると考えられる．土中の水分がある程度以下に減少すると水が行きわたらなくなり，メニスカスの形成されない土粒子接点の数が増えてくる．このため，粘着力が発揮できない部分が生じて土粒子が分離し，それが亀裂として表面に現われてくる．極度に乾燥した粘土層の表面等に無数の亀裂が生じているのは，このためであると考えられる．

2・1・3　サクションの測定

　土中におけるサクションの分布が一様でない時には，サクションの高い所から低い所へと水分の移動が生ずる．この現象を定量的に扱うためには，実際にサクションの値を測定する必要がでてくる．サクション S_u は，式 (2.4) より

$$S_u = p_a - u_w = T_s/r \tag{2.10}$$

で定義されるが，その変動範囲が非常に広いことから，これを γ_w で割った圧力水頭に直し，更にその常用対数を取った pF-値，つまり，

$$pF = \log_{10}(S_u/\gamma_w) \tag{2.11}$$

を用いることが多い．ただし，S_u/γ_w は cm 単位で表わすが，これを毛細管上昇に適用すると，2・1・1 項で説明した h_c の値に一致する．絶対圧力がゼロになった状態では $S_u/\gamma_w = 1000$ cm であるから，$pF = 3.0$ となっている．

　サクションの測定方法は色々と考案されているが，$pF \leq 3.0$ の範囲内でよく用いられる方法としてサクションプレートが挙げられる．これは，図 2.5 に示すごとく素焼の板の上に土の試料をのせ，真空ポンプによってパイプ内の水を減圧し，土中の水分を吸い取る方式である．今，ある真空圧のもとで水分の吸引が終わり平衡状態に達したとすると，この時の真空圧は水銀マノメータによって読み取ることができる．また，その時の含水比を測定すれば，この真空圧がこの含水比に対応するサクションを表わすことになる．次に，真空圧を少し上げて更に脱水を行うと新たな

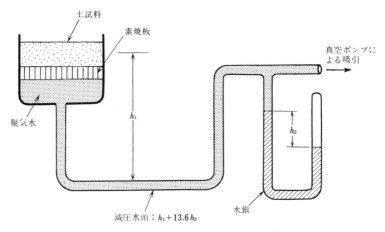

図 2.5 サクションプレートによる測定装置

平衡状態が表われるから，この時の含水比と真空圧を測れば，この含水状態に対応したサクションを求めることができる．

このようにして，真空圧を段階的に変えていき，そのたびに試料の含水比を測れば，pF-値と含水比との関係を知ることができるのである．pF-値が3以上になる場合には，他の方法によらねばならないが，詳しくは専門書を参考にするとよい[1]．樹木はこのサクション力によって水分を吸い上げていると考えられるが，現在知られている範囲で最も高い樹木は杉科の木で 114.7 m という記録がある．これをサクションに換算すると $pF=4$ 程度となる．

2・1・4 サクションと含水比の関係

土のサクションは含水比によって変動するが，両者の間の関係を示すのに色々な方法が採用されてきている．まず，サクションを表現するためには S_u と pF があるが，含水状態を表わすのには，含水比 w，飽和度 S_r および体積含水比 θ 等が用いられる．ここでは，S_u と体積含水比 θ を用いて，土の水分保持特性を考察してみることにする．図2.6は，間隙比が $e=0.77$ の豊浦砂に対してサクションと体積含水率の関係を求めたものであるが，一般に体積含水率の増加に伴いサクションが低下してくることが分る．

しかし，この関係は排水過程と浸透過程とで異なっており，図のようなヒステリ

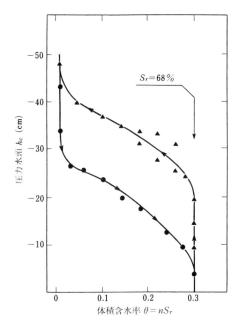

図 2.6 サクション水頭と体積含水比の関係
(河野, 1982)[2]

シス曲線を描いて変化する．つまり，同じ含水状態であっても，土中から水を吸い出す時の方が，水を吸い込む時に比べて大きな吸引力（サクション）が必要であることを示している．いずれの場合にしても，含水比の増加と共にサクションは低減していくが，$\theta=0.3$ になるとサクションは急にゼロとなる．この時の飽和度は $S_r = (1+e)\theta/e = 68\%$ であるので，与えられた土について急にサクションが働きはじめる限界の飽和度があることが分る．他の実験例等から推して，細砂については飽和度が 60% 以上，体積含水率が 20〜30% 以上においてはサクションが作用せず，毛管上昇も起こりにくいと考えてよいであろう．

2・1・5 不飽和領域への浸透

不飽和な土の中へ水が浸透していくと，浸潤面が時間と共に進行して，土は飽和またはこれに近い状態に至る．今，図 2.7 に示すように不飽和土をつめたパイプの左端から静水圧 h_0 を与えて，右方向へ水を浸透させてみる．ある時刻 t の時に浸

2・1 毛管作用とサクション　41

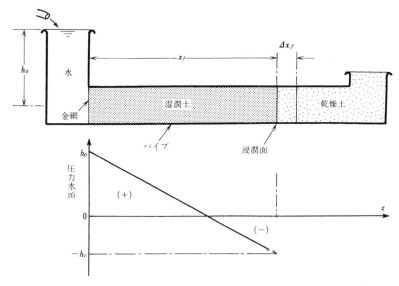

図 2.7　浸潤面の進行についての実験

潤面が x_f の位置まで進行してきたとすると，圧力水頭の分布は図に示すごとく，浸潤面の位置でサクション圧 $-h_c$ に等しく，浸潤面より左側では，原点での h_0 と点 x_f での $-h_c$ とを結ぶ直線で表わされる．この圧力分布の勾配は，$(h_0+h_c)/x_f$ で与えられ，これが原動力となって水分が不飽和土の領域へと浸透していくのである．水分の移動速度はこの勾配に透水係数 k_u を乗じてえられるから，パイプの断面積を A とすると，単位時間当りの水分の移動量は，$k_u \cdot A \cdot (h_0+h_c)/x_f$ で与えられる．k_u の値は，4・1節で述べる飽和土の透水係数 k と同じ意味を持つものであるが，不飽和土ではより小さい値をとることが知られている．その模様の例を示したのが図2.8であるが，縦軸には不飽和土と飽和土の透水係数の比 k_u/k が，横軸には飽和度 S_r がプロットしてある．この図より，不飽和土の透水係数は飽和度の減少に伴って低下するが，$S_r=60〜80\%$ の範囲では飽和土の透水係数の $10〜50\%$ の値を取ることが知れる．

さて，図2.7の浸透問題に返って，今 Δt の時間内に Δx_f だけ浸潤面が前進したとしよう．この時，$\Delta x_f \cdot A$ なる体積の中に新たに入りこんで来る水の量は，この部分の空気間隙の体積にほぼ等しいと見てよい．乾燥土部分の飽和度 S_r と間隙率

第2章 不飽和土の諸性質

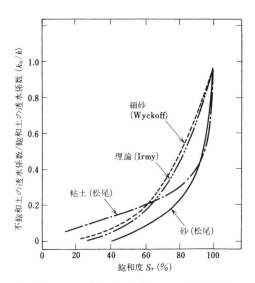

図 2.8 飽和度の変化に伴う不飽和土透水係数の変化（河野，1982）[2]

n を用いると，この空気間隙は単位体積当り，

$$S = n(1 - S_r) \tag{2.12}$$

で与えられる．ここで，S は単位体積当りの土がどの位の水分量を新たに貯留しうるかの目安を示すもので，貯留係数（storage coefficient）と呼ばれる．厳密には，浸潤面フロントの位置にある土は乾燥状態ではなく不飽和状態なので，式(2.12)の代りに，

$$S = n(0.87 - S_r) \tag{2.13}$$

を用いる方がよいとされている[3]．これは，間隙の13%に相当する空気が最後まで残っていて，完全飽和になりにくいことを意味している．以上のように貯留係数を定義すると，図2.7において Δx_f だけ浸潤面が進んだ時，この中に入ってくる水の量は $S \cdot \Delta x_f \cdot A$ で与えられる．よって，単位時間当りの侵入水量は $S \cdot A \cdot \Delta x_f / \Delta t$ となる．そこで，これが前に述べた単位時間当りの水の移動量に等しいとおくことにより

$$S\frac{dx_f}{dt} = k_u \frac{h_0 + h_c}{x_f} \tag{2.14}$$

なる1階の常微分方程式がえられる．この式を $t=0$ の時 $x_f=0$ という初期条件のもとで解くと，

$$x_f = \sqrt{\frac{2k_u}{S}(h_0 + h_c)t} \tag{2.15}$$

がえられる．これが，浸潤面の進行を表わす式である．次に，図2.7において，パイプに沿っての圧力水頭 h を金網からの距離 x の関数として表わすと，

$$h/h_0 = 1 - (1 + h_c/h_0)\frac{x}{x_f} \tag{2.16}$$

がえられる．よって，式 (2.15) をこれに代入すると，

$$h/h_0 = 1 - (1 + h_c/h_0)\frac{x}{\sqrt{(2k_u/S)(h_0 + h_c)t}} \tag{2.17}$$

がえられる．これが，浸潤面の進行に伴って変化する圧力水頭の分布を示す式である．

2・2 土の凍結凍上

2・2・1 土の熱的性質

単位重量の物質の温度を1℃だけ上昇させるに必要な熱量のことを熱容量（heat capacity）と呼んでいる．同じ物質であっても温度によって熱容量の値は変化するが，水と岩石について代表的な値を列挙してみると表2.1のごとくになる．ある物質の熱容量と水の熱容量との比をとって比熱（specific heat）が定義されるが，水の熱

表 2.1 水と岩石の熱容量[4]

名　　称	熱容量 (kcal/kg・℃)
水	1.0
氷	0.5
花　崗　岩	0.192
火　成　岩	0.201
石　英　砂	0.191
頁　　岩	0.240
粘　　土	0.290

容量は 1.0 cal/g・℃ = 1.0 kcal/kg・℃ であるので，熱容量と比熱は数字の上では全く同じである．しかし，比熱が無次元量であるのに対して，熱容量は cal/g・℃ という次元をもっている．表 2.1 から分るように，土を構成する物質の熱容量はほとんど 0.2 付近の値をとり，その変動幅は小さい．また，これらの値は水の熱容量に比べて小さい．このため，水を含んだ土全体のマクロな熱容量は，含水比の影響を強く受けることになる．

表 2.1 から分るように，氷の熱容量は水の値の半分しかないので，土が凍結しているか，あるいは未凍結であるかによって，土の熱容量は相当変わってくる．そこで，この 2 つを区別して考えてみることにする．今，土粒子自体と水の熱容量をそれぞれ C_m, C_w で表わすと，未凍結の飽和土に対する熱容量 C_s は，

$$C_s = \frac{C_m W_s + C_w W_w}{W_s + W_w} = \frac{C_m + w}{1 + w} \text{(kcal/kg・℃)} \tag{2.18}$$

また，凍結した飽和土に対する熱容量 C_s' は，

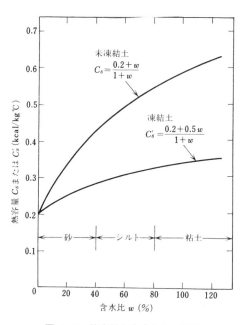

図 2.9 熱容量と含水比との関係

$$C_s' = \frac{C_m W_s + 0.5 W_w}{W_s + W_w} = \frac{C_m + 0.5w}{1+w} (\text{kcal/kg}\cdot\text{°C}) \qquad (2.19)$$

で与えられる. $C_m \doteqdot 0.2\,\text{cal/g}\cdot\text{°C}$ と仮定して，上の2式を図示したのが図2.9であるが，含水比の増加に伴い土の熱容量が増大してくる様子が明らかとなる．普通の土では，粒径によって飽和時の含水比の範囲が大体決まってくる．今，水で飽和された状態を想定して，3種類の土について大体の含水比範囲を示すと図2.9のごとくになるが，これより，砂からシルト，そして粘土へと，土が細粒になるほど熱容量が大きくなることが分る．

水が凍結する時には一定の熱量が放出される．また，逆に，氷が融解する際には，同じだけの熱量が吸収される．このように，水が0°Cの一定温度のもとで相を変ずる時に放出または吸収される熱量のことを潜熱と呼んでいる．1 kg重の水の潜熱は80 kcalであるので，水の潜熱 L は $L=80\,\text{kcal/kg}$ となる．したがって，含水比 w の土の1 kg重当りの潜熱 L_s は，

$$L_s = \frac{L W_w}{W_s + W_w} = \frac{Lw}{1+w} = \frac{80w}{1+w} (\text{kcal/kg}) \qquad (2.20)$$

で与えられる．また，1 m³の土の潜熱 L_v はその中に含まれている水の潜熱に他ならないから，

$$L_v = \frac{L \cdot W_w}{V_s + V_w} = \frac{W_s}{V_s + V_w} \cdot \frac{W_w}{W_s} \cdot L = 80 w \gamma_d \qquad (2.21)$$

と表わしてもよい．

単位時間内に土の中を伝わる熱量 $\dot{Q}$ は温度勾配 $d\theta/dx$ に比例することが知られており，

$$\dot{Q} = k_s \frac{d\theta}{dx} \cdot A \qquad (2.22)$$

によって表わされる．ただし，θ は温度，x は熱が伝わる方向の距離を表わす．式(2.22)において，熱量と温度勾配を結ぶ定数 k_s は熱伝導率 (thermal conductivity) と呼ばれているものである．これは，単位の温度勾配 (°C/m) のもとで，単位の断面 (m²) を通過して，熱が伝達する速度 (kcal/h) を表わすので，その次元は，

$$\frac{\text{kcal}}{\text{h}} \cdot \frac{1}{\text{m}^2} \cdot \frac{1}{\text{°C/m}} = \text{kcal}/(\text{m}\cdot\text{h}\cdot\text{°C})$$

となる．ただし，hは時間 (hour) を表わす．代表的な鉱物と水や空気の熱伝導率

表 2.2 水, 空気, 岩石の熱伝導率[4]

名 称	熱伝導率 (kcal/m·h·°C)
空気 (0°C)	0.0205
水 (10°C)	0.5292
水 (18°C)	0.4464
氷	1.80
花 崗 岩	2.70〜3.50
火 成 岩	2.50
頁 岩	0.80

を示すと，表2.2のごとくになる．熱伝導率は，固体でも温度によって若干変化するが，気体や液体では温度はもちろんのこと，圧力によっても大きく変化する．常温における岩石の熱伝導率は，表2.2に示すごとく大体0.8〜3.5位の値を取ることが分るが，水は空気に比べて20〜25倍よく熱を伝えること，氷は水に比して更に3〜4倍よく熱を伝えうることも分る．また，岩石の熱伝導率は氷のそれとほぼ等しく，水の熱伝導率より2〜8倍大きいことが知れる．上述のごとく，空気の熱伝導率が岩石や水のそれに比して著しく小さいため，水と空気と岩石片の混合物である普通の土の熱伝導率は，空気の含有量によって著しく変わってくる．つまり，飽和度が小さくなって空気含有量が増えると，熱伝導率は著しく低下してくる．ゆるい砂や正規圧密粘土に対し，含水比と熱伝導率の代表的な値を示すと，表2.3のごとくになる．

　土中の熱伝導の問題を取り扱う場合，実際に測定できるのは，熱ではなくて温度である．したがって，温度が場所的にどのように変化するのかを示す温度伝導率 (temperature conductivity) または，熱拡散率 (thermal diffusivity) なる定数を用いる方が便利なことがある．この定数を α_t とすると，

表 2.3 土の熱伝導率[4]

名 称	含水比 w (%)	熱伝導率 (kcal/m·h·°C)
粗 砂	10	1.30
粗 砂	18	2.10
細 砂	10	1.80
細 砂	18	2.70
シルト質粘土	25	1.20
粘 土	25	1.00

表 2.4 水, 氷, 岩石の温度伝導率[4]

名　　　　称	温度伝導率 (m²/h)
水　　(10℃)	0.00053
氷	0.0036
花　崗　岩	0.0027
頁　　　岩	0.0020
砂　(未凍結)	0.0015〜0.0025
砂　(凍　結)	0.004
粘土　(未凍結)	0.001〜0.0015
粘土　(凍　結)	0.0035〜0.0045

$$\alpha_t = \frac{k_s}{C_s \gamma_t} \tag{2.23}$$

によって温度伝導率が定義されるが，その次元は，

$$\frac{\text{kcal}}{\text{m} \cdot \text{h} \cdot {}^\circ\text{C}} \cdot \frac{1}{\text{kcal}/(\text{kg} \cdot {}^\circ\text{C})} \cdot \frac{1}{\text{kg}/\text{m}^3} = \frac{\text{m}^2}{\text{h}}$$

である．代表的な材料に対する温度伝導率を表すと表 2.4 のごとくになる．この表より，氷と岩石はほぼ同程度の温度伝導率を持っているが，水の温度伝導率はこれら固体のそれより 1 桁小さい値であることが分る．したがって，砂，粘土ともに凍結土の方が未凍結土に比して大きな温度伝導率をもつことが分る．

2・2・2　凍結の進行

　天然ガスは $-162\,^\circ\text{C}$ まで冷やすと体積が 1/600 となり液化する．この時の比重は 0.4 である．また，プロパンガスは $-40\,^\circ\text{C}$ で液化して比重 0.7 の液体となる．

　液化天然ガス (LNG) の地下貯蔵タンクでは，$-162\,^\circ\text{C}$ 位の液化ガス (比重 0.4) が内部に貯えられるため，タンク側面にコンクリート壁を通して，凍結領域が周辺の地盤に向って拡大していく．この時の凍結前線の移動を，簡単のために 1 次元的な現象と仮定して解析してみることにする．今，図 2.10 のように地下タンクの軀体部分の温度が $-T_0$ に低下しているとし，時刻 t において凍結前線が x_f の距離に達しているとする．凍結部分の温度分布を直線的であると仮定すると，時刻 Δt の間に未凍結部分から凍結部分に向って流れる熱量 ΔQ は，温度勾配が T_0/x_f であるから，式 (2.22) を用いて

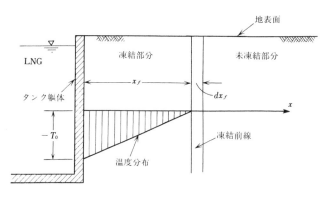

図 2.10 凍結の進行モデル

$$\Delta Q = k_s \frac{T_0}{x_f} A \Delta t$$

によって与えられる．一方，距離 x_f の凍結前線で放出される熱量は，凍結している土の温度低下によるものと，Δx_f なる微小幅の土中に含まれる水が凍結する際に放出する潜熱によるものとから成っている．しかし，一般に前者は後者に比して無視しうる程度に小さいから，潜熱によるもののみを考えればよい．単位体積の土の潜熱は，式 (2.21) によって与えられるから，Δx_f なる部分で土が凍結する際に放出される熱量は $L_v \Delta x_f$ によって与えられる．よって，これが上述の ΔQ に等しいとおくことにより，

$$\frac{dx_f}{dt} = \frac{k_s T_0}{L_v x_f} \qquad (2.24)$$

なる微分方程式がえられる．今，$-T_0$ なる一定温度が t 時間持続し，その間に凍結前線が x_f の距離まで進行したとすると，式 (2.24) を $t=0$ で $x_f=0$ という初期条件のもとで積分して，

$$x_f = \sqrt{\frac{2k_s}{L_v} T_0 t} \qquad (2.25)$$

をうる．これは Stefan[5] によって導かれた式と同じものであるが，この式より凍結距離は時間の平方根に比例することが分る．つまり，凍結距離が2倍に達するためには4倍の時間が必要であることが知れる．ところで，式 (2.24) を式 (2.14) と比較すると，両者は同じ形をしていることが分る．つまり，土中での水の浸透によって飽和部分の前線が未飽和領域に向って進行していく現象は，土中で凍結部分の前

線が未凍結領域に向って進んでいく現象と似ており，その模様は同種の微分方程式を用いて解析できることが明らかとなった．凍結における潜熱は，水の浸透現象における貯留係数に対応しており，熱伝導率 k_s は透水係数 k_u に対応しているのである．

2・2・3 凍上現象

寒冷地において，冬季に大気温度が 0°C 以下になると，土中の水が凍結してくる．この時の凍結前線の進行は，上述の例と全く同じ考えに基づき，式 (2.25) で表わすことができる．ただし，T_0 としては地表面での氷点下温度を用いる必要がある．この式からも明らかなごとく，地表面温度が低い程，またその持続時間が長い程，凍結深さが大きくなってくる．地盤内で凍結が起こると，土が大きくふくらんで地表面が隆起してくる．これを凍上 (frost heave) と呼んでいる．凍上は土中の水が氷結するために生ずると考えられるが，水の凍結による体積膨張は約 9% にすぎないから，仮に間隙比が 1.0 の土が完全に水で飽和されていたとしても，その凍上量は凍結深度を 50 cm として，わずか 2.25 cm にしかならない．実際には，この程度の凍結深さであっても，凍上量は数十センチにも及ぶため，凍上は土中に本来あった間隙水が氷結するだけでなく，下部の地下水が毛管作用によって吸い上げられ，多量の水が凍結して土に大きな膨張が生ずるためであると考えられている．間隙に現存する水が凍結すると間隙の寸法が小さくなるから，式 (2.2) において間隙の大きさ d が小さくなるのと同じ効果がでてくる．よって，毛管現象によるサクションの強さが増大し，地下水面から盛んに水が吸い上げられ，それが氷結して全体として大きな地盤の膨張をもたらすことになるのである．実際に，凍上した土の断面を詳しく観察してみると，内部にレンズ状の氷層が幾重にも発達しているのが見受けられる．一般に，凍上は毛細管上昇高さが大きく，透水性も適当に大きいシルト質の土に最も顕著に現われ，砂やレキのような粗粒で毛細管能力の劣る土や，粘土のような透水性の悪い土では発生しないことが認められている．図 2.11 は凍上を受けやすい土のおおよその粒度範囲を示したものであるが，200 番ふるい通過率が 30〜90% のシルトを主体とした土であることが容易に理解できよう．これらの土の透水係数はおおよそ $k_u = 10^{-6} 〜 10^{-3}$ cm/s であり，透水係数がこれより小さいと地下からの水の移動が困難となり凍上は起こりにくくなる．また，これより透水係

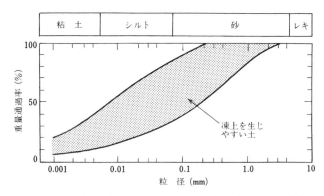

図 2.11 凍上を起こしやすい土の粒度範囲（河上，1977）[6]

数が大きくなっても，土が粗粒になりすぎて毛細管力が低下するため凍上は起こりにくくなる．

土がシルト質であっても凍上が生じない場合がある．たとえば，極端に寒いと地盤の土にレンズ状の氷層が形成されずに，コンクリート状凍結と呼ばれるように土全体が固化してしまい，ほとんど凍上が起こらない[7]．これは凍結の進行が速すぎて，凍結前線への水分の補給が間に合わないためである．つまり，凍上は凍結前線の進行とそこへの水の供給の時間的バランスがうまく取れている時に起こるといえよう．

さて，凍上による地盤の隆起量は，ある地域の土質と地下水の状態が決まれば，近似的に凍結深さで決まると考えてよい．理論的には式 (2.25) によって凍上深さを推定できようが，実際の地盤の状態は複雑で，直接理論解を用いるわけにはいかないことが多い．そこで，次の経験式がよく用いられる[7]．

$$x_f = \alpha \sqrt{I} \quad \text{(cm)} \tag{2.26}$$

ここで，I は積算寒度といわれる 0℃ 以下の気温の日平均とそれが持続する日数を乗じたもので，℃・day の単位で表わされる．この積算寒度 I は式 (2.25) の $T_0 \cdot t$ に相当するもので，温度×時間という物理量を採用している点で，式 (2.25) と (2.26) は同じ考えに立脚しているわけである．上式の α は定数で $\alpha = 2 \sim 3$ の値が用いられる．

凍上による土の膨張量は，拘束圧 σ_v と凍結の進行速度 V によって大きく変わる．地盤内で同じように凍上が起こっても，2 階建ての建物の方が 1 階建てに比べて凍

表 2.5 凍上率を算定する経験式の中の定数[7]

定数		砂質土	粘性土
ξ_0		0.001	0.005
σ_{v0}	(kN/m²)	0.1	1.0
V_0	(mm/h)	1890	105

上量が少ないことが知られている．また，前述のごとく，凍結速度が速いと毛細管の吸引による水分の補給が間に合わず，凍上量は少なくなってくる．これらのことを考慮した関係式としては，高志による経験式[7]

$$\xi = \xi_0 + \frac{\sigma_{v0}}{\sigma_v}\left(1 + \sqrt{\frac{V_0}{V}}\right) \qquad (2.27)$$

がよく用いられる．ここで，ξ は凍上量を凍結前の土層の厚さで割った凍上率を表わす．また，ξ_0，σ_{v0}，V_0 は定数で，表 2.5 のような値が適当であるとされている．

我が国では北海道や本州の中部地方以北の山岳地帯で凍上が多発するが，積雪の深い場所では地盤の深度が十分に下らず凍上は発生しない．積雪の少なく気温の低下が著しいところで生じやすいが，凍上深度は最大 120 cm 程度とされている．

参考文献

1) 土質工学会，土質試験法，pp. 142-157，1979.
2) 河野伊一郎，土質工学ハンドブック，pp. 64-105，1982.
3) 最上武雄監修，久保田敬一，河野伊一郎，宇野尚雄，透水―設計へのアプローチ，鹿島出版会，1976.
4) Jumikis, A. R., Thermal Geotechnics, Rutgers University Press, New Brunswick, New Jersey, 1977.
5) Young, R. N. and Warkentin, B. P., Introduction to Soil Behavior, Macmillan, New York, 1966.
6) 河上房義，新編土質力学，退官記念出版，pp. 219-224，1977.
7) 木下誠一，土の低温特性，土と基礎，第 25 巻，第 7 号，pp. 5-9，1977.

第3章 土の締固め

3・1 締め固めた土の性質

3・1・1 締固め曲線と最適含水比

　土を運搬して人工的な土構造物を造る場合，土をどのような条件で，どの程度締め固めたらよいかということは，古くからアースダムや鉄道の盛土等の施工に関連して重要な課題であった．最近では，高速道路や住宅用造成地，または飛行場の滑走路等の大規模工事に関連して大量の土砂を運搬して敷きならすことが多くなった．これらの土工に関連して重要なのは，締固めの基本的考え方であるが，その根拠となったのが Proctor (1933)[1] による最適含水比の概念である．つまり，土の締固めの度合いを支配するのは含水比であり，ある一定エネルギーのもとで締固めを行うと，密度が最大になるような含水比が存在するというものである．今，ある与えられた土につき，含水比を変えて一定のエネルギーのもとで締固めを行い，その時の乾燥密度を求めておく．含水比 w に対して乾燥単体重量 γ_d をプロットする形でデータを整理すると，図3.1のような曲線がえられる．これを"締固め曲線"，または"突固め曲線"と呼んでいるが，図に示すように，ある含水比の時，乾燥単体重量が最大値を示すことが分る．この含水比は最適含水比（optimum water content）と呼ばれ，w_{opt} で表わすことが多い．土のこのような性質を利用して，原位置における締固めも，最適含水比のもとで行うのが最も合理的であるというのが Proctor の考え方である．

　ところで，締固めの良否は別にして，土の乾燥単体重量と含水比は，一般に飽和度 S_r をパラメータとして，

第3章 土の締固め

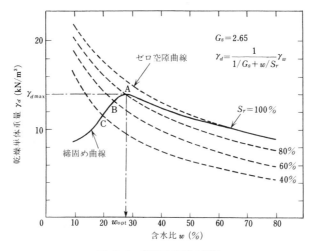

図 3.1 締固め曲線の特性

$$\gamma_d = \frac{1}{1/G_s + w/S_r} \cdot \gamma_w \qquad (3.1)$$

の関係で結ばれている.これは,式(1.11) の $e = wG_s/S_r$ なる関係を式(1.17) に代入すれば直ちにえられる.図3.1には,飽和度が40～100%につき,式(3.1) の関係が点線で示してある.この中で,$S_r = 100\%$ の場合の曲線は,土が飽和していて空気が含まれていないことから,"ゼロ空隙曲線"と呼ばれている.締固め土の含水比が大きくなると飽和状態に近づくから,締固め曲線は含水比の大きい所でゼロ空隙曲線に漸近していくことになる.このことから,締固め曲線にはゼロ空隙曲線を併記するのが普通である.実験でえられた締固め曲線と式(3.1) の交点は,その含水状態での締固め土の飽和度を与えられることは明らかである.たとえば図3.1で,点A,B,Cの飽和度はそれぞれ80%,60%,40% であると読み取ることができる.多くの土で最適含水比 w_{opt} が現われるのは,大体 $S_r \fallingdotseq 80\%$ 位である.これはまた閉塞飽和土 (occlusion saturation ratio) とも一致している.これは,空気の自由な動きが閉塞されるという意味で,$S_r > 80\%$ になると空気は水と一緒でないと動けないことを示し,$S_r < 80\%$ だと空気は自由に間隙の中を移動できることを意味している.

3・1・2　土の締固め試験[2]

　土の締固め特性を知るためには室内実験を行うのが普通であるが，これについては JIS A 1210 で詳しい規定が述べられている．試験にはいくつかのやり方があるが，その標準的なものについて説明すると次のごとくである．まず，与えられた土を4番ふるいでふるい分け，4.76 mm 以下の粒径の土だけを選び出す．この粒度調整された土に適当量の水を加えて，図 3.2(a) に示すような直径 10 cm，高さ 12.7 cm の鋼製容器（モールド）の中に3回に分けて入れ，図 3.2(b) に示す突固め器（ランマー）を用いて突き固めるのである．モールドは取りはずし可能なカラーを装備していて，土はこのカラーの中位の高さまで入れて突き固める．モールド内の突固めは，1回分または1層分につきランマーを25回落下させ締め固める．締固めが終ったらカラーを取りはずし，上部に残った余分な土をナイフで削って，モールドの上端の土をならして平らにする．この時の土の容積は，モールドの内容積 $V=1000\ cm^3$ に等しくなる．次に全体の重量を測定し，モールド自体の重量を差し引くと土の総重量 W が求まる．よって，$\gamma_t = W/V$ より，この締固め土の湿潤単体重量が知れる．次に，モールド内から少量の土を取り出し，含水比測定を行い w を求める．よって式(1.11)から γ_d が求まる．このようにしてえた γ_d と w の値を用いれば，締固め曲線上の一つの点が定まる．これで1回の実験が終了したことに

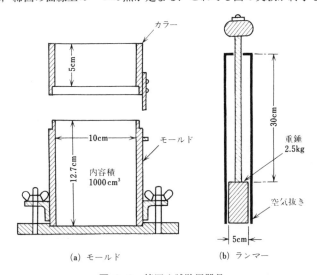

(a) モールド　　　(b) ランマー

図 **3.2**　締固め試験用器具

なるが，次は同じ土に更に水を加え，含水比を適当に変えて，同じような締固め実験を繰り返すのである．含水比を変えた実験を5～6回繰り返し，これらからえた γ_d と w を順次プロットすれば，締固め曲線が確定することになる．

締固め試験においては，用いたエネルギーが重要な要素となるが，これはランマーの重量 W_R，ランマーの落下高さ H，締固め層数 N_L，各層当りの突固め回数 N_B および試料の体積 V を用いて，

$$E_C = \frac{W_R \cdot H \cdot N_L \cdot N_B}{V} \tag{3.2}$$

によって表わすのが通例となっている．E_C は締固め仕事量を表わす．上述の標準的な試験では，$W_R=2.5\,\mathrm{kg}$重，$H=30\,\mathrm{cm}$，$N_B=25$ 回，$N_L=3$ 層，$V=1000\,\mathrm{cm}^3$ であるから，エネルギーは

$$E_C = 5.625 \fallingdotseq 5.6\,\mathrm{cm} \cdot \mathrm{kgf/cm}^3 \tag{3.3}$$

となる．以上は，最小単位の仕事量を用いた標準的実験の場合であるが，もう少し大きなエネルギーを土に与えて締固め実験を行う方法も規定されている．それは，大型のランマーを使用するとか，突固め層数や各層当りのランマー落下回数を増やすとかして実現できる．締固めエネルギーを異にする色々な試験法の中で採用されている実験の仕様の一覧を示すと，表 3.1 のようになる．この中の仕様を色々と組み合わせて，異なった締固めエネルギーのもとで実験が行いうるように規定が作られている．たとえば他の条件は同じだが，ランマーのみ 4.5 kg 重のものを用いて締固め実験を行ったとすると，エネルギーは $E_C=15.2\,\mathrm{cm} \cdot \mathrm{kgf/cm}^3$ となる．

同じ土であっても，締固めエネルギーが異なると異なった締固め曲線がえられ，したがって，最適含水比やそれに対応する乾燥単位重量の最大値も異なったものとなってくる．このことを説明したのが図3.3であるが，締固めエネルギーの増加に

表 3.1 突固め試験の仕様 (JIS A 1210)

名　　称	記号	(単位)	種　　類
ランマーの重量	W_R	(kg 重)	2.5, 4.5
ランマーの落下高	H	(cm)	30, 45
各層当りの突固め回数	N_B	(回)	25, 55
締固め層数	N_L	(層)	3, 5
試料の体積	V	(cm³)	1000, 2209
試料の最大粒径		(mm)	4.76, 12.7, 19.1, 25.4, 38.1

3・1 締め固めた土の性質

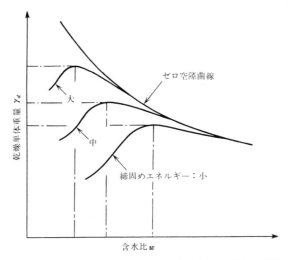

図 3.3 締固めエネルギーの変化に伴う締固め曲線の変動

伴い，最適含水比は低下してくる．

　締固め試験において採用すべきエネルギーの大きさは，原位置で締固め土が受けると予想される外荷重の大きさに応じて決められることが多い．締固め規準が作製された初期の頃には，中程度の自動車荷重を対象とした道路の路床土や中規模のアースダムの土材料の締固めが主な課題であったため，それに対応して $E_c = 5.6 \, \text{cm} \cdot \text{kgf/cm}^3$ なるエネルギーを与える試験がよく行われた．しかしその後，大型自動車の普及や大型航空機の就航に伴い，高速道路や滑走路の路床土に作用する外荷重が増大してきた．それに対応して，最近では大きなエネルギーを用いた試験もしばしば行われるようになってきている．締固め試験に用いる土も 4.76 mm 以下の砂質土であることが多かったが，最近では大規模なアースダムの施工を対象にして，大きな粒子を含む土の締固め試験もよく行われる．この時には表 3.1 に示すごとく，より大きな許容最大粒径をもつ土を用いることできるが，同時にモールドも大容量のものを使用する必要がある．規準によると，許容最大粒径の最大は 38.1 mm で，この材料に対しては円容積が 2209 cm³ の大型モールドを使用して締固め試験をするように規定してある．

3・1・3 土の種類と締固め曲線[3]

締固め曲線の形や位置は土の種類によって大きく変化する．図3.4(a)に示したのは，御母衣ダム地点でえられた8種類の土の粒径加積曲線である．おしなべて均等係数の大きい良配合の土であるが，番号順に平均粒径が小さくなるように土が選んである．これらの土に対して，締固め試験を実施した結果が図3.4(b)に示して

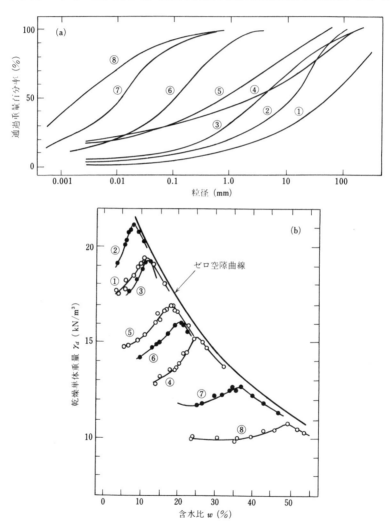

図 3.4 締固めに及ぼす粒度の影響（御母衣ダム）[4]

ある．①，②，③で示すような砂レキを主体とした粗粒材料では，一般に最適含水比が 8～12% と低く，締固め時の乾燥密度が 19～21 kN/m³ と大きくなることがうかがえる．また，締固め曲線も尖鋭な山型を示すのが特徴である．逆に，⑦，⑧で代表される粘土やロームの細粒土では，最適含水比が 37～50% と高く，最大乾燥密度も 11～13 kN/m³ と小さくなっていることが分る．締固め曲線が平らになってくるのも細粒土の特徴といえる．その他の中間的粒度をもつ土は，以上の中間に属する締固め特性を示している．

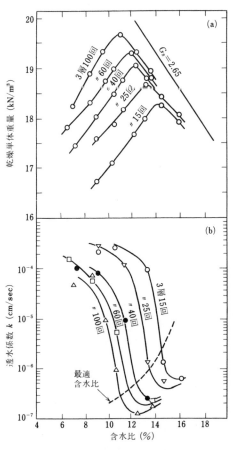

図 3.5 締固め曲線と透水係数の関係
(御母衣ダム, 1981)[4]

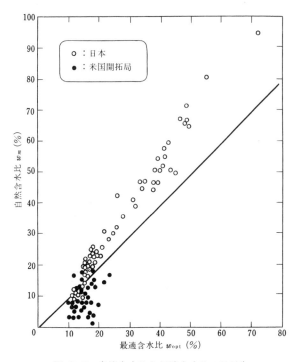

図 3.6　自然含水比と最適含水比の比較[4]

　アースダムの遮水材（コア材）として用いる土は，細粒で透水係数 k（4・1節参照）が十分に小さいことが要求される．そこで，締め固めた土と透水係数の関係が問題となってくる．図3.5はこの関係を調べるための実験結果の一つを示したものである．シルト質粘土から成る材料を異なったエネルギーで締め固めた時の締固め曲線が，図3.5(a)に示してある．前述のごとく，締固め仕事量の増加に伴い最適含水比は低下し，最大乾燥単位重量は増加していることが分る．この締固め曲線をえた一つひとつの材料に対して，時間をかけて通水を行い飽和状態を作り出す．そして透水試験（4・2・1参照）を実施し，透水係数を求めた結果が図3.5(b)に示してある．この図から，締固め含水比の増加に伴い透水係数が急に低下し，ついに最小値に至ることが分る．しかし，この最小の透水度を与える締固め含水比は最適含水比とは一致せず，最適含水比よりやや湿潤側にあることが知られる．このことは，多くの土に共通して一般に認められている事柄である．

各種のローラーを用いて原位置で締固め施工をする時には，最適含水比で締固めを行うのが最も合理的であるが，現場で含水比をコントロールすることが困難な場合もよくある．図3.6に示してあるのは，日本と米国西部のいくつかの土に対して，自然含水比と最適含水比とを比較したものである．自然含水比は降雨量等の気候に支配されるので，湿潤気候の日本では原位置に存在する土の自然含水比が最適含水比に比べて一般に大きいのに対し，乾燥気候の米国の西部地域では，逆に，自然含水比が小さくなっている様子がうかがえる．自然含水比が小さい時には散水によって含水量を増し，最適含水比で締固め施工を実施することが可能であるが，逆の場合にはこれが不可能となる．この時には，最適含水比の湿潤側に数パーセントの幅をもたせ，その範囲内の含水比で締固め施工を行う等の措置が取られる．

参 考 文 献

1) Proctor, R. R., Design and Construction of Rolled Earth Dams Engineering News Record, Vol. 111, pp. 245-248, pp. 286-289, pp. 348-351, pp. 372-376, 1933.
2) 久野悟郎，土の締固め，技報堂出版，1962.
3) 最上武雄監修，河上房義，柳澤栄司，土の締固め，鹿島出版会，1975.
4) (社)電力土木技術協会，最新フィルダム工学，p. 49, 1981.

Arthur Casagrande (1902-1981)
土の分類や物理試験法を確立した. 浸透流による基礎の安定性の研究と実務を通して, ロックフィルダム工学の立役者となった. 1936年に初回の国際土質基礎工学会議を創始した. 更に国際地盤工学会の設立や広汎な教育活動を通して, 土質工学の普及に不朽不滅の足跡を残した.

第4章 透 水

　土中の水に圧力差が加わると,間隙を通して水がゆっくりと移動することになる.これが透水と呼ばれる現象である.土中の水の流れが速くなると,多量の漏水が生じて困ることもあるし,逆に排水や取水が容易になって有利になることもある.ともあれ,単位時間当りどの位の水が流れるのかを推定することが,透水問題に関係した第1の課題となる.水が流れるとその周りに存在する土粒子に力(透水力または浸透力)が加わることになる.土粒子にはそのほかに重力や外部荷重による応力が作用しているが,浸透力の向きや大きさによっては全体の力系のバランスが崩れ,土を崩壊に導くことになる.よって,この浸透力を推定することが透水問題の第2の重要課題となってくる.

4・1 Darcyの法則

　土中を流れる水の速度vとその原動力である圧力差との関係を示すのがDarcyの法則である.今,図4.1に示すように断面積A,長さLの土の要素を考え,左下から右上に向って水が定常的に流れているものとする.この水の流速は流れが生じている区間の動水勾配iに比例する,というのがDarcyの法則の内容であるから,これを式で書くと,

$$v = ki \tag{4.1}$$

となる.ここで,比例定数kは透水係数と呼ばれるもので,速度と同じ次元(cm/s)を持っている.動水勾配は,考えている土中の2点間の水頭差を,その間を流れる透水距離で割った量として定義されるから,図4.1の例では$i=h/L$で与えられる.流量Qは流速に断面積を掛けたものであるから,

64　第4章　透　　水

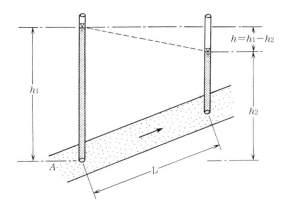

図 **4.1**　土中の水の流れと水頭差

$$Q = vA = kAi = kA\frac{h}{L} \tag{4.2}$$

によって求められる.

4・2 透 水 係 数

漏水や排水の問題を定量的に解くためには透水係数 k の値を決める必要があるが，そのためには実験室内や原位置で試験を行い，直接求めるのが最も望ましい．

4・2・1 透水係数の求め方

a. 定水位透水試験法　図 4.2 に示すような容器に土の材料をおさめ，上部の水面を一定位置に保持しながら給水を行う．試料を通過した水をパイプを通して小さな容器に導き，この容器の水位を一定に保ちながらあふれる水の量をメスシリンダーで測定できるようにする．ある程度水を流して定常状態になった時を見計らって測定を開始する．この場合の水頭差は h であり，透水距離は L である．よって動水勾配は $i = h/L$ となり，Darcy の法則に基づいた式 (4.2) が成り立つから，小さい容器からあふれ出る単位時間当りの水量 Q を測定すれば，

$$k = \frac{QL}{hA} \tag{4.3}$$

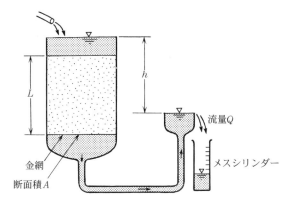

図 4.2 定水位型透水試験

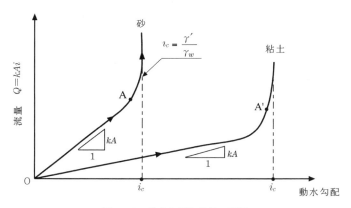

図 4.3 動水勾配と流量の関係

によって直ちに透水係数を求めることができる．ただし，A は土の試料の断面積である．図4.2の装置で小さい容器の位置を段階的に下げて流量測定を行うと，そのたびに動水勾配 i が増えるから，流量 Q も比例的に増加してくる．この実験結果を図4.3のような図にプロットし，直線部分の勾配を読むことによっても透水係数 k の値を求めることができる．

b. 降水位透水試験法　図4.4に示すような容器に土の試料をおさめ，上部に断面積 a のパイプを連結する．試験から出てきた水はホースで小さな容器に導き，水面を一定に保持しつつ排出してやる．上部のパイプから給水を行うが，給水を止めるとパイプ内の水位は徐々に下ってくる．この降下時の水位変化と時間を測定す

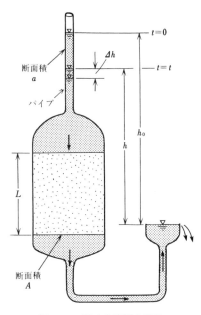

図 4.4 降水位型透水試験

るのがこの試験の特徴である．試験開始時の水位を h_0 とし，t 時間後に水位が h まで下ってきたとすると，この時点でのパイプ内の水の減少量は dt なる微小時間当り $-adh$ で与えられる．ここでマイナスの符号をつけたのは h が減少する方向に透水が生ずるためである．パイプ内で時間 dt の間に水が減った分だけ供試体の中を水が通過するわけであるが，この透水量は Darcy の法則から $k \cdot A dt \cdot h/L$ で与えられる．ここで，A は試料の断面積であり，h/L は t 時間たって水位が h まで降下してきた瞬間の動水勾配を表わしている．パイプ内の水の減少量は試料内の透水量に等しいから，

$$-adh = kA \frac{h}{L} dt$$

なる関係が成り立つ．よって，これを試験開始時（$t=0$, $h=h_0$）から終了時（$t=t_1$, $h=h_1$）まで積分して

$$-\int_{h_0}^{h_1} a \frac{dh}{h} = \int_0^{t_1} k \frac{A}{L} dt$$

がえられる．この積分を行えば透水係数を求める次式が得られる．

$$k = \frac{2.3aL}{At_1}\log_{10}\frac{h_0}{h_1} \tag{4.4}$$

4・2・2 透水係数の値

a. 砂質土の透水係数　透水係数は土中の水の流れやすさを示す定数で，式(4.1)の定義からも明らかなごとく，この値が大きいことは水を通しやすく，逆に小さいことは水を通しにくいことを示している．透水係数を簡単に推定するための実験公式は多くの人によって提案されているが，砂質土を対象にした式を挙げると表4.1のごとくであり，これらを図示すると図4.5のようになる．ただし，粒径D_wはある粒径範囲を代表する土の平均粒径を$d_i(i=1,2,\cdots\cdots)$とし，この土が全体の中に占める含有率をp_iとする時

$$\frac{1}{D_w}=\frac{p_1}{d_1}+\frac{p_2}{d_0}+\frac{p_3}{d_0}+\cdots\cdots \tag{4.5}$$

によって与えられる．たとえば，図4.6のような粒度曲線が与えられ，それを$p_1=p_2=30\%$, $p_3=40\%$のように3分割し，分割された粒度範囲内の平均粒径が$d_1=0.1$ cm, $d_2=0.4$ cm, $d_3=1.0$ cmとすると，上式によって$D_w=0.24$と算定されることになる．

さて，表4.1に示した諸式に共通している点を挙げると，まず透水係数が間隙率nの増加関数になっていることである．これは，土中で間隙の占める率が大きくなればそれだけ水を通しやすくなることを示していて当然の結論といえる．次に注目すべきは，10～35％のふるい通過率に相当する粒径D_{10}またはD_wの2乗に比例して透水係数が増加する形になっている点である．

表 4.1　砂質土に対する透水係数の実験式

$k=C_K(0.7+0.03T)D_{10}^2$	C_K：定数 T：温度	Hazen
$k=\dfrac{C_t}{\mu}\left(\dfrac{n-0.13}{\sqrt[3]{1-n}}\right)^2 D_{10}^2$	C_t：定数	Terzaghi
$k=\dfrac{C_z}{\mu}\left(\dfrac{n}{1-n}\right)^2 D_w^2$	C_z：定数	Zunker
$k=\dfrac{C_k}{\mu}\dfrac{n^3}{(1-n)^2}D_w^2$	C_k：定数	Kozeny-Donat

n：間隙率，μ：流体の粘性係数

68　第4章 透　　水

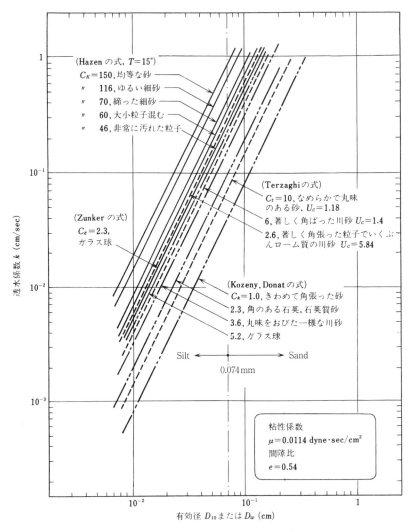

図 4.5　砂の透水係数と粒径の関係[1]

　粒子の大きさは間隙の大きさを表わしていると考えれば，このことは十分納得のいく結論である．ここで注意すべきことは，間隙の大きさと間隙率とは異なるということである．たとえば，図4.7に示すような等径球の2つの詰まり具合を考えると，両方とも間隙率は同じであるが，間隙の大きさは (a) の状態が (b) に比べて

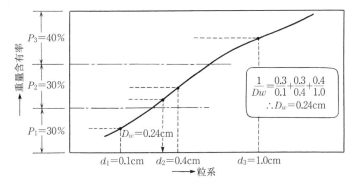

図 4.6 粒径 D_w の求め方

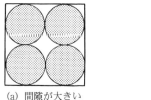

(a) 間隙が大きい　　　　(b) 間隙が小さい

図 4.7 間隙比が同一で間隙の大きさが異なる場合の例

明らかに大きくなる．したがって，間隙の大きい(a)の状態の方が透水性がよくなる．このことを反映しているのが表 4.1 に示した数式の D_{10}^2 または D_w^2 の項なのである．

透水係数の経験式についていえるもう一つの共通点は，これが流体の粘性係数 μ の値に逆比例していることである．粘性が大きくなると，流体がどろどろしてきて流れにくくなるためである．地下水の流れを取り扱う場合，水の粘性は一般に大きく変化しないから，粘性係数に特別な注意を払う必要はないが，たとえば油田地帯のように間隙に油が充満している地層の透油係数であるとか，乾燥した砂中の空気の流れの問題に関係して透気係数を求めたい場合等には，これらの材料の粘性係数を上記の実験式に代入すれば，近似的にでも定数を推定することができよう．

以上の諸因子の中で最も重要なのは間隙の大きさである．これらの影響がすべて D_{10} および D_w 等の細粒分の粒径の関数として与えられていることに注目することが必要である．つまり，透水係数に支配的影響を及ぼすのは，与えられた土の細粒

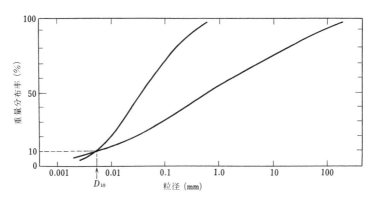

図 4.8 10%通過の粒径 D_{10} が等しい2種類の土

部分の粒径であり，粗粒部分の粒度特性には無関係に透水係数が決まる，ということである．たとえば，図4.8に示す2種類の土の粒度特性は，粗粒部分で大きく異なるが，細粒部分の粒径 D_{10} は同じにしてある．表4.1の諸公式によると，これら2つの土は同じ透水係数を持つことになるのである．

b. 粘性土の透水係数 原位置の粘土はその堆積環境によって様々なミクロ的構造を有しているので，いくつかのパラメータの関数としてその透水係数を表わすことは不可能に近いとされている．堆積状態の異なる3つの場所から採取された不攪乱粘土に対して室内透水試験を行った結果が，図4.9に示してある[2]．堆積状態が極めて均質な同じ場所から採取したいくつかの試料の間では，透水係数と間隙比を関係づけることがある程度可能であるが，異なる場所の粘土に対してはこのような関係は存在しないようである．

一つの粘土を圧密していくと間隙比が減少し，それに伴って透水係数が小さくなってくることが予想される．この傾向を見るために示したのが図4.10である[2]．この図には同じ測定データを，$\log k$ と e，$\log k$ と $\log e$，$\log k(1+e)$ と $\log e$，の3つの関係として表示してあるが，$\log k$ と e の関係が最も直線に近いことが分る．他の多くの粘土に対しても同様のことがいえるので，一般に

$$e - e_0 = C_p \log \frac{k}{k_0} \qquad (4.6)$$

なる関係が成り立つと見てよい．ここで，e_0 は粘土を圧密する前の初期間隙比，k_0 はその時の透水係数を表わす．C_p は透水性変化指数（permeability change index）

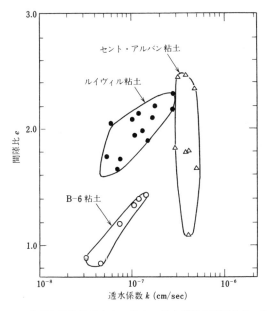

図 4.9 均質な堆積構造をもつ粘土の透水係数と間隙比との関係[2]

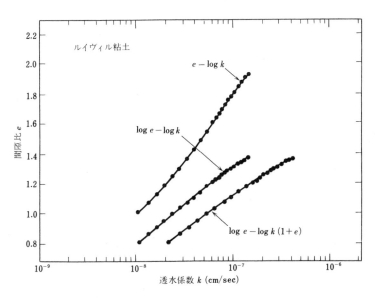

図 4.10 圧密による間隙比の変化に伴う透水係数の変化[2]

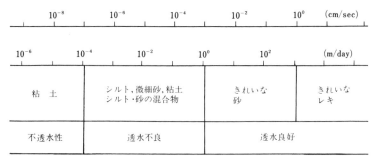

図 4.11 透水係数の概略値

とも呼ばれるもので,多くの粘土を調査した結果,$e_0 = 0.8 \sim 3.0$ に対してほぼ

$$C_p = 0.5 e_0 \tag{4.7}$$

で与えられるとされている[2]）.

土の透水係数は,それぞれの土に対して実験によって求められるのが最も望ましいが,おおまかな目安としては,図4.11のようになると考えておいてよいであろう.

c. 成層地盤の透水係数 河川の流れで運ばれてきて堆積した地盤や,海や湖を人工的に埋め立てて造られた地盤では,ほぼ一様な大きさの粒子から成る数センチ厚さの層が,幾重にも重なっているのが普通である.水中で土が堆積するとまず粗粒子が沈積し,引き続いて細粒部分が沈殿するという自然の分級作用が働くためである.アースダムや河川堤防のような地上の盛土についても,一定の厚さで土をまき出しそれを締め固めるという手段で施工が行われるので,でき上った堤体は水平方向の層状構造をもったものになる.したがって,地盤や土構造物は一般に水平な成層構造をなしていて,その透水係数は鉛直方向と水平方向とで異なると考えて差しつかえない.そこで,これら成層地盤についての透水係数をマクロに見た場合,鉛直方向と水平方向とでどのように異なるのか考えてみることにする.

図4.12に示すように厚さ,つまり断面積が $d_1, d_2, \cdots, d_n$ で,それぞれの層の透水係数が $k_1, k_2, \cdots, k_n$ である n 個の成層地盤があるとする.まず,成層面に平行に水が流れている場合を考えると,どの層を流れる水も同じ動水勾配 i を受けることになるので,j 層を通過する透水量を q_j とすると,Darcy の法則より,

$$q_1 = k_1 i d_1, \quad q_2 = k_2 i d_2, \quad \cdots\cdots, \quad q_n = k_n i d_n \tag{4.8}$$

4・2 透 水 係 数   73

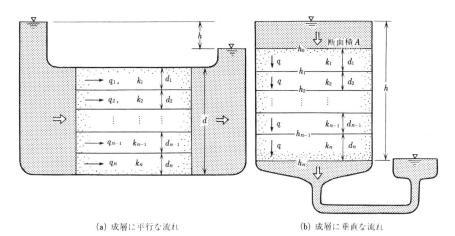

(a) 成層に平行な流れ　　　(b) 成層に垂直な流れ

図 **4.12** 成層土中の透水

がえられる.全体の透水量 q は各層の透水量の和で表わされるから,

$$q = q_1 + q_2 + \cdots + q_n = (k_1 d_1 + k_2 d_2 + \cdots + k_n d_n) i \tag{4.9}$$

ここで,

$$\left. \begin{array}{l} k_H = (k_1 d_1 + k_2 d_2 + \cdots + k_n d_n)/d \\ d = d_1 + d_2 + \cdots + d_n \end{array} \right\} \tag{4.10}$$

とおくと

$$q = k_H i d \tag{4.11}$$

となり,Darcyの法則を表わす式 (4.2) と同じ形の式であることが分る.よって,式 (4.10) の k_H をマクロに見た水平方向の透水係数と見なしてよいことが分る.

次に,図 4.12 (b) に示した成層地域に垂直方向の水の流れを生じさせたとしよう.この場合,各層を通過する透水量 q は一定であるが,失われる水頭は各層ごとに異なっている.そこで,j 層目と $j+1$ 層目の境界面における水頭を h_j とすると,Darcyの法則より次式が成り立つ.

$$q = k_1 \frac{h_0 - h_1}{d_1} \cdot A, \quad q = k_2 \frac{h_1 - h_2}{d_2} \cdot A, \quad \cdots\cdots, \quad q = k_n \frac{h_{n-1} - h_n}{d_n} \cdot A \tag{4.12}$$

これを

$$\frac{q d_1}{k_1 A} = h_0 - h_1, \quad \frac{q d_2}{k_2 A} = h_1 - h_2, \quad \cdots\cdots, \quad \frac{q d_n}{k_n A} = h_{n-1} - h_n \tag{4.13}$$

のように書き直して加え合わせると，

$$q = \frac{h_0 - h_n}{d_1/k_1 + d_2/k_2 + \cdots + d_n/k_n} \cdot A \qquad (4.14)$$

となる．$h_0 - h_n = h$ であるから，更に，

$$k_V = \frac{d}{d_1/k_1 + d_2/k_2 + \cdots + d_n/k_n} \qquad (4.15)$$

とおくと式（4.14）は

$$q = k_V i A \qquad (4.16)$$

と置き直せる．ただし，動水勾配 i は $i = h/d$ で与えられる．式（4.16）は式（4.2）と同じ形をしているから，この中の k_V がマクロに見た場合の鉛直方向の透水係数を与えることになる．

さて，前節で見たように土の透水係数の変動範囲は $10^{-9} \sim 10^2 \text{(cm/sec)}$ と非常に大きい．したがって，成層地盤の中の一つの層の透水係数が大きかったり小さかったりすると，それが支配的影響を及ぼすことになる．今，成層地盤の中で最も大きい透水係数を $k_{\max}$，その層の厚さを $d_{\max}$，最も小さい透水係数を $k_{\min}$，その層の厚さを $d_{\min}$ とすると，式（4.10）および式（4.15）より，近似的に，

$$k_H \fallingdotseq k_{\max} \frac{d_{\max}}{d}, \quad k_V \fallingdotseq k_{\min} \frac{d}{d_{\min}} \qquad (4.17)$$

がえられる．これより，成層地盤においては，水平方向の透水係数は最も透水性の良い層の透水係数に依存し，鉛直方向の透水係数は最も透水性の低い層の透水係数に支配されることが分る．

次に，鉛直方向と水平方向の透水係数の大きさを比較してみよう．式（4.17）において，$d_{\max}/d$ と $d/d_{\min}$ の値は透水係数の値に比較してはるかに大きいから，k_H と k_V の差はもっぱら $k_{\max}$ と $k_{\min}$ の値の差によって決まってくる．したがって，式（4.17）から

$$k_H > k_V \qquad (4.18)$$

であることが明らかになる（設問4.1）．このようにして，成層地盤では水平方向の透水係数が鉛直方向のそれに比して常に大きくなることが分ったが，その差がどの程度であるかについては個々の場合に検討されるべき問題であろう．大体の目安としては表4.2に示した値が参考になろう．一般に，成層の判然とした砂，シルト等の自然地盤では k_H/k_V の値が相当大きくなるが，シルト・粘土の自然地盤では透

表 4.2 鉛直方向と水平方向の透水係数の比率[3]

成層状態	k_H/k_V
成層が余り明確でない砂質地盤	2〜10
成層が明確な地盤（鉱さい堆積場等）	10〜150
シルトおよび粘土の自然地盤	1〜1.1

水係数の異方性が顕著に表われず，$k_H/k_V \fallingdotseq 1.0$ であるといわれている[3]．

設問 4.1 成層地盤においては，水平方向の透水係数が鉛直方向のそれに比べて常に大きくなることを，式 (4.10) と式 (4.15) を用いて証明せよ．

〔解　答〕

$$k_H - k_V = \sum_{i=1}^{n}(k_i d_i)/d - d/\sum_{i=1}^{n}(d_i/k_i)$$

$$= \left[\sum_{i=1}^{n}(k_i d_i) \cdot \sum_{i=1}^{n}(d_i/k_i) - \sum_{i=1}^{n} d_i \cdot \sum_{i=1}^{n} d_i\right] \Big/ \left[d \cdot \sum_{i=1}^{n}(d_i/k_i)\right]$$

$$= \left[(k_1 d_1 + k_2 d_2 + \cdots + k_n d_n)\left(\frac{d_1}{k_1} + \frac{d_2}{k_2} + \cdots + \frac{d_n}{k_n}\right) \right.$$

$$\left. - (d_1 + d_2 + \cdots + d_n)(d_1 + d_2 + \cdots + d_n)\right] \Big/ \left[d \cdot \sum_{i=1}^{n}(d_i/k_i)\right]$$

分子のみを考えると，$d_1^2, d_2^2, \cdots, d_n^2$ 等の項は消えるから，$d_1 d_2, d_1 d_3, \cdots, d_1 d_n$ 等の項を別々に取り出して整理すればよい．たとえば $d_1 d_2$ の項を考えると，

$$d_1 d_2 \left(\frac{k_1}{k_2} + \frac{k_2}{k_1}\right) - 2 d_1 d_2 = \frac{d_1 d_2}{k_1 k_2}(k_1^2 + k_2^2 - 2 k_1 k_2) = \frac{d_1 d_2}{k_1 k_2}(k_1 - k_2)^2 \geqq 0$$

となり，他の項についても同じ形の不等式がえられる．よって，これをもとの式に入れると，

$$k_H - k_V = \left[\sum \frac{d_i d_j}{k_i k_j}(k_j - k_i)^2\right] \Big/ \left[d\sum(d_i/k_i)\right] \geqq 0$$

4・3　透水力と透水安定性

4・3・1　透　水　力

土粒子の間を水が流れる時，水の流れによる力が土粒子に加わり，これと大きさが同じで方向が逆の力が土粒子から水に作用することになる．この力は土粒子と水

の両方に粘性があるために生ずるものであり，粘性によるエネルギー損失が起こるため，流れと共に水頭が次第に下ってくるのである．この力は透水力また浸透力と呼ばれているが，これを求めるために図4.13のような流れの状態を考えてみよう．説明を分りやすくするために土粒子の部分に加わる力の釣合いと，全体に作用する力の釣合いを分けて考えることにする．

まず，土粒子の部分に着目し，流れの方向に単位体積当り f なる透水力が作用していると仮定しよう．ここで注目すべきは，浸透力が動力と同様に各粒子の一つ一つに加わる体積力（body force）である，ということである．考えている土の要素の断面積を A，その長さを L とすると，全体に作用する透水力は ALf である．一方，土粒子には重力と浮力が作用しているが，これは差し引き $\gamma'AL$ で表わされる．重力と浮力の差は土粒子の水中単位体積重量 γ' を用いて表わしてよいからである．次に，土の要素の両端で単位面積当り F_1 および F_2 なる粒子間応力が図のような向きに作用しているとしよう．これらは表面力（surface force）である．以上の力の流れ方向に関する釣合いを考えると，

$$fAL - \gamma'AL\sin\theta = (F_2 - F_1)A \tag{4.19}$$

が成り立つ．次に，土粒子と水の両方を加えた全体系に作用する力を考えると，f は内力であるから相殺されてゼロとなる．土の要素の左下端部では水圧 $h_1\gamma_wA$ と粒子間力 F_1A が作用し，右上端の境界では水圧 $(h_2 - L\sin\theta)\gamma_wA$ と粒子間力 F_2A が作用する．また，重力による力が鉛直方向に γAL だけ加わるが，その流れ方向の

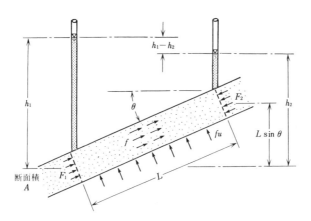

図 **4.13** 透水中の土粒子に作用する力

成分は $\gamma AL\sin\theta$ である。よってこれらの力の流れ方向の釣合いを考えると，

$$h_1\gamma_w A - (h_2 - L\sin\theta)\gamma_w A - \gamma AL\sin\theta = (F_2 - F_1)A \quad (4.20)$$

がえられる。式 (4.20) から式 (4.19) を差し引くと

$$f = \frac{h_1 - h_2}{L}\gamma_w \quad (4.21)$$

がえられる。この式で $(h_1 - h_2)/L$ は動水勾配 i であるから，結局単位体積当りの透水力は，

$$f = i\gamma_w \quad (4.22)$$

で与えられることが分る。この式を式 (4.1) に代入してみると，

$$v = \frac{k}{\gamma_w}f \quad (4.23)$$

がえられる。この式は水を移動させる力とそれによって生ずる水の速度との関係を示している。したがって Darcy の法則は透水力と透水速度との関係を表わすと解釈してもよいのである。次に式 (4.22) を式 (4.19) に用いると，

$$(\gamma'\sin\theta - i\gamma_w)L = F_1 - F_2 \quad (4.24)$$

がえられるが，この式の中の各力を図示すると図 4.14 (b) のごとくである。土粒子の水中重量の流れ方向の成分 $\gamma'L\sin\theta$ と透水力 $i\gamma_w L$ の差を，土柱の両端で粒子

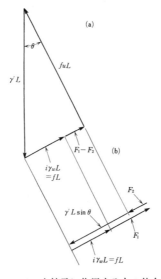

図 **4.14** 土粒子に作用する力の釣合い

に作用する外力の差 F_1-F_2 で支えていることをこの式は意味している.

今まで流れと直角方向の力の釣合いは考えてこなかったが，土粒子の部分にのみ着目すると，土粒子の水中重量のこの方向の成分に等しい反力が図 4.13 に示すごとく，土柱の側壁に作用していなければいけないことが明らかである．この力を単位面積当り f_u とすると，図 4.14 (a) の力の多角形より

$$f_u = \gamma' \cos\theta \qquad (4.25)$$

であることが分る．

4・3・2 透水に対する安定性

透水力に対する土層の安定性を検討するために，図 4.15 に示すように水と砂を満した大容器内の圧力が，これにつないだ小容器の位置の変化によってどのように変わるかを見てみよう．大容器の底には金網が張ってあって，砂はそれより上に堆積しているものとし，大容器の上からは常に必要量の水が補給され，表面の水位は一定に保持されているとする．大容器中の水はパイプを通じて小容器につながり，この水位も一定に保たれているとする．今，大容器の水位と小容器の水位が一致する位置に小容器を持ってきたとする．水頭差はゼロ ($h=0$) であるから，大容器内の砂層中には透水が生じない．砂層の深さを L とすると，この時の水圧と有効圧力の深さ分布は図 4.15 (a) のごとくになる．次に，小容器を h だけ降下させてみる．この時，砂層の底の B 点の水圧は h だけ低下するが，上部の C 点の水圧は不変であるから，水圧が深さ方向に直線的に分布することを考えると，水圧と有効圧力の分布は図 4.15 (b) のようになる．つまり，動水勾配 $i=h/L$ が生じ，大容器から小容器に向って透水が起こることになる．よって，式 (4.22) によって単位体積当り $i\gamma_w = \gamma_w h/L$ なる透水力が下向きに作用するので，大容器全体では $i\gamma_w \cdot A \cdot L = \gamma_w h A$ なる透水力が生じ，これが底面に作用することになる．したがって，単位面積当り $\gamma_w h$ なる下向きの透水力が底面に働くことになるわけである．ここで注意すべきは，透水力は常に有効応力として作用するということである．よって，図 4.15 (b) に示すごとく，底部では有効応力が $\gamma_w h$ だけ増え，全圧力が一定でなくてはならないという条件より，同じ量だけ水圧が減少することになる．

次に，小容器を h だけ上昇させた場合を考えてみよう．この時には，上記と全く逆の現象が生ずる．つまり，動水勾配 $i=h/L$ が上向きに生じ，小容器から大容器

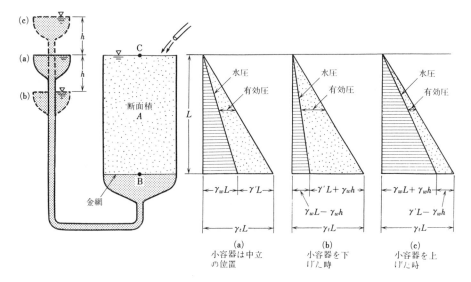

図 4.15 飽和砂を入れた大容器中の圧力分布の変化

に向って透水が生じ，この時の水圧と有効圧力の深さ分布は図 4.15 (c) に示すようになる．ところで，小容器を更に上昇させて大容器内の底面に作用する有効応力がゼロになると，どのようなことが起こるのであろうか．この時には，図 4.15 (c) より $\gamma'L - \gamma_w h = 0$ となることが分るから，小容器の上昇高さは $h = \gamma'L/\gamma_w$ で与えられる．この時の動水勾配は，

$$i_c = \frac{h}{L} = \frac{\gamma'}{\gamma_w} \tag{4.26}$$

で与えられ，特に，限界動水勾配と呼ばれている．飽和した砂の単位体積重量 γ_{sat} は 1.95～2.0tf/m³ 程度の値をとるから，$\gamma' = \gamma_{sat} - \gamma_w = 0.95～1.0$tf/m³ となり，限界動水勾配の値はほぼ 1 に等しいと考えてよい．なお，砂の間隙比 e と比重 G_s を用いると，i_c は式 (1.19) より次のようにも書ける．

$$i_c = \frac{G_s - 1}{1 + e} \tag{4.27}$$

限界動水勾配に等しい透水力 $i_c \gamma_w = \gamma'$ が砂層に加わると，上述のごとく有効圧力がゼロとなるから粒子間応力がゼロとなり，一つひとつの砂粒が遊離し水中に浮遊した状態となる．これをボイリング現象 (boiling) と呼んでいる．この時，図 4.15

の大容器を通って大量の水が上方に流れ出してくる．この模様は図4.3に示すように動水勾配が限界値 i_c に達した時，流量 Q が急増することに対応している．図4.15の大容器は，図4.13の透水説明図で $\theta = 90°$, $F_2 = 0$ とした場合に相当している．したがって，図4.14のような有効応力に関するベクトル図を描くと，図4.16のごとくになる．図4.16 (a) は小容器を下げた場合，(b) 図は小容器を h だけ上げた場合，そして (c) 図はボイリングが発生した場合の，有効応力ベクトル図である．図4.16の F_1 は，大容器の底面の金網から土粒子に伝えられる力（有効応力）を示しているが，(c) 図のごとくボイリング発生時には $F_1 = 0$ となる．つまり，金網には何の力も加わっていないのである．

砂の場合，有効応力がゼロとなると粒子間の接触がはずれてボイリングが生ずるが，粘性土の場合には互いの粒子が粘着力のもとにくっついて離れにくいからこのような現象は発生しない．粘性土では，限界動水勾配は式 (4.27) で与えられる値より遙かに大きくなるから，図4.15のようなモデルでは小容器を上昇させ h を増やすと，土中に透水の不安定状態が現われる前に金網上の土と水とが一緒になって浮き上ってしまう．そこで，透水性の良いレキ材を上に載せて持ち上りを押えながら小容器を上昇させ，動水勾配を徐々に増やしてみることにする（図4.17参照）．この時，ある動水勾配の値に達すると粘性土の表面に小さな孔が現われ，この孔から水がどんどん流出して孔径が次第に大きくなり，最終的に土中に大きな孔が貫通して水が無限に流れ出す，という現象が見られる．この時の流量と動水勾配の関係

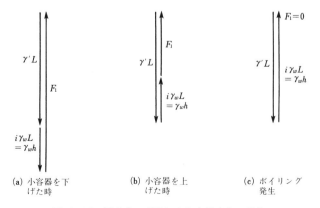

図 **4.16** 透水力の変化による有効応力の変化

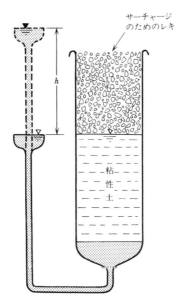

図 4.17 粘性土に対するパイピング現象の実験

は，図4.3に示すようになる．これが貫孔現象，またはパイピング現象（piping）と呼ばれるものである．パイピング発生を条件づける限界動水勾配については，色々の要素が影響をもってくるので，正確に規定するのはむずかしいが，透水係数の値が最も支配的であるとされていて，次のような実験公式が提案されている．

$$\left.\begin{array}{l} i_c = \dfrac{1}{1.5\sqrt{k}} \\[1em] i_c = \left(\dfrac{1.67 \times 10^{-2}}{k}\right)^{0.623} \end{array}\right\} \quad (4.28)$$

前者はSichartによるものであり，後者は中部電力が実施した実験に基づく式である．上式を図示したのが図4.18であるが，透水係数の増加に伴い限界動水勾配が減少し，kの値が砂の透水係数である10^{-2} cm/sのオーダーになると，i_cの値も1.0に漸近している様子がうかがえる．

4・3・3 フィルター

地下水の流れが，細粒領域から粗粒領域へと進行している場合，2つの領域の間

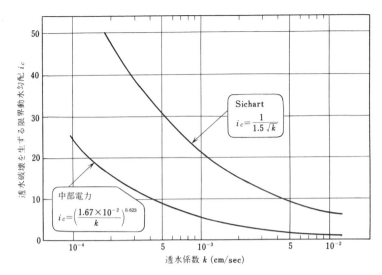

図 4.18 粘性土の限界動水勾配と透水係数との関係

で粒度差が大きいとパイピングによる崩壊が生じ，細粒土が粗粒領域へ押し流される．このような場合，中間的粒度をもった土を両者の間に介在させてやると，土の移動や崩壊なしに円滑な透水が生じるようになる．このような緩衝材をフィルター(filter)と呼んでいる．たとえば，砂地盤にパイプを埋めこんで地下水を排出しようとする時には，パイプの先端付近に多数の孔をあけておき（ストレーナーと呼ぶ），そこから周囲の水を呼び込んで地表に導き排水を行う．この時，数ミリの孔を持つストレーナーは上述の粗粒領域に相当するが，これが直接砂地盤に接していると周囲の砂（細粒土領域）がパイプの中に流れこんで不都合が生じる．したがって，ストレーナーと砂地盤の間に砂より若干粒径が大きいレキ材を置いてやると，スムースに水がパイプ内に流れこんでくるようになる．これがフィルターに他ならない．

ロックフィルダムは図 4.19 に示すように，中央部に止水を目的とした細粒土から成る止水壁，コア（core）とその両側に堤体全体の安定を確保するために粗粒材を盛立てたシェル（shell）と称する 2 つの部分から成り立っている．上流側に貯水すると，当然のことながら上流側シェルとコアの部分は水で飽和されるが，下流側のシェルは大部分不飽和の状態になる．ここで大きな問題となるのはパイピング現象である．図 4.19 の右上方の図に説明してあるように，コア材とシェル材が接

しているとコアの部分の細粒土が下流側のシェル材の空隙に浸透流の力で流れ出してくる．その結果，コア材が喪失されてパイプ状の空洞が上流に向って進展し，最終的にダムの機能が失われたり，場合によってはダム全体が崩壊に至ることもある．これを防止するために，コアと下流側シェルの間に図 4.19 に示すフィルターと称する緩衝材を配置することがよく行われる．この材料の粒度は次の条件を満たすようダム設計基準[4)]で定めている．

$$\frac{フィルター材料の 15\% 通過粒径}{コア材料の 15\% 通過粒径} = \frac{D_{15}^f}{D_{15}^c} \geq 5$$
$$\frac{フィルター材料の 15\% 通過粒径}{コア材料の 85\% 通過粒径} = \frac{D_{15}^f}{D_{85}^c} < 5 \quad (4.29)$$

この条件を図上で表示したのが図 4.20 である．ここで，D_{85}^c の小文字 c は core の頭文字であり，D_{15}^f の f は filter の頭文字である．式（4.29）で最初の条件は，フィルター材を通して浸透水が円滑に流れるようある程度の透水性を確保する目的で細粒土の含有率に下限をもうけたものである．2 番目の条件はコア材の細粒分がフィルター内に流れ込んでくるのを防ぐために，フィルター材は十分な細粒分を含むべきであるということを考慮した規定である．更に，フィルター材の粒度曲線は上記の範囲内で，できるだけコア材のそれに平行な同様な粒径加積曲線を持つように選定するのが望ましいとされている．またコア材が粗粒土を含む場合には，粒径 25 mm 以下の部分についての粒度曲線に対してのみ式(4.29) の基準を適用すること，フィルター材は粘性のない土で #200 ふるい通過の細粒分を 5% 以上含んではならないこと等が付属条件としてうたわれている．

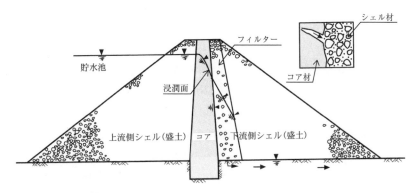

図 4.19　フィルターを通してのスムースな水の流れ

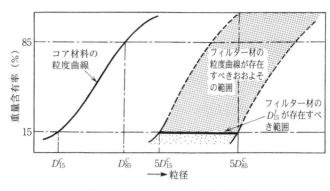

図 **4.20** フィルター材の粒度基準

4·3·4 内 部 浸 蝕

4·3·2 項では主として，粘性土を対象としたパイピング抵抗力について説明した．これに関連して大きな課題となるのは，アースダムあるいはロックフィルダムで頻発した内部浸蝕（internal erosion）である．これらのダムは玉石，レキ，砂，シルト等さまざまな粒径をもつ氷河堆積物等を積み上げて作ったコアをもたない均一性のダムである．また，河川堤防でも同様な現象が生じる．湛水後のダムや洪水で水位が上昇した河川堤防等で，浸透流により下流側底部近くから細粒分が流れ出て堤体が崩壊することがある．その原因は土砂の粒度構成にあり，大きな粒子群で構成される骨格の隙間に細粒分が包み込まれていて，中間的大きさの粒子が欠如しているためであると考えられる．そのため浸透流によって細粒分が流出し，その結果，空隙が大きくなりダムや堤防本体の構造が弱体化して崩壊に至るというふうに考えられる．このように，粒径の大きい粒子群と粒径の小さい粒子群のみが共存する土砂は，粒径加積曲線上に水平な部分が現われ，"ギャップのある粒度（gap-graded）"と呼ばれている．このような粒度のギャップに着目して内部浸蝕リスクの程度を定める研究が推進されたが，その一つが J. Sherard（1979）[5] によるものである．これによると全般的に見て，粒径加積曲線が図 4.21 に示す範囲にあるような土砂は，内部浸蝕を起こしやすいというのが結論である．個々の土砂について，その判定法を説明すると以下のようになる．今，図 4.22 BAC で示すような粒径加積曲線を持つ土砂があったとしよう．この曲線を粒径 1.0 mm のところで分割し，これより細粒側の曲線 AB の縦軸を引き延ばして点線で示すような A′B′ の位置にもってくる．

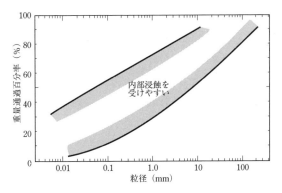

図 4.21 内部浸蝕を受けやすい土砂の粒度分布範囲

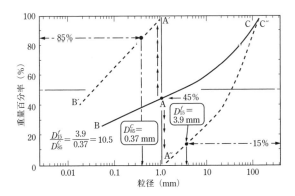

図 4.22 与えられた土砂の粒径加積曲線を,粒径 1.0 mm 以上の細粒部分とこれ以下の細粒部分とに 2 分割して,内部浸蝕に対する抵抗性を判定するための説明図[5]

これが 1.0 mm 以下の粒径をもつ細粒部分の粒度曲線となる.次に,1.0 mm より粗粒部分については,点 A を A″ に移して,新たに点線で示した A″C″ を定めれば,これが粗粒部分の粒度曲線となる.続いて,細粒部分について 85% 通過に対応する粒径を求めると図上で $D_{85}^c = 0.37$ mm が定まる.更に,粗粒部分について 15% 通過に相当する粒径を求めると $D_{15}^f = 3.9$ mm となる.この両者の比をとると $D_{15}^f/D_{85}^c = 10.5$ となる.この値は,粒径 1.0 mm 付近で粒径加積曲線が相当水平に拡がっていて,gap-graded である状態を示している.一般に,この比は 5 以下であるべきとされているが,これはフィルター基準における式 (4.29) の 2 番目の基準と同

一のものである．以上は粒径 1.0 mm 周辺の粒度特性であるが，同様な粒径曲線の分割操作を 0.5 と 0.1 mm の粒径点について行い D_{15}^f/D_{85}^c の値を求めてみると，それぞれ 11.1，11.7 という値がえられる．よって選定したすべての粒径点で D_{15}^f/D_{85}^c の値が 5.0 以上になってくる．したがって，図 4.22 に示す粒径加積曲線をもつ土砂は内部侵蝕を受けやすいと判定されることとなる．

参 考 文 献

1) 最上武雄監修，久保田敬一，河野伊一郎，宇野尚雄，透水―設計へのアプローチ，鹿島出版会，1976.
2) Tavenas, F., Jean, P., Leblond, P. and Leroueil, S., "The Permeability of Natural Soft Clays, Part II: Permeability Characteristics," *Canadian Geotechnical Journal*, Vol. 20, pp. 645-660, 1983.
3) Hird, C. C. and Humphreys, J. D., "An Experimental Scheme for the Disposal of Micaceous Residues from the China Clay Industry," *Quarterly Journal of Engineering Geology*, Vol. 10, No. 18, pp. 177-194, 1977.
4) ダム設計基準，日本大ダム会議，1978.
5) Sherard, J., "Sinkholes in Dams of Coarse, Broadly Graded Soils," The Third Congress of Large Dams, New Delhi, pp. 25-35, 1979.

第5章 有効応力，摩擦則とダイレタンシー則

5・1 有効応力と間隙水圧

　外力によって土の内部に伝えられる応力には，土が水で飽和されている場合，粒子と粒子の接触点を通して伝えられる粒子間応力と，間隙を満たしている水を通して伝えられる間隙水圧の2種類が存在する．粒子間応力は土の変形や強度に直接関係を持つもので有効応力と呼ばれ，間隙水圧は中立応力とも呼ばれている．今，図5.1のような土の中に一つの断面を考え，これを通して伝えられる力に着目してみよう．断面積 S の範囲内に存在する個々の粒子に働く力を $N_1, N_2, \ldots\ldots$ で表わすと全体の粒子間力は $N_1 + N_2 + \ldots\ldots$ となる．これを断面積 S で除したものが有効応力 σ' の定義である．次に，個々の粒子の接触面積を $a_1, a_2\ldots$ とし，考えている断面積内でのこれらの合計を $a = a_1 + a_2 + \ldots$ とする．また間隙内の水が受けている純粋な水圧を u とすると，断面積 S の中の水圧の合計は $(S-a)u$ であるから，単位面積当りの水圧は $(1-a/S)u$ となる．これが間隙水圧の定義である．したがって，この断面に作用している全体の応力を σ とすると，これは有効応力と間隙水圧の和として表わされるから，

$$\sigma = \sigma' + (1 - a/S)u \tag{5.1}$$

なる関係が成り立つ．σ は一般に全応力と呼ばれているものである．ところで，図5.1に示したモデルでは，粒子と粒子の接触面積の部分には水が入り込んで来ず，したがってこの部分の水圧はゼロであると仮定している．しかし，このような接触状態が現実に存在することは非常にまれで，かなり平坦な部分同士が密着していたとしても周囲から水が入り込んでくることは容易に起こりうる．したがって，接触面積はゼロとみなし，粒子と粒子の間は点接触で結ばれていると仮定しても，実際

88　第5章　有効応力，摩擦則とダイレタンシー則

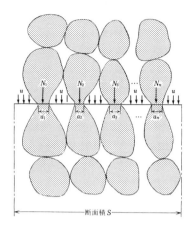

図 **5.1**　有効応力と間隙水圧の説明

上は，差しつかえないのである．このような状態では，$a = a_1 = a_2 = \cdots\cdots = 0$ となるので，式 (5.1) は

$$\sigma = \sigma' + u \tag{5.2}$$

と簡単化される．よって，間隙水圧は，間隙の水に作用している純粋な水圧 u に等しいと考えてよいことが示されたわけである．有効応力 σ' は土の変形や強度を支配する重要なパラメータであるが，これを直接求めることは事実上非常に難しい．それに対し，全応力 σ と水圧 u は容易に測定，または推定できる量である．簡単に求めうる全応力と間隙水圧の値を用いて，測定は困難だが重要な有効応力を求めるために使われるのが，式 (5.2) なのである．この関係は有効応力の原理として知られており，Terzaghi がこれを提案して以来，土質力学の体系の中で最も重要な基本的原理の一つとして，広く使われてきたものである．

　以上の考えに基づいて，海底面から H の深さにある土の要素に働く有効応力を求めてみよう．図5.2 (a) のごとく水深を H_1 とすると，この土の要素に作用する全応力は，飽和した海底の土の単位体積重量を γ_{sat}，水の単位体積重量を γ_w とする時，$\sigma = \gamma_w H_1 + \gamma_{sat} H$ で与えられる．海底面より上方の水と下方の間隙水が連続していると仮定すると，この土の要素に作用する間隙水圧 u は，純粋な水圧に等しいと考えてよいから，$\gamma_w (H_1 + H)$ で与えられる．よって，有効応力は式 (5.2) より

$$\sigma' = (\gamma_{sat} - \gamma_w)H = \gamma' H \tag{5.3}$$

であることが分る．ここで，γ' は土の水中単位体積重量であるから，有効応力は海底面から H の深さまでの土の柱の水中重量に等しいことが分る．図 5.2 (b) に示すような地下水面が深さ H_1 に位置している地盤では，深さ H にある土の要素に作用する全応力と水圧は，それぞれ，$\gamma_t H_1 + \gamma_{sat}(H-H_1)$ および $\gamma_w(H-H_1)$ で与えられる．よって，有効応力は

$$\sigma' = \gamma_t H_1 + \gamma'(H-H_1) \tag{5.4}$$

で与えられることになる．水平な地盤内では全応力も間隙水圧も深さに比例して増加し，いわゆる静水圧的分布をするから，有効応力の分布も静水圧的になってくる．図 5.2 には以上 2 つの場合につき，応力分布の状態が示してある．

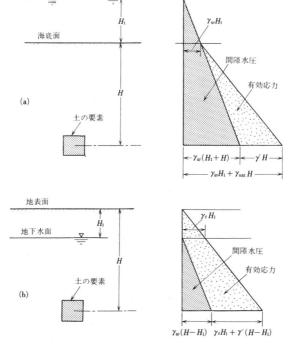

図 **5.2** 地盤内の有効応力，間隙水圧の深さ方向分布

5・2 外力によって生ずる間隙水圧

飽和した地盤上に建物等の荷重が加わると，内部の土に応力変化が生じ，それに伴って間隙水圧が発生する．このように，外力による土の変形に伴って生ずる水圧を特に過剰間隙水圧と呼んでいる．これは，前述の自然地盤等の中に存在する重力に起因する間隙水圧とは本質的に異なったメカニズムによって発生するものであるが，飽和土の変形や強度を論ずる時にしばしば出てくるため，単に間隙水圧という時には過剰間隙水圧を指すことが非常に多い．ここでも特に区別する必要のない限り，過剰間隙水圧のことを略して間隙水圧と呼ぶことにする．

さて，外部の荷重によって生ずる地盤内の応力変化は場所によって異なるから，当然，発生する間隙水圧も一様ではなく場所によって異なったものとなる．その結果，動水勾配が生じ，圧力の高い所から低い所へ向って，つまり排水面の方へ向って間隙水が移動を開始し，その値が減少してくる．このような，透水に伴う間隙水圧の低下のことを間隙水圧の逸散，または消散と呼んでいる．この逸散の速度は，土の透水係数と排水面までの距離，つまり透水距離とに依存している．たとえば，数メートルの深さにある粘土層から地表面に向って間隙水圧が逸散するのには数年のオーダーの時間が必要であるが，これが砂層であると数分ないし数十分の時間ですむことになる．一般に，透水時間は土の透水係数に比例し，透水距離の2乗に反比例することが分っている．

ところで，数年のオーダーの透水時間を持つ地盤上に，数か月の時間をかけて建物を建てたとすると，最初のうちは透水がほとんど生じえないから，地盤内の土は排水を阻止された状態で応力変化を受けることになる．このような条件下での土の変形を"非排水変形"，または特にせん断変形に着目して"非排水せん断（undrained shear）"と呼んでいる．また，このような時期を対象にした地盤の安定問題は"短期の安定問題"と呼ばれる．さて，時間が経過して数年がたつと地盤内の透水は完了し，間隙水圧も完全に消散してしまうから，地盤内の土は排水された状態で応力変化を受けていることになる．このような条件下での土の変形は，"排水変形"または"排水せん断（drained shear）"と呼ばれ，また，この状態を対象とした地盤の安定問題は"長期の安定問題"と呼ばれている．飽和土の変形や強度は，いかな

る排水環境のもとで土に応力変化が加えられるかに依存しているが，それが排水状態なのか非排水状態なのかは，個々の場合につき，透水時間と載荷持続時間との兼ね合いで決められるべきものである．

　地盤内の飽和土が非排水状態で応力変化を受けると間隙水圧が発生することは上に述べたとおりであるが，外力による地盤内の応力変化には体積圧縮応力（または伸張応力）とせん断応力の2種類があるので，これに対応して間隙水圧を2つに分けて考えるのが便利である．

　地質的には新しいが堆積してから十分年月がたち，圧密が完了して落ちついている飽和した軟弱地盤があるとする．この中のある土の要素に着目し，これに p_0 なる有効応力が作用していると仮定しよう．この地盤の表面に図5.3のように載荷重が加わったとすると，この土の要素には鉛直方向に $\Delta\sigma_1$，水平方向に $\Delta\sigma_3$ なる応力が新たに誘起されることになる．これらの応力の中で，初期の有効応力 p_0 は排水状態で，載荷重による $\Delta\sigma_1$, $\Delta\sigma_3$ は非排水状態で作用するとしてよい．この応力系を分解する方法は，図5.4に示すごとく2種類考えられる．(a) に示す方法は，$\Delta\sigma_1$ と $\Delta\sigma_3$ を純粋圧縮成分 $(\Delta\sigma_1+\Delta\sigma_3)/2$ と純粋せん断成分 $(\Delta\sigma_1-\Delta\sigma_3)/2$ の2つに分解する方法であり，(b) に示すのは，$\Delta\sigma_1$ と $\Delta\sigma_3$ を，圧縮成分 $\Delta\sigma_3$ と軸差成分 $\Delta\sigma_1-\Delta\sigma_3$ の2つに分解する方式である．(a) の方式の方が理論的には厳密であるが，室内実験の手順との対応が明確にできるという点で，後述のごとく (b) の方式がよく用いられる．いずれの方法を用いて考えても結果は同じであるので，ここでは (a) の方式によって，圧縮応力と軸差応力が非排水で作用した時の間隙水圧発生のメカニズムを考察してみることにする．

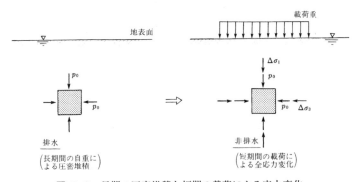

図 **5.3** 長期の圧密堆積と短期の載荷による応力変化

92　第5章　有効応力，摩擦則とダイレタンシー則

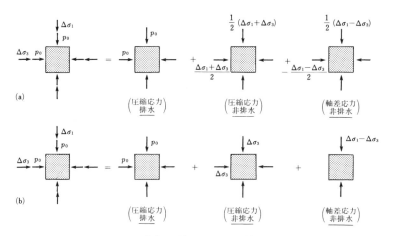

図 5.4　応力の分解に関する2種類の方法

5・2・1　圧縮応力による間隙水圧

　圧縮応力は，四方八方から土を押さえつけて体積の収縮を生じさせようとする応力であるが，これが非排水状態で飽和土に加わると，内部に間隙水圧が発生することになる．今，図5.5のごとく土粒子と間隙水から成る土の要素を，多孔性の外観を呈する土粒子骨格の部分と，泡状の構造をもつ間隙水の部分の2つに分離し，それぞれをお互いに関係のない別物と考えて，応力-ひずみの関係式を作ってみることにする．まず，外力として加わる全応力を σ とすると，これは骨格の部分に作用する有効応力 σ' と間隙水の部分に加わる水圧 u とに分れる．有効応力 σ' によって骨格の体積 V が ΔV だけ収縮したとすると，骨格構造の圧縮率を C_b とする時，

$$\frac{\Delta V}{V} = C_b \sigma' \qquad (5.5)$$

なる関係が成り立つ．次に，泡状に分布する間隙水の部分に着目すると，見掛けの体積 V の中に含まれている水の量は，間隙率 n を用いて nV である．よって，間隙水圧 u によって間隙水 nV が ΔV_w だけ収縮したとすると，水自身の圧縮率を C_l とする時，

$$\frac{\Delta V_w}{nV} = C_l u \qquad (5.6)$$

なる関係が成り立つ．今までは，骨格部分の体積収縮 ΔV と間隙水の体積収縮 ΔV_w

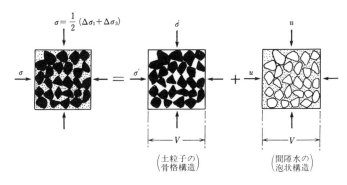

図 5.5 骨格構造と間隙水への力の分配

は，別々に勝手に生じうると考えてきた．そこで，新たに両者の体積収縮量が等しいという条件，

$$\Delta V_w = \Delta V \tag{5.7}$$

を課してみることにする．この条件は，骨格の部分と間隙水の部分との間に相対的な体積変化が無いことを意味しているから，骨格部分から間隙水が外へしみ出したり，逆に外部から水が骨格内に流入したりすることは許されないことを意味している．つまり，式 (5.7) は非排水状態で全体の体積変化が起こるための条件に他ならないのである．ちなみに，$\Delta V > \Delta V_w$ の時には排水が生じ，$\Delta V - \Delta V_w$ は骨格構造からの排水量を表わすことになる．

さて，式 (5.5) と (5.6) を式 (5.7) に代入し，更に式 (5.2) の関係を用いると，間隙水圧の値が次のように求まる．

$$u = \frac{1}{1 + \frac{nC_l}{C_b}} \sigma \tag{5.8}$$

これが，全応力 σ が加わった時に発生する間隙水圧 u を与える理論式である．式 (5.8) の右辺の乗数は

$$B = \frac{1}{1 + \frac{nC_l}{C_b}} \tag{5.9}$$

と置き，間隙圧係数 B と呼ばれている．この式で n は間隙率であるから，0.3〜0.7 程度の値であることが多い．また，水の圧縮率は 15℃ の温度で，$C_l = 5.0 \times 10^{-7} \text{m}^2/\text{kN} = 5.0 \times 10^{-5} \text{cm}^2/\text{kgf}$ である．一方，土の骨格の圧縮率は土の種類やし

表 5.1 各種の土や岩の1気圧における圧縮率[1]

材　料	圧縮率 C_b (cm²/kgf)	C_l/C_b
花　崗　岩	7.5×10^{-6}	6.7
コンクリート	20×10^{-6}	2.5
密　な　砂	$1,800 \times 10^{-6}$	0.028
ゆるい砂	$9,000 \times 10^{-6}$	0.0056
過圧密粘土*	$7,500 \times 10^{-6}$	0.0067
正規圧密粘土*	$60,000 \times 10^{-6}$	0.0008

$C_l = 5.0 \times 10^{-5}$ cm²/kgf　　* 6・1・3項参照

まり具合によって大幅に変動するが，大略，表5.1に示すような値をとると考えてよい．よって，C_l/C_b の値は非常に小さくなるのが普通で，

$$B \doteqdot 1.0 \tag{5.10}$$

と考えて差しつかえないことが知れる．このことは，圧縮応力が飽和土に非排水状態で加わる時，外力の大部分は間隙水圧で受け持たれ，有効応力は無視してよい程わずかしか発生しないことを意味している．間隙水の圧縮性が土粒子骨格の圧縮性に比べて著しく小さいために，大部分の外力が間隙水の方に伝えられることになるのである．そして，この時生ずる体積変化 ΔV_w も一般に非常に小さい値をとり，工学的には無視してもよいほど微小量であるので，非排水状態は全体の体積が不変である等体積状態と同一に見なされている．

以上の考察より，図5.4 (a) のように応力を分解した時に圧縮応力によって生ずる間隙水圧 u_c は

$$u_c = B \frac{\Delta \sigma_1 + \Delta \sigma_3}{2} \doteqdot \frac{\Delta \sigma_1 + \Delta \sigma_3}{2} \tag{5.11}$$

で与えられることが分った．

以上の説明から，非排水状態での純粋な圧縮応力の変化はすべて間隙水圧の変化に転換され，有効応力の変動はほとんど生じないことが明らかになった．有効応力の変化が起こらない限り土の骨格には何の変形も生じないことを考えると，この圧縮応力の存在は土の変形を論ずるに当って無視しても何ら差しつかえないことになる．したがって，図5.4 (a) の中で $(\Delta \sigma_1 + \Delta \sigma_3)/2$ の影響を無視すると，意味のある応力系は p_0 と $(\Delta \sigma_1 - \Delta \sigma_3)/2$ の2つになり，図5.6 (a) と (b) に示した応力系が等価なものとなる．更に，図5.6 (b) に示した四角形の土の要素の内部に45°傾

いた別の四角形を想定し，これに作用する応力系を求めてみると図 5.6 (c) のごとくになる．これを，今度は右向きに 45°だけ回転し，下部を固定してやると，図 5.7 (b) のような単純せん断を受ける応力系がえられる．これは，図 5.6 (a) に示してあるもとの応力系とまったく等価であるから，以後，図 5.7 (b) の応力系を念頭に置いて土のせん断時の挙動を考察してみる．その前に土の変形に独特な基本則として摩擦則とダイレタンシー（dilatancy）則があるので，これについて説明する．

5・2・2 変形強度を支配する摩擦則

土は多数の粒子の集合体から構成されているので，外力を受けた時の変形や強度は粒子群の動き方に支配される．動き方に関与するのは，土の場合せん断応力 τ のみではなく圧縮応力 σ も深く関係してくる．今，図 5.8 のように粒子の集合体が σ なる拘束圧で圧縮されている状態を考えると，粒子群は σ が増加するほど安定化し変形は起こりにくくなる．一方で，せん断応力 τ が加わると，これは粒子群を

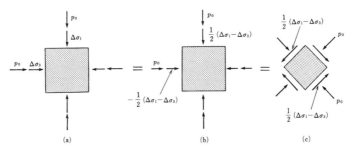

図 5.6 応力系の変換

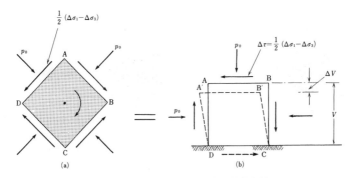

図 5.7 ダイレタンシーによる体積収縮

不安定化させる方向の力であるので，τ の増加に伴ない変形が進行し，最終的には破壊が生じることになる．

ここで注目すべき重要なことは，せん断変形とその終局的状態である強度は，せん断応力 τ ではなく，拘束圧 σ との比率，つまり応力比 τ/σ で決まるということである．この法則を終局状態である強度に対して提案したのがクーロン（Coulomb）で，砂のような粒状体のせん断強度 τ_f は，

$$\tau_f = \sigma \tan \phi \tag{5.12}$$

によって決まるとしたことはよく知られている．ここで φ は摩擦角である．しかし，この τ_f と σ の比例関係は破壊時のみでなく，それ以前の小さい変形の進行時にも適用できることが明らかにされている．7・3・2項で説明する三軸せん断試験装置を用いて，ゆる詰めの砂に対して，色々な応力経路を採用して室内実験を行った結果が図 5.9 に示してある[2)]．図 7.20 に示した記号にならって縦軸にはせん断応力 Δτ の 2 倍に等しい軸差応力 $\Delta q = \Delta\sigma_1 - \Delta\sigma_3 = 2\Delta\tau$ がプロットしてあり，横軸には有効拘束圧 $p' = p_0 + (\Delta\sigma_1 + 2\Delta\sigma_3)/3$ の値が示してある．色々な応力経路を採用した実験において，等しいせん断ひずみ $\gamma = 1.5\,\varepsilon_a$ が生じた時の応力状態 (p', q) を定め，これらの点を結んでみると，図のような直線群がえられる．ただし，ε_a は三軸試験の軸ひずみである．この図より，通常遭遇する有効拘束圧 p' の範囲内で，等ひずみ線はほぼ直線であることが分る．そして，破壊が生ずるひずみが γ = 10% 程度に達した時，$q/p' = 1.4$ になっていることも知れる．一方，式（5.12）で示した内部摩擦角は

$$\sin \phi = \frac{\sigma_1' - \sigma_3'}{\sigma_1' + \sigma_3'} \tag{5.13}$$

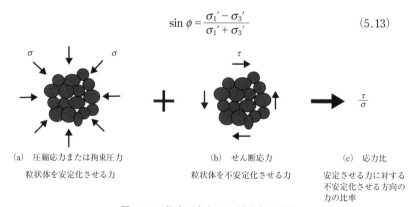

(a) 圧縮応力または拘束圧力　　　(b) せん断応力　　　(c) 応力比
　　粒状体を安定化させる力　　　　　粒状体を不安定化させる力　　安定させる力に対する不安定化させる方向の力の比率

図 **5.8**　拘束圧力とせん断応力の説明

で定義されるので，q/p' の定義式

$$q/p' = \frac{\sigma_1' - \sigma_3'}{(\sigma_1' + 2\sigma_3')/3} = 1.4 \tag{5.14}$$

を式 (5.13) に適用すると

$$\phi = 35°$$

という破壊時の内部摩擦角が求まることになる．

さて，図 5.9 のように $p'-q$ 面上で等ひずみ線が直線であることは，ひずみの進行が応力比 q/p' の増加に比例していることを示している．よって，砂で代表される土のせん断ひずみは，せん断応力 $\tau = q/2$ の増加ではなく応力比 $\tau/\sigma' = q/(2p')$ の増加と共に進行することがわかった．これが変形強度を支配する摩擦則なのである．これは砂のみならず粘性土にも当てはまり，土質力学の第一法則といってもよい基本的に重要な根本原理である．

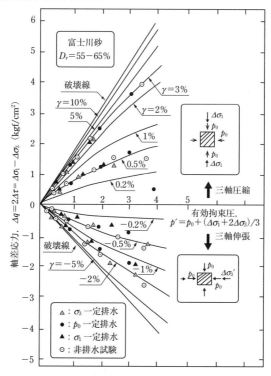

図 5.9　三軸装置で各種の条件で砂のせん断試験を行った時の等ひずみ線の形状[2)]

5・2・3 変形時のダイレタンシー則

鋼材やコンクリート等の一般の固体材料では，体積変化は圧縮や伸張応力が作用した時にのみ発生し，せん断応力の作用による体積変化はゼロであるという前提で理論が作られている．しかし粒状体から成る土ではせん断力が作用した時，形状変化のみでなく著しい体積変化が生じる．この特徴はダイレタンシーと呼ばれ，1885年に O. Reynolds によって提唱された現象である[3]．これは図5.10に説明してあるが，土が密詰めである時にはせん断に伴い体積が増えるので正のダイレタンシー，ゆる詰めの時には体積が収縮するので負のダイレタンシーと呼ばれている．このダイレタンシーが大きな影響を発揮するのは，せん断変形が生じる時に体積変化が許容されるか否かによる．許容される場合は排水せん断，許容されない時は非排水せん断または等体積せん断と呼ばれている．

いずれにしても，このダイレタンシーは前述の摩擦則と同じく，他の材料には見られない土独特の現象であり，その重要性に鑑みて土質力学の第二法則といってもよい基本的に重要な根本原理である．

5・2・4 土の変形強度特性

次に，以上の摩擦則とダイレタンシー則に従う土の変形挙動を，非排水せん断と排水せん断の2つの場合につき，定性的に考察してみることにする．

図5.7 (b) に示すような飽和土が排水状態でせん断応力 $\Delta\tau$ を受け，四角形ABCDが変形してA′B′CDのようになったとしよう．この土がゆるい締まり状態にあると，ダイレタンシーの効果により ΔV だけ体積が収縮してくる．ところで，この土はせん断応力 $\Delta\tau$ を受ける以前に，p_0 なる有効応力によって圧縮されている．飽和した土に排水状態で純粋な圧縮拘束力を加えると，間隙水が排出されて体積収縮を生ずる．このことを圧密 (consolidation) と呼んでいる．圧縮拘束応力 p を増やすと圧密が進行して体積が減少してくるが，この模様を縦軸に体積変化をとり，横軸に有効拘束応力をとって描いたのが図5.11 (b) の曲線ABCである．したがって，曲線ABをたどって有効応力 p_0 まで圧密し，その時の体積が V であるというのがせん断応力 $\Delta\tau$ を加える以前のこの土の状態（点Bで表わされる）である．

この土に同じく排水状態を保持して，今度はせん断応力 $\Delta\tau$ を加えたとしよう．この時有効応力 p_0 は不変であるが，負のダイレタンシーで体積が ΔV だけ収縮し

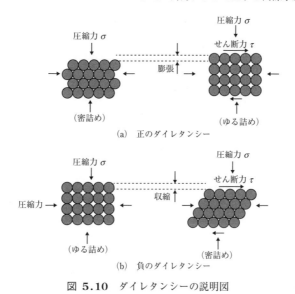

図 5.10 ダイレタンシーの説明図

たとすると，この土の応力状態は図 5.11 (b) で B 点から D 点に至る．しかし，実際には非排水つまり等体積のせん断であるので，この間体積膨張が生じていなければならないが，これは図 5.11 (b) の除荷曲線 DE に沿って拘束圧が u_s だけ低減していると考えれば実現可能になる．つまり，B→D の体積収縮と D→E の体積膨張が帳消しされて体積一定のせん断 B→E が実現されると考えればよいのである．ところで，D→E の体積膨張が土の中で発生するためには，最初土の骨格に作用していた有効応力 p_0 を低減させる必要がある．この低減した分の拘束圧は何かが肩代りする必要があるが，それは実は間隙を満たしている水なのである．よって低減した分の有効応力は間隙水に乗り移ってくるため，それに等しい分だけ間隙水圧が上昇してくる．これが図 5.11 (b) に示した u_s の値である．ここで注目すべきは，有効拘束圧 p_0 の低減により応力比が増加していることである．このため，5・2・2 項で述べた摩擦則により土のせん断変形は図 5.11 (c) に示すごとく増加してくるのである．

以上のプロセスに対応するせん断応力 τ と圧縮応力または拘束圧力 p の変化の模様を示したのが，図 5.11 (a) である．この図より，応力経路が B′ 点に始まって，せん断応力の増加と共に F′ 点を経て，最終的に破壊線上の E′ 点に到着して，土が

破壊に至ることが理解できる．同じプロセスをせん断応力 τ とせん断ひずみ（または軸ひずみ）の関係として示したのが図5.11（c）である．

さて，次に，同じ土を p_0 まで圧密した後，p_0 を一定にしつつ排水せん断を行った場合について考えてみることにする*．図5.11（b）において，圧密終了後の状態はB点で表わされる．引き続き排水を許容しながらゆっくりとせん断を行うと，体積はダイレタンシー効果でBからD点に移る．一方，せん断応力 τ は圧密圧力 p_0 を一定にしたまま増加させるから，図5.11（a）の応力経路図では，B′ からスタートし，D′ を経て最終的に G′ 点で破壊線に到達して，土が破壊することになる．同じプロセスをせん断応力とせん断ひずみの関係として示したのが，図5.11（c）における O→D″→G″ の曲線である．排水せん断ではひずみと同時に体積の収縮も続行し，その模様は図5.11（d）に示す D‴ から G‴ 点に移り，最終的に E‴ G‴ に

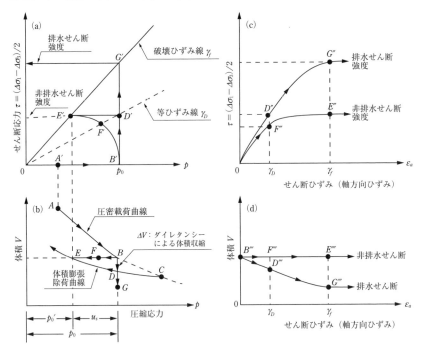

図 **5.11** 排水せん断と非排水せん断の差異

---

* 三軸圧縮試験で p_0 が一定の載荷を実施するためには，軸圧力を $\Delta\sigma_1$ だけ増加させる時，側圧をその半分，つまり $\Delta\sigma_1/2$ だけ減らす必要がある．

相当する体積収縮，つまり間隙比の減少が生じることになる．

以上の説明から明らかなように，飽和した土をせん断した時の模様は，それが排水状態か非排水状態かに依存して大きく変わってくる．応力-ひずみ曲線はもとより，せん断強度が大きく異なってくるのである．ところで，以上に述べた非排水と排水強度の差を生みだすもう一つの重要な因子は，図5.11 (b) のC→D→Eで示される圧縮圧力を低減した時の体積膨張の値である．この除荷時の体積膨張ひずみ $-\varepsilon_v$ は，土の体積弾性率 K を用いて

$$\varepsilon_v = \frac{\Delta V}{V} = -\frac{1}{K}\Delta p \tag{5.15}$$

によって求まる．よって，K の値が大きく体積膨張ひずみが小さい程，非排水つまり体積一定のせん断を行う時に必要な間隙水圧 u_s の増加量は大きくなる．このことは，上述の摩擦則とダイレタンシー以外にも，体積弾性率が非排水強度を決める重要なファクターであることを意味している．しかし，体積変化時の弾性的性質は鋼やコンクリートにも存在し土独特の特性ではないので，上述の土質力学の二つの法則と同列に並べて同じ見方をしないことにする．

以上のごとく土の非排水強度の差異の根元は，前述のように粒状体としての土が持っている二つの法則，つまり摩擦則とダイレタンシー則に起因する．このことをもっと明確に説明するために，次のような2つの場合を考察してみよう．

(1) ダイレタンシー則が成立して摩擦則が成立しない場合

このような材料では，等ひずみ線は鋼材やコンクリートで見られるように拘束圧に依存しないために，図 5.12 (a) に示すように p-軸に平行な直線群となる．今，図 5.12 (a) の B′ 点からスタートして非排水せん断を行うと，等体積状態を保持するためには間隙水圧は確かに上昇し，応力経路は B′→F′→E′ をたどって破壊に至る．排水せん断の場合は図 5.12 (a) で B′→D′→G′ をたどって破壊に至るが，G′ で破壊が生じる時の強度は非排水せん断の場合と同じになる．そして図 5.12 (c) に示すように応力-ひずみ曲線もほぼ同一になる．よって摩擦則に伴なって破壊線が傾斜していないと，ダイレタンシー効果は顕示されないことが分る．

(2) 摩擦則が成立してダイレタンシー則が成立しない場合

このような材料が存在すると，排水せん断でも非排水せん断でも，せん断時の体積変化は図 5.13 (b) に示すごとくゼロである．よって，図 5.13 (c) に示すごと

102　第5章　有効応力, 摩擦則とダイレタンシー則

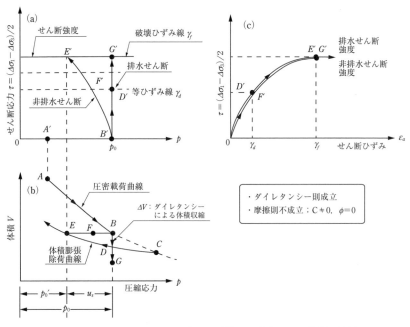

図 5.12　ダイレタンシーがあって摩擦則が成立しない材料の特性

く排水でも非排水でも, 応力経路, 応力-ひずみ関係, そして強度も同一となる.

ところで, 以上のような摩擦則とダイレタンシー則のうち, 一つのみ成立して他が成立しない材料は世の中に一体存在するのであろうか？　将来, 開発される可能性はあるとしても, 筆者の知る限り, 現在は存在しないようである.

以上の考察から, 非排水せん断時に発生する間隙水圧の上昇量は, 土のダイレタンシーによる収縮量が大きい程大きく, 除荷時の体積膨張量が小さい程大きくなることが分る. また, せん断時に体積が増加して正のダイレタンシーを示す密な土においては, 以上と逆の現象が生ずるわけで, 非排水せん断時には負の間隙水圧が生ずることになる. つまり, 土の中の間隙水圧が大気圧より低くなってくるのである. いずれの場合でも, 与えられた土のダイレタンシーによる体積変化量と除荷時の体積変化量が分れば, この土を非排水せん断した時の間隙水圧の変化量を求めることが可能である. しかし, これらの特性は加えるせん断応力の大きさや速度等, 多くの因子に影響されて変動しやすく, また実験的に求めるのもそれほど簡単ではない.

5・2 外力によって生ずる間隙水圧　103

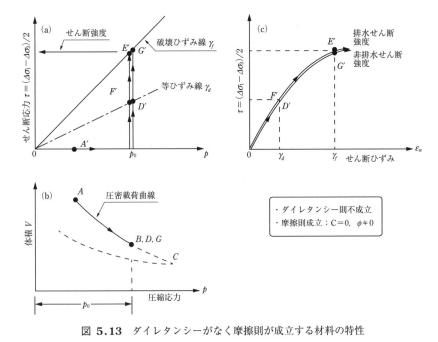

図 5.13　ダイレタンシーがなく摩擦則が成立する材料の特性

したがって，ダイレタンシー特性と除荷時の体積変化特性に基づいて，間隙水圧を求める方法が採用されるのは，一般に非常にまれである．その代りに，非排水せん断試験を行う時に直接間隙水圧を測定するのが最も手取り早い方法なので，一般にはこの方式で間隙水圧を求めることが多い．

以上のいずれの方法によるにしても，非排水せん断時に発生する間隙水圧がせん断応力の大きさ自身に比例することは異論のない所である．よって，この間隙水圧 u_s は

$$u_s = A' \frac{\Delta\sigma_1 - \Delta\sigma_2}{2} = A' \Delta\tau \tag{5.16}$$

によって表わすことができよう．ここで，A' は定数である．この u_s を τ と p の関係として示したのが図5.11といえる．この図(a)で $\Delta\tau$ は B′D′ で表わされ，u_s は D′E′ で示されている．

以上のような考察から，応力変化を図5.4(a)のように分解した場合の間隙水圧の発生量，つまり純粋な圧縮応力の変化とせん断応力の変化が非排水状態で飽和

土に加わった時の間隙水圧の発生量が求められることが分った．つまり，全体の間隙水圧 u は，式 (5.11) と式 (5.16) より，

$$u = u_c + u_s = B\frac{\Delta\sigma_1 + \Delta\sigma_3}{2} + A'\frac{\Delta\sigma_1 - \Delta\sigma_3}{2} \qquad (5.17)$$

で求められることになるが，この式は更に，

$$u = B\Delta\sigma_3 + A(\Delta\sigma_1 - \Delta\sigma_3) \fallingdotseq B[\Delta\sigma_3 + A(\Delta\sigma_1 - \Delta\sigma_3)] \qquad (5.18)$$

と書き直すことができる．この表現式は応力変化を図 5.4 (b) のように分解して，上記と同じ考え方を適用した時にえられる間隙水圧の表現式と一致していることに注目すべきである．この式中の A は"間隙圧係数 A"と呼ばれる．式 (5.18) の関係は Skempton[4] によって 1954 年に提案されて以来，間隙水圧の表現式として最も広く用いられてきたものである．この間隙圧係数 A は，同一の土であっても実際にはせん断応力の大きさやその速度等によって変化する．土に破壊が生じる程度にまでせん断応力が大きくなった時の A の値は，特に A_f で表わされるが，代表的な土についてこの値を示すと表 5.2 のごとくになる．

表 5.2　破壊時の間隙圧係数 A_f

鋭敏な粘土	0.75〜1.5
正規圧密粘土	0.5〜1.0
締固めた砂質粘土	0.25〜0.75
締固めた粘土まじりれき	-0.25〜0.25
やや過圧密の粘土	-0.5〜0
非常に過圧密の粘土	-2.0〜-1.0

参　考　文　献

1) Skempton, A. W., "Effective Stress in Soils, Concrete and Rock," Pore Pressure and Suction in Soils, Butterworths, London, pp. 4-16, 1961.
2) Ishihara Kenji, Tatsuoka Fumio, and Yasuda Susumu, "Undrained Deformation and Liquefaction of Sand Under Cyclic Stresses," *Soils and Foundations*, Vol. 15, No. 1, pp. 31-46, 1978.
3) Raynolds, O., "On the Dilatancy of Media Composed of Rigid Particles in Contact," *Philosophical Magazine*, 5 th Series 20, pp. 469-481, 1885.
4) Skempton, A. W., "The Pore Pressure Coefficient A and B," *Geotechnique*, Vol. 4, No. 4, pp. 143-147, 1954.

第6章 粘土の圧密

　粘土地盤の上に建物を建てたり盛土を置いたりすると，当初はそれほどでもないが，時間が経過するにつれて著しい地盤沈下を生ずることがある．これは，上載荷重によって粘土中の間隙水がしぼり出され，その分だけ粘土層が体積収縮した結果であると考えられる．このように，間隙水が押し出されて粘土が圧縮する現象は特に，圧密（consolidation）と呼ばれ，軟弱地盤に関係した土質力学の中心的課題となっている．

6・1 土 の 圧 縮

6・1・1 飽和粘土の圧密過程

　飽和した粘土を図6.1のごとく容器に入れ，ポーラスストーン（透水性のよい多孔質の石）を上にのせて p なる荷重を加えたとする．容器の側壁は剛で，横方向の変位はさまたげられるから，せん断変形はほとんど無く，起こりうる変位は主として土の体積収縮に起因する鉛直変位である．しかし，この鉛直変位も荷重を加えた途端に生ずるのではなく，時間と共に進行し，最後にある一定値に落ち着いてくる，といった経時変化をたどるのである．この現象のメカニズムは図6.2のように，水を入れた容器内のピストンの動きによって説明することができる．ピストンを支えているバネは，膨張または収縮するスポンジのような土の骨格構造を表わしているものとする．容器内の水は間隙水を表わしており，この水はピストンにあけられた小さな孔を通して外へ流れ出ることができるが，この孔の大きさは土の透水性を表わしている．

　さて，このようなモデルに外荷重 p を加えたとしよう．載荷の瞬間には水が排水できないから，バネは縮まず，したがってピストンは不動のままである．バネに伝

106　第6章　粘土の圧密

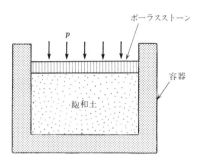

図 6.1　飽和土の圧密

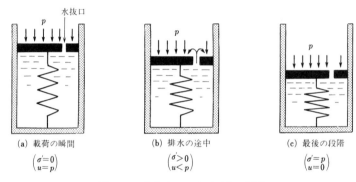

図 6.2　飽和土の一次元圧密の説明

えられる力は有効応力を，バネまたはピストンの変位は土の鉛直ひずみを表わすから，この段階では有効応力 σ' はゼロとなり，鉛直ひずみ ε もゼロである．したがって，外荷重 p はすべて間隙水圧に伝えられ，$u=p$ となっている．この時の状態は，図 6.3 の時間ゼロの時の模様で表わされている．次に，少し時間が経過した時の状態を考えてみると，図 6.2 (b) に示すごとく間隙水がある程度抜け出てしまっているから，その分だけバネが縮み，有効応力もゼロではなくなっている．一方，外荷重は加わったままで不変であるから，外荷重 p からこの有効応力を差し引いた分が，間隙水圧として残っていることになる．つまり図 6.3 に示すごとく，有効応力と鉛直ひずみは増加し間隙水圧は減少することになる．更に十分に時間がたつと，最終的に外荷重に見合っただけバネが縮み，その分だけ水も完全に排出されてしまった状態が現われる．この時，外荷重は完全にバネで支えられているから $\sigma'=p$ となり，間隙水圧はゼロとなる．そして，鉛直ひずみは体積圧縮係数 m_v を用いて，

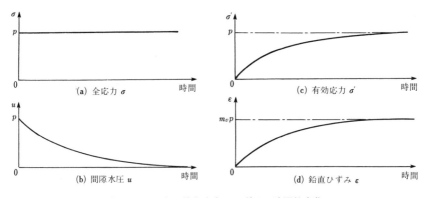

図 **6.3** 圧密に伴う応力,ひずみの時間的変化

$m_v p$ で与えられることになる.この m_v はバネの定数に相当するから,ある時刻におけるバネの鉛直ひずみ ε と有効応力 σ' の間には,常に,

$$\varepsilon = m_v \sigma' \tag{6.1}$$

なる関係が成り立つことは明らかである.以上の説明から,土の圧密とは,外荷重によって一旦上昇した間隙水圧が排水を伴って時間と共に減少し,同時に土の収縮が進行し,最終的に外荷重がすべて有効応力に転換されて,ある一定の体積収縮が残る現象を指すことが明らかになった.圧密が進行している時の全応力,間隙水圧,有効応力およびひずみの経時変化の特徴が図 6.3 に示されているが,間隙水圧 u と有効応力 σ' を加えたものは,常に全応力,つまり外荷重 p に等しいから,

$$\sigma' + u = p \tag{6.2}$$

なる関係が成り立つことは明らかである.

6・1・2 間隙比と有効応力との関係

以上は,一定荷重を加えた時の圧密過程の説明であったが,次に外荷重を少しずつ増やしたらどのようになるか考えてみることにする.この時の様子を描いたのが図 6.4 であるが,要するに荷重を増加するたびに間隙水圧の上昇逸散が繰り返されることになる.

そこで,荷重増加の各段階で圧密が完了した時に着目し,外荷重 p と鉛直ひずみ ε との関係を求めてみると図 6.5 のようになる.ε と p とを直接プロットすると図 6.5

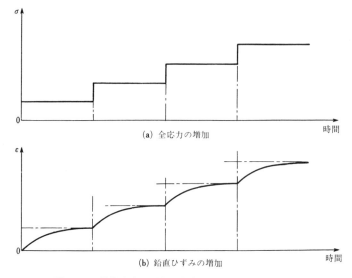

図 6.4 載荷応力の増加に伴う鉛直ひずみの増加特性

(a) のように曲線となるが，応力の軸を対数尺で表わすと (b) 図のごとく，ほぼ直線的な応力-ひずみの関係がえられる．

次に，鉛直ひずみ ε の代りに間隙比 e を用いることを考えてみよう．荷重が p_0 の時の土の間隙比を e_0 とすると，図 6.6(a) に示すごとく全体の体積は $(1+e_0)V_s$ となる．ここで，V_s は土粒子の部分の体積である．今，荷重が Δp だけ増加したとすると，圧密によって体積収縮が生ずるが，これは土粒子部分の収縮によるのではなく間隙が縮まったためである．よって，この時の間隙比の変化を Δe とすると，全体の体積は図 6.6(b) に示すごとく $\Delta e \cdot V_s$ だけ収縮したことになる．したがって，鉛直ひずみの変化 $\Delta \varepsilon$ は

$$\Delta \varepsilon = -\frac{\Delta e}{1+e_0} \qquad (6.3)$$

となる．ここで，右辺にマイナスの記号がついているのは，$\Delta \varepsilon$ は収縮量をプラスとしているのに対し，Δe は間隙比の定義から膨張量をプラスに取らざるをえないためである．ここで注意すべきは，最初に p_0 を加えた時，すでにあるひずみ ε が発生しており，更に Δp を加えた時のひずみの変化 $\Delta \varepsilon$ を今，問題にしていることである．よって，式 (6.3) の左辺は ε ではなく $\Delta \varepsilon$ と置いてある．この関係式を

6・1 土の圧縮

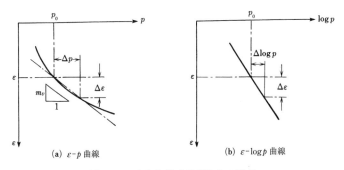

(a) ε-p 曲線　　(b) ε-$\log p$ 曲線

図 **6.5** 応力と鉛直ひずみとの関係

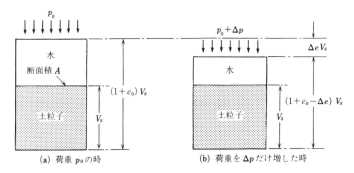

(a) 荷重 p_0 の時　　(b) 荷重を Δp だけ増した時

図 **6.6** 荷重の増加に伴う間隙比の変化

用いると，圧密時に生ずる鉛直ひずみを間隙比によって表わすことが可能となり，この時，応力-ひずみ関係は図 6.5 から図 6.7 のように変わってくる．

さて，上述の $\Delta\varepsilon$ は有効応力の変化 Δp によって生じたものであるから，両者の間には式 (6.1) と同じ関係が成り立っているはずである．よって，

$$m_v = \frac{\Delta\varepsilon}{\Delta p} = \frac{-1}{1+e_0}\frac{\Delta e}{\Delta p} \tag{6.4}$$

がえられる．一般に，体積圧縮係数 m_v は荷重 p の大きさによって変化することが知られているので，式 (6.1) の形よりも式 (6.4) のような微分で表わす方が適当である．式 (6.4) は

$$a_v = m_v(1+e_0) = \frac{-\Delta e}{\Delta p} \tag{6.5}$$

と表わすこともできる．ここで，a_v は圧縮係数と呼ばれ，図 6.7 (a) に示すごとく e-p 曲線の勾配を表わしている．一方，図 6.7 (b) の e-$\log p$ 曲線の勾配は，

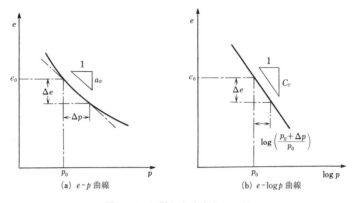

(a) e-p 曲線　　(b) e-$\log p$ 曲線

図 **6.7**　間隙比と応力との関係

$$C_c = \frac{-\Delta e}{\log\left(\dfrac{p_0+\Delta p}{p_0}\right)} \tag{6.6}$$

で与えられる．C_c は圧縮指数（compression index）と呼ばれており，荷重の大きさに無関係に，ほぼ一定値を取ることが知られている．式 (6.6) の右辺の分母は $\Delta p/p_0$ が十分に小さい時 $\log(1+\Delta p/p_0) = 0.434 \ln(1+\Delta p/p_0)^{*} \fallingdotseq 0.434 \cdot \Delta p/p_0$ と書くことが可能だから，これを用いると式 (6.6) は，

$$C_c = -2.3\, p_0 \frac{\Delta e}{\Delta p} \tag{6.7}$$

と書き直される．式 (6.4) と式 (6.7) とを比較することにより，m_v と C_c の関係を

$$m_v = \frac{C_c}{2.3(1+e_0)p_0} \tag{6.8}$$

のように求めることができる．これから，C_c が一定の定数であるとすると，m_v は現在土に加わっている圧密応力 p_0 に逆比例していることが分る．粘土の e-$\log p$ 曲線は一般に直線で近似できることが知られており，これを式で表わすと

$$e - e_0 = C_c \log(p_0/p) \tag{6.9}$$

となる．

6・1・3　粘土の圧縮曲線の特性

原位置の粘土層から不攪乱試料を採取し，室内の圧密試験を実施して e-$\log p$ 曲

---

* $\log p$ は常用対数 $\log_{10} p$ で，$\ln p$ は自然対数を表わす．

線を描いてみると，図 6.8 (a) のようなカーブがえられる．荷重を加えた当初に C→D で示されるように圧縮性の低い部分があるが，更に荷重を増やすと D→E のごとく圧縮性の大きい所が現われる．E 点から荷重を減らして試料を吸水膨張させ，更に再載荷してやると F→G→H のような経過をたどる．点 G から H に至る部分の勾配は D→E の部分の勾配にほぼ等しいが，E→F→G の除荷-再載荷のサイクルでは，その勾配は C→D の部分の勾配にむしろ似ている．このことから，最初の載荷 C→D の部分の低い圧縮性は，原位置の粘土がサンプリング（試料採取）に際して一旦膨張しており，この膨張状態から再載荷されていたことによると解釈できる．室内の圧密試験でえられる圧縮曲線に対応する原位置での e-$\log$ 曲線が図 6.8 (b) に示してあるが，この図で A→B は原位置における長期間の圧密堆積過程を表わし，B→C がサンプリングによる粘土試料の膨張を表わしている．そして，室内の圧密試験においては，C→D→H の部分に対する圧縮曲線をえていたと考えられる．ここで注意すべきは，サンプリング時の膨張は厳密には吸水膨張ではないということである．一般に，サンプリングされた粘土は含水比の変化を最小限にとどめるように保存されるので，吸水は非常に小さいと考えてよい．したがって，図 6.8 (b) に示した B→C の部分の膨張は，サンプリング時の除荷に伴うサクション（負の間隙水圧）により，間隙水中の空気が沸出して試料が不飽和になるために生ずる，というふうに理解しておくのが妥当であろう．

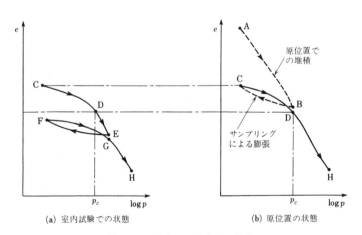

(a) 室内試験での状態　　　　(b) 原位置の状態

図 **6.8**　粘土の圧縮曲線の特徴

さて，B→C部分の除荷膨張は，すべてサンプリング時の除荷によるものかというと必ずしもそうではなく，原位置において何らかの自然環境の変化により古くから存在していた荷重が除去されたために生じた部分も含まれている．このことを説明したのが図6.9 (b) であるが，原位置における現在の状態をB′とし，現在の載荷重をp_0とすると，この粘土は一旦p_cなる荷重を受けた後，原位置で除荷を経験し，点BからB′の状態に至っていたと考えられる．この状態でサンプリングされ，これによる膨張を経て，つまり点Cの状態を経て圧密試験されたのである．このように，原位置において現在受けている荷重p_0より大きな荷重p_cを受けた経験のある粘土を過圧密粘土（over-consolidated clay）と呼んでいる．ここで，p_cはこの粘土が今までに受けた最も大きな荷重に相当し，圧密先行圧力（pre-consolidation pressure）と呼ばれている．更に，この先行圧力と現在の圧力との比，

$$OCR = \frac{p_c}{p_0} \qquad (6.10)$$

は，過圧密比（over-consolidation ratio）と呼ばれる．以上とは逆に，現在加わっている荷重が今までにその粘土が受けた最大の荷重に等しい場合も，もちろんありうる．このような粘土は$OCR=1.0$に相当し，正規圧密粘土（normally consolidated clay）と称する．この場合，図6.9 (a) に示すように，除荷による膨張は点Bから始まるから，もっぱらサンプリングによって生ずることになるわけである．図

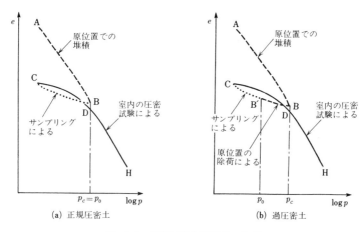

図 **6.9** 正規圧密と過圧密の比較

6.9 の e-$\log p$ 曲線において,点 C から出発して載荷を続けていくと,点 D において間隙比の急激な減少が起こりだす.これは材料の降伏現象に似ているため,上述の圧密先行荷重は"圧密降伏応力"とも呼ばれ,p_y によって表わすこともある.

一般に圧密試験を行うと図 6.10 の C→T→H のようなカーブがえられる.原位置において現在加わっている荷重 p_0 は,考えている土に作用している上載圧,または被り圧に等しいから,その土の存在している深さと地下水の位置が分れば容易に算定できる.圧密先行荷重の推定は,図 6.10 に示すような Casagrande[1] の方法によって行われるのが普通である.この方法では,まず曲率の最も大きい点 T を見つけてそこから $\overline{TO}$ なる水平線を引く.次に,点 T を通る接線 $\overline{TN}$ を引き,角 OTN の 2 等分線 $\overline{TM}$ を求めておく.一方,十分荷重が大きい範囲で e-$\log p$ 曲線が直線になる部分から逆に左上に向って直線を延長してみる.この延長線と先に求めた 2 等分線 $\overline{TM}$ との交点 D を定めてやり,この D 点の横軸をもって先行荷重 p_c とするのである.

先に,圧縮曲線に基づいて粘土の圧縮係数や圧縮指数を求める方法を説明したが,これらは主として正規圧密状態を対象にしたものであった.しかし,全く同様な考えから,e-$\log p$ 曲線の除荷部分に着目して,式 (6.6) に基づき膨張指数 C_s を求めることも可能なわけである.そこで,色々な粘土についてこれらの定数がどのよう

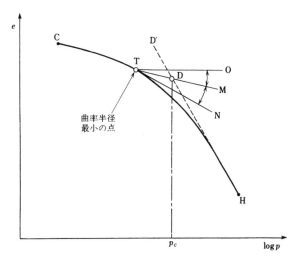

図 6.10 先行荷重の決め方 (Casagrande, 1936)[1]

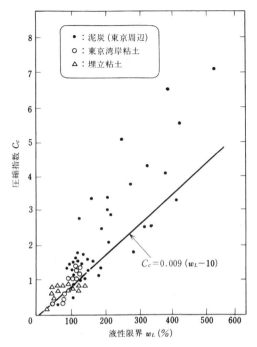

図 **6.11** 圧縮指数と液性限界の関係（稲田，1981）[2]

な値をとるのか調べてみることにしよう．

1・3 節で述べたように，粘土の液性限界 w_L はその土の攪乱状態における圧縮性を反映しているといわれる．そこで，圧縮指数と液性限界の関係が調べられたが，多くの実験結果をまとめて，Terzaghi-Peck[4] は，

$$\left. \begin{array}{l} C_c = 0.007(w_L - 10) \cdots\cdots 攪乱粘土 \\ C_c = 0.009(w_L - 10) \cdots\cdots 不攪乱粘土 \end{array} \right\} \quad (6.11)$$

なる経験式を提案している．図 6.11 は，我が国における代表的なデータと共に式 (6.10) を図示したものであるが，高圧縮性の泥炭質土を除くと両者は比較的よく一致しているといえよう．次に，粘土の自然含水比 w_n と圧縮指数との関係を見るために作られたグラフが図 6.12 に示してあるが，これから

$$C_c = 0.00782 w_n^{1.07}$$

なる経験式が，大平他[3] によって提案されている．これらの図より，普通の粘土では C_c の値はほとんど 0.2〜0.9 の範囲内にあるが，特に圧縮しやすい泥炭性の土

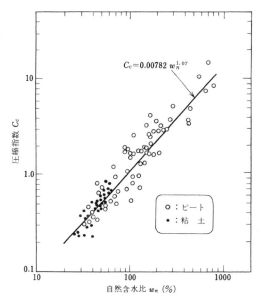

図 6.12 自然含水比と圧縮指数の関係(大平他, 1977)[3]

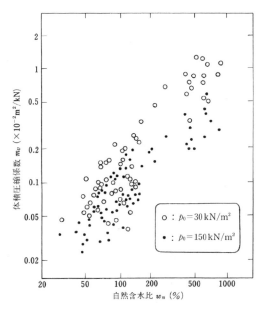

図 6.13 自然含水比と体積圧縮係数の関係(稲田, 1981)[2]

（ピート）では C_c が 2 以上の高い値をとりうることが知れる．

膨張指数 C_s についてはまとめられたデータが少ないが，通常の粘土では $C_s = 0.02$ 〜0.10 の範囲の値をとることが多いようである．

図 6.13 は，沖積軟弱地盤を構成する粘土に対して，体積圧縮係数 m_v と自然含水比 w_n との関係を示したものである．式 (6.8) で示されるように，m_v の値は一般に荷重の大きさに依存するので，図 6.13 に示したデータは圧密荷重が 30〜150 kN/m² の範囲内で適用できるおおよその値であると解釈すべきであろう．

6・2 圧密理論

6・2・1 圧密方程式の誘導

図 6.14 に示すように，飽和した粘土層が上部の砂層と下部の不透水層の間に存在しているとしよう．この地盤の表面に，盛土や建物によって p なる荷重が加わったとする．粘土層の厚さに比べてこの載荷荷重の幅が十分広い場合には，地表面の荷重がそのまま一様に下部の粘土層に伝えられ，どこの鉛直断面をとっても同じことが起こっているから，現象は 1 次元的であると見なすことができる．粘土層中の土の要素にこの荷重増加が加わると鉛直方向に脱水が生じ，その分だけ体縮収縮が起こるから，図 6.2 で説明したことと同じ現象，つまり圧密が生じることになる．この圧密は図 6.14 で分るように，排水砂層に近い表面付近の粘土では迅速に起こるが，深部の粘土では相当時間がかかる．つまり，圧密の発生は時間の関数であるばかりでなく，場所の関数ともなるわけである．圧密の進行を時間 t と場所 z の関数として数学的に表わす試みは Terzaghi[4] によってなされたが，その内容は以下のとおりである．

図 6.14 のように，粘土層の下端を原点として上向きに z 軸をとり，断面積 A で厚さが Δz なる土の微小要素が z なる位置にあるとする．z における間隙水の透水速度を v とすると，$z+\Delta z$ の位置では透水速度は $v+(\partial v/\partial z)\Delta z$ であるから，微小時間 Δt の間にこの土の要素から排水される水の量 Δq は，

$$\Delta q = (\partial v/\partial z)\Delta z \cdot A \cdot \Delta t \tag{6.12}$$

となる．次に，z における水圧を考える．図 6.15 に示すごとく，全体の水圧は静水圧 $H-z$ と過剰間隙水圧 u とから成る．後者は上載荷重に帰因するもので，圧密

6・2 圧密理論　117

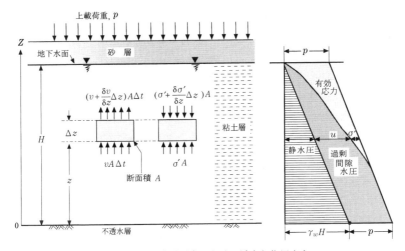

図 6.14　一次元圧密における透水と作用応力

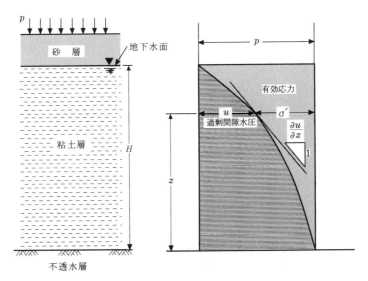

図 6.15　過剰間隙水圧と有効応力の分布

に関与するのはこの過剰間隙水圧（excess pore water pressure）のみである．静水圧は常に一定であるのでこれは考慮しなくてよい．よって，水頭 h は

$$h = u/\gamma_w \tag{6.13}$$

となる．さて，z における動水勾配は $i = -\partial h/\partial z$ であるから，式 (4.1) の Darcy

の法則により $v = ki = -k(\partial h/\partial z)$ がえられるが，ここで式（6.13）の関係を用いると，

$$v = -k\frac{\partial h}{\partial z} = -\frac{k}{\gamma_w}\frac{\partial u}{\partial z} \tag{6.14}$$

となる．この式でマイナスの符号がついているのは，図6.15に示してあるように z の正の方向に水圧が減少するように座標を選んだためである．図6.15は静水圧を除いた部分について，上載荷重 p によって生ずる過剰間隙水圧 u と有効応力 σ' の深さ方向分布を示している．式（6.14）を式（6.12）に代入することにより，

$$\Delta q = -\frac{1}{\gamma_w}\frac{\partial}{\partial z}\left(k\frac{\partial u}{\partial z}\right)\cdot \Delta z \cdot A \cdot \Delta t \tag{6.15}$$

と書き改めることができる．

以上，水の流れに着目して排水量を求めたが，次に排水によって生ずる土の骨格の収縮について考えてみよう．図6.14で考えている土の微小要素 Δz 内で生ずる体積収縮は，土の間隙の収縮にほかならないから，まず図6.6において $(1+e_0)V_s = \Delta z$ と置きかえて考えてみることにする．体積収縮量は間隙比の変化 Δe によってのみ生ずるから，これは $\Delta e \cdot V_s \cdot A$ に等しい．そこで上記の $(1+e_0)V_s = \Delta z$ の関係を用いると，これは $\Delta e V_s \cdot A = \Delta e \cdot \Delta z \cdot A/(1+e_0)$ となる．これを単位時間当りの体積収縮量という形で表わすには両辺を Δt で割ればよいから，

$$\frac{\Delta e}{\Delta t}\cdot V_s \cdot A = \frac{\Delta z}{1+e_0}\cdot \frac{\Delta e}{\Delta t}\cdot A$$

がえられる．したがって，Δt なる微小時間に生ずる体積収縮量 ΔV は再び Δt を掛けて，

$$\Delta V = -\frac{1}{1+e_0}\frac{\Delta e}{\Delta t}\cdot \Delta z \cdot A \cdot \Delta t \tag{6.16}$$

で与えられる．ここでマイナスの符号がついているのは，間隙比 e が増える時には体積膨張が生じるのに対し，体積収縮量を正と考えているためである．

さて，式(6.15)で表わされる間隙水の脱水量は，いつどこでも式(6.16)で表わされる体積収縮量に等しくなくてはならない．よって，$\Delta q = \Delta V$ とおくことにより，

$$\frac{1}{\gamma_w}\frac{\partial}{\partial z}\left(k\frac{\partial u}{\partial z}\right) = \frac{1}{1+e_0}\frac{\partial e}{\partial t} \tag{6.17}$$

なる関係式が求められる．以上が圧密現象を支配する基本式であるが，独立変数と

して過剰間隙水圧 u を採用する場合と，鉛直ひずみ ε を用いる場合の2つが考えられる．まず u を用いる場合には，式 (6.17) の右辺の e を u の関数として表わす必要がある．そのために，まず有効応力 σ' と間隙水圧 u の関係を知る必要があるが，式 (6.2) で表わされるとおり，外荷重 p は時間的に変化しない．したがって，間隙水圧が減った分だけ有効応力が増加するわけで，

$$\Delta u = -\Delta \sigma' \tag{6.18}$$

なる関係が成り立つ．一方，有効応力の変化 $\Delta\sigma'$ は，式 (6.1) を通して鉛直ひずみの変化 $\Delta\varepsilon = m_v \Delta\sigma'$ をもたらすから，これを式 (6.18) に代入して，

$$\Delta u = -\frac{1}{m_v}\Delta\varepsilon \tag{6.19}$$

をうる．$\Delta\varepsilon$ は更に式 (6.3) を通して，間隙比の変化 Δe に結びつけられるから，結局，

$$\Delta u = \frac{1}{m_v}\frac{\Delta e}{1+e_0} \tag{6.20}$$

となる．これを Δt で割ると

$$\frac{\partial u}{\partial t} = \frac{1}{m_v}\frac{1}{1+e_0}\frac{\partial e}{\partial t} \tag{6.21}$$

がえられるから，これを式 (6.17) に代入し，更に k を定数と仮定すると

$$\frac{\partial u}{\partial t} = c_v \frac{\partial^2 u}{\partial z^2}, \quad c_v \frac{k}{m_v \gamma_w} \tag{6.22}$$

となる．これが，Terzaghi によって導かれた圧密の微分方程式であり，c_v は圧密係数（coefficient of consolidation）と呼ばれる．

次に，式 (6.17) を鉛直ひずみ ε の関数として表わしてみることにする．そのためには，式 (6.3) からえられる

$$\frac{\partial \varepsilon}{\partial t} = -\frac{1}{1+e_0}\frac{\partial e}{\partial t}$$

と，式 (6.19) からえられる

$$\frac{\partial u}{\partial z} = -\frac{1}{m_v}\frac{\partial \varepsilon}{\partial z}$$

を式 (6.17) に代入してやればよい．その結果，

$$\frac{\partial \varepsilon}{\partial t} = \frac{1}{\gamma_w}\frac{\partial}{\partial z}\left(\frac{k}{m_v}\frac{\partial \varepsilon}{\partial z}\right) \tag{6.23}$$

がえられる．前述のごとく m_v は圧密圧力と共に減少するから，深い位置にある粘土の m_v は浅い位置の m_v より小さい．同様に，透水係数 k の値も深さと共に減少していく傾向にある．もし，m_v と k が同じ程度に深さと共に減少するのであれば，

$$\bar{c}_v = \frac{k(z)}{\gamma_w m_v(z)} = \text{一定} \tag{6.24}$$

と考えてよいから，この時，式（6.23）は

$$\frac{\partial \varepsilon}{\partial t} = \bar{c}_v \frac{\partial^2 u}{\partial z^2} \tag{6.25}$$

となる．これは，三笠[5]によって提案された式である．式（6.22）が k と m_v を一定と仮定して導かれているのに対し，式（6.24）の条件を満たす限り，k と m_v が深さと共に同じ割合で変化してもよい，として導かれたのが式（6.25）である．

6・2・2 圧密方程式の解

粘土層内の間隙水圧や体積収縮が深さ方向にいかに分布し，それが時間と共にいかに変化していくかを知るためには，圧密の基本式である式（6.22）または式（6.25）を解く必要がある．しかし，これらは偏微分方程式であるので1個の初期条件と2個の境界条件を設定してやる必要がある．

一般によく用いられる式（6.22）を対象にし，図6.14に示すように厚さ H の粘土層が p なる外荷重を受けている状態を考えると，まず境界条件としては，下端では鉛直方向の水の流れがないから $v=0$ が成り立たねばならない．流速 v は Darcy の法則により，式（6.14）に示すごとく動水勾配と結びついている．したがって，下端の境界条件は，$\partial u/\partial z = 0$ と表わせる．一方，粘土層の上端では粘土層からの水が砂層中に自由に流れ込みうるから，間隙水圧は常にゼロでなくてはならない．よって，境界条件として，

$$\left. \begin{array}{l} z=0 \text{ にて} \quad \dfrac{\partial u}{\partial z} = 0 \\ z=H \text{ にて} \quad u=0 \end{array} \right\} \tag{6.26}$$

の2つがえられる．次に，載荷重 p は $t=0$ の時に加えられ，これが粘土層の各深さに一斉に伝えられると考えているから，

$$t=0 \text{ の時} \quad u=p \tag{6.27}$$

が初期条件となる．この $t=0$ の時の間隙水圧の深さ方向の分布を示すと，図6.16

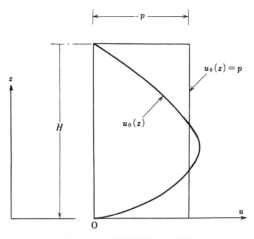

図 **6.16** 初期条件の与え方

のごとくになるが，もっと一般に任意の分布 $u_0(z)$ を初期条件として採用してもかまわない．この時には，

$$t=0 \text{ の時} \quad u=u_0(z) \tag{6.28}$$

が初期条件となる．

さて，以上の諸条件を満たすように式（6.22）を解く時によく用いられる方法に，変数分離法と呼ばれるものがある．これは，

$$u=Z(z)X(t) \tag{6.29}$$

のように，一般解が z のみの関数 Z と t のみの関数 X の積として与えられると仮定する方法である．式（6.29）を式（6.22）に代入すると，

$$\frac{1}{Z}\frac{d^2Z}{dz^2}=\frac{1}{c_vX}\frac{dX}{dt}=-\beta^2 \tag{6.30}$$

がえられる．この式で，左辺は z のみの関数，真中の辺は t のみの関数で，それぞれ独立しているから，これらをある一定値 $-\beta^2$ とおいたのが，式（6.30）の意味するところである．β の値は後で決まるが，しばらくは定数としておく．式（6.30）は，左辺と真中の辺をそれぞれ $-\beta^2$ とおくことにより，次の２つの式に分けられる．

$$\frac{d^2Z}{dz^2}+\beta^2Z=0 \tag{6.31}$$

$$\frac{dX}{dt} + c_v \beta^2 X = 0 \tag{6.32}$$

この2つの式は,基本方程式 (6.22) と全く同じ内容のものであることに留意する必要がある. さて,式 (6.31) の一般解は A と B を任意定数として,

$$Z = A\cos\beta z + B\sin\beta z \tag{6.33}$$

で与えられる. ところで,式 (6.29) を式 (6.26) に適用すると,Z の満たすべき条件は u の満たすべき境界条件と全く同じになることが分る. よって, まず $z=0$, $dZ/dz=0$ を式 (6.33) に適用すると,$B=0$ でなくてはならないことが分る. 次に, $z=H$, $Z=0$ を式 (6.33) に適用すると,$A\cos\beta H=0$ でなければいけないことが分るが, A がゼロだと解が全部ゼロになって意味をなさないことから, $\cos\beta H=0$ となる必要がある. これを満たす β は

$$\beta_n = \frac{2n-1}{2}\frac{\pi}{H} \quad (n=1, 2, 3, \cdots\cdots) \tag{6.34}$$

で与えられる. β の代りに β_n としたのは,式 (6.34) で $n=1, 2, 3\cdots\cdots$ とした時の β がすべて $\cos\beta H=0$ を満たすから,一つひとつの β を区別するためである. よって,境界条件を満たす Z は無限にあり,それを一つひとつ区別して Z_n で表わすと

$$Z_n = A_n \cos\left(\frac{2n-1}{2}\pi \cdot \frac{z}{H}\right) \quad (n=1, 2, 3, \cdots\cdots) \tag{6.35}$$

がえられる. ここで,Z の数が無限にあり,それぞれに対応して任意常数 A も無限数だけ選びうるから,A の代りに A_n と置いてある.

次に,式 (6.32) を考えてみるに,この一般解は C を任意定数として

$$X = C\exp(-\beta^2 c_v t) \tag{6.36}$$

で与えられるが,β は式 (6.34) から分るように無限数あるから,一つひとつの β に対応する解を X_n, 任意定数を C_n で表わすと,式 (6.36) は

$$X_n = C_n \exp\left[-\left(\frac{2n-1}{2}\pi\right)^2 \cdot T\right] \quad (n=1, 2, 3, \cdots\cdots) \tag{6.37}$$

となる. ただし, T は

$$T = \frac{c_v t}{H^2} \tag{6.38}$$

で, 時間係数と呼ばれる無次元量である.

以上のようにして求めた Z_n と X_n を掛け合わせると,式 (6.29) に従ってたくさ

んの解があるが，これを u_n とすると，

$$u_n = A_n \cdot C_n \exp\left[-\left(\frac{2n-1}{2}\pi\right)^2 \cdot T\right] \cdot \cos\left(\frac{2n-1}{2}\pi \cdot \frac{z}{H}\right)$$

となる．この式の中で $n=1, 2, 3, \cdots\cdots$ としたものが，すべて解としての資格を等しく持っている．よって，線型方程式の重ね合わせの原理に基づき，これらの解を全部加え合わせたものが一般解となる．今，$A_n \cdot C_n$ を新しく A_n と書くことにすると，結局，一般解は

$$u = \sum_{n=1}^{\infty} \cdot A_n \exp\left[-\left(\frac{2n-1}{2}\pi\right)^2 \cdot T\right] \cdot \cos\left(\frac{2n-1}{2}\pi \cdot \frac{z}{H}\right) \quad (6.39)$$

のようになる．これが，境界条件 (6.26) を満たす解であるが，この中には未だ A_n なる未知定数が含まれている．そこで，次の問題は初期条件 (6.28) を満たすように，A_n をいかに決めたらよいかということになる．これを実現するためには，Fourier 級数の考え方が効果的に使われる．

まず，初期条件 (6.28) を式 (6.39) に適用すると，$t=0$，つまり $T=0$ で $u=u_0(z)$ であるから，

$$u_0(z) = \sum_{n=1}^{\infty} A_n \cos\left(\frac{2n-1}{2}\pi \cdot \frac{z}{H}\right) \quad (6.40)$$

がえられる．次に，この式の両辺に $\cos\left[\frac{2m-1}{2}\cdot\pi\frac{z}{H}\right]$ を掛けて，z に関して 0 から H まで積分してやる．ここで，m は別の正の整数とする．その結果，

$$\int_0^H u_0(z)\cos\left(\frac{2m-1}{2}\pi\frac{z}{H}\right)dz = \sum_{n=1}^{\infty} A_n \int_0^H \cos\left(\frac{2n-1}{2}\pi\frac{z}{H}\right)\cdot\cos\left(\frac{2m-1}{2}\pi\frac{z}{H}\right)dz \quad (6.41)$$

となる．この右辺の積分は容易に実行できて，

$$\int_0^H \cos\left(\frac{2n-1}{2}\pi\frac{z}{H}\right)\cos\left(\frac{2m-1}{2}\pi\frac{z}{H}\right)dz = \begin{cases} \dfrac{H}{2} & n=m \text{ の時} \\ 0 & n \neq m \text{ の時} \end{cases} \quad (6.42)$$

となることが証明される．よって，式 (6.41) の右辺には $n=1, 2, 3, \cdots\cdots$ なる無限数の項がもともと存在するが，左辺の中の m を一つに固定してやると，右辺項の中で m に等しくない項はすべてゼロとなり，m に等しい項だけが残ることになる．このゼロでない項は，式 (6.41) の結果を用いて $A_m \cdot H/2$ となる．よって，

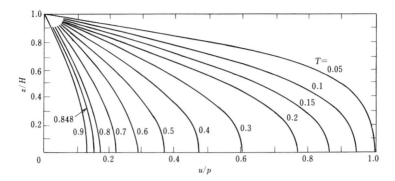

図 6.17 間隙水圧の深さ分布の時間的変化

$$A_m = \frac{2}{H}\int_0^H u_0(z)\cos\left(\frac{2m-1}{2}\pi\frac{z}{H}\right)dz \quad (m=1,2,\cdots,\infty) \quad (6.43)$$

によって，未知定数 A_m が決まることになる．この段階で m を n に入れかえても何ら支障ないから，結局，式 (6.39) の中の A_n が定まり，解が完全な形で求まることになるのである．これを書いてみると，

$$u = \frac{2}{H}\sum_{n=1}^{\infty}\left[\exp\left\{-\left(\frac{2n-1}{2}\pi\right)^2\cdot T\right\}\cdot\cos\left(\frac{2n-1}{2}\pi\frac{z}{H}\right)\right.$$
$$\left.\times\int_0^H u_0(z)\cos\left(\frac{2n-1}{2}\pi\frac{z}{H}\right)dz\right] \quad (6.44)$$

がえられる．これが圧密方程式 (6.22) の解である．深さ方向に初期の間隙水圧分布が一様な場合，つまり初期条件 (6.27) を採用した場合には，上式で $u_0(z)=p$ と置けばよい．その結果，

$$u = \frac{4p}{\pi}\sum_{n=1}^{\infty}\frac{(-1)^{n+1}}{(2n-1)}e^{-\left(\frac{2n-1}{2}\pi\right)^2 T}\cdot\cos\left(\frac{2n-1}{2}\pi\frac{z}{H}\right) \quad (6.45)$$

がえられる．これを T をパラメータとして図示したのが，図 6.17 である．これから時間，つまり $T=c_v t/H^2$ の進行と共に，間隙水圧の分布がいかにゼロに向って減少していくかが明らかとなる．

6・2・3 圧 密 度

圧密の進行の度合いは，初期の過剰間隙水圧がどの程度消散してしまったかを目安にしてはかられる．圧密開始時と終了時のひずみを，それぞれ ε_0, ε_t とする．ま

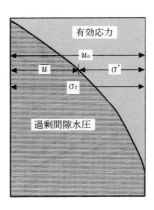

図 **6.18** 圧密度の定義

た，図 6.18 に示すように，圧密開始時の過剰間隙水圧を $p = u_0$，終了時には $p = 0$ とすると，有効応力は最初がゼロで最後に σ_t' となる．この時,圧密度(consolidation ratio) は次のように定義される．

$$U = \frac{\varepsilon - \varepsilon_0}{\varepsilon_t - \varepsilon_0} = \frac{u_0 - u}{u_0} = \frac{\sigma'}{\sigma_t'} \tag{6.46}$$

ここで，ε, σ', u は，それぞれ圧密が進行中のある時刻におけるひずみ，有効応力，間隙水圧を表わす．粘土層の中の圧密の進行度合いは深さ z によって変わるから，圧密度も一般に深さの関数となる．そこで，深さの影響を包含した粘土層全体に関する圧密進行の度合いを表わす指標が必要となってくる．そのためには初期の水圧分布 $u_0(z)$ として，粘土層全体についての平均的な $\bar{u}_0$ と $\bar{u}$ を，

$$\bar{u}_0 = \frac{1}{H}\int_0^H u_0(z)\,dz, \quad \bar{u} = \frac{1}{H}\int_0^H u(z)\,dz \tag{6.47}$$

によって定め，それを式 (6.46) に適用して圧密度 U を求めればよい．つまり

$$U(T) = \frac{\bar{u}_0 - \bar{u}}{\bar{u}_0} = 1 - \frac{\int_0^H u(z)\,dz}{\int_0^H u_0(z)\,dz} \tag{6.48}$$

ここで，右辺の積分は式 (6.44) からも明らかなように，時間係数 T のみの関数になるから，圧密度は T にのみ依存することになる．以上は，粘土層内の間隙水

圧に着目して圧密度を定義したのであるが，間隙水圧の変化は粘土の収縮をもたらし，各深さで生ずる体積収縮は，集約されて地表面沈下という形で現われる．今，考えている時点における地表面の沈下量を S とすると，これは式（6.1）より

$$S = \int_0^H \varepsilon \cdot dz = m_v \int_0^H \sigma' \, dz \tag{6.49}$$

と表わされる．一方，圧密の初期に各深さで与えられる過剰間隙水圧 $u_0(z)$ は，時間と共に有効応力 $\sigma'(z)$ に転換されていくが，その時，残りの間隙水圧 $u(z)$ は常に

$$\sigma'(z) + u(z) = u_0(z) \tag{6.50}$$

を満たすように変化していくことは，図6.3で説明したとおりである．よって，この関係を式（6.49）に代入し，更に式（6.47）の関係を用いると，

$$S = m_v H (\bar{u}_0 - \bar{u}) \tag{6.51}$$

となる．よって，式（6.48）より

$$S = m_v H \bar{u}_0 U(T) \tag{6.52}$$

がえられる．圧密が終了した時には $U(T) = 1.0$ となるから，この時の沈下量を S_0 とすると

$$S_0 = m_v H \bar{u}_0 \tag{6.53}$$

となる．S_0 は最終沈下量と呼ばれる．よって，式（6.52）は

$$U(T) = \frac{S}{S_0} = \frac{S}{m_v H \bar{u}_0} \tag{6.54}$$

となる．つまり圧密度は，各深さの粘土の体積収縮の総和として表わされる地表面の最終沈下量に対して，考えている時点でどの程度表面の沈下が進行しているのかを示す尺度である，と解釈してもよいわけである．

式（6.48）の定義から明らかなように，圧密度は圧密初期の間隙水圧分布 $u_0(z)$ が与えられれば容易に計算できる．今，最も簡単でよく出くわす場合の一つである式（6.27）の初期条件について，$U(T)$ を求めてみよう．式（6.45）で与えられる u と $u_0(z) = p$ を式（6.48）に代入して積分を行うと，圧密度は，

$$U(T) = 1 - \frac{8}{\pi^2} \sum_{n=1}^{\infty} \frac{1}{(2n-1)^2} e^{-\left(\frac{2n-1}{2}\pi\right)^2 \cdot T} \tag{6.55}$$

によって与えられることが分る．これを図示したものが，図6.19であるが，$T = 1.0$ の時，圧密は92％完了していることが分る．また，$T = 3.0$ になると圧密は99％

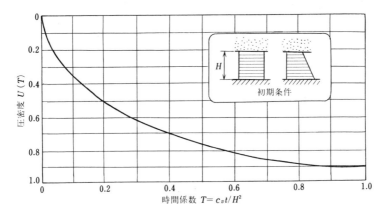

図 6.19 圧密度と時間係数の関係

完了することが示される. しかし, 実用的には $T=1.0$ として,

$$t=\frac{H^2}{c_v}=\frac{\gamma_w m_v}{k}H^2 \qquad (6.56)$$

によって, 圧密が完了するまでの時間を近似的に計算できる.

　圧密の初期条件として深さ方向に一定分布の場合を考察したが, そのほかに, 深さと共に直線的変化をする場合が実際問題に関連してよく出てくる. この場合も, 式 (6.48) を用いて解析的に圧密度を計算することができる.

　さて, 以上は, 粘土層の上面で排水が生じ底面では非排水という境界条件を設定した場合の考察であった. 粘土層の上面ばかりでなく底面も砂層に接している場合には, 底面でも排水が可能となる. このような境界条件を満たす圧密方程式の一般解を求めることはもちろん可能であるが, 次のように考えれば先に求めた解 (6.55) を利用して圧密度を算定できる. 今, 図 6.20 (a) のような厚さが H である両面排水状態の粘土層を考えるに, その中央の水平断面 a-a' を越えて水が移動することはありえない. したがって, 上部半分の粘土層を考える限り a-a' 面は非排水面と見なせるから, 図 6.20 (b) に示すような厚さ $H/2$ なる粘土層を考えれば, この圧密-時間特性は図 6.20 (a) に示す両面排水の粘土層の圧密-時間特性と全く同じものになるはずである. 下半分でも同時に下方に向いて排水が生じ, 同じことが起こっている. よって, 厚さ H なる粘土層が両面排水状態にある時の圧密度は, 式 (6.38) において $H\to H/2$ と置いて, $T=4c_v t/H^2$ によって時間係数 T を算定し,

128　第6章　粘土の圧密

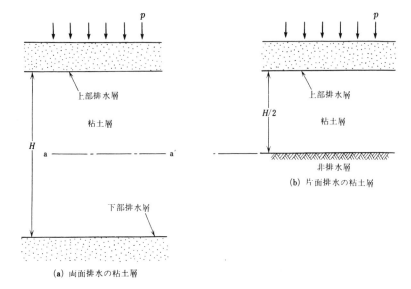

図 6.20　両面排水の場合と片面排水の場合の対応

そして図6.19のカーブを利用すれば，圧密度 U を直ちに求めることができる．以上は圧密の進行に関することであるが，式（6.52）によって沈下を求める場合には，図6.20（a）に示す全層の厚さ H をそのまま用いなくてはならない．

6・2・4　圧密試験と整理法

　前述の理論的考察から，粘土層における圧密の進行は常に時間係数 $T = c_v t / H^2$ の関数として表わせることが判明した．ここで重要なことは，圧密に対する時間 t の影響が直接的ではなく $c_v t / H^2$ という形を通して現われ，圧密の進行が粘土層の厚さ H の2乗に反比例していることである．たとえば，厚さ2cmと2mの2つの粘土層があるとすると，薄い方の粘土は厚い方の粘土層に比べて，1万分の1の時間で圧密が完了してしまうことになる．このことは，室内における圧密試験の時間を短縮するのに大いに役立っている．つまり，厚さが数メートルにもおよび，圧密完了までに数年間を要するような原位置での粘土層の挙動を知るために，厚さ2cm程度の供試体を用いて24時間程度の短期間の載荷試験をすればよいのは，このような事情によるのである．

　圧密試験器は，普通，高さ2cm，直径6cmのリングと，上下端で排水を容易な

6・2 圧密理論

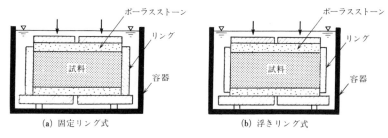

図 **6.21** 圧密試験装置の概略図

らしめるためのポーラスストーン，そして供試体に鉛直荷重を加える装置等から成り立っている．図6.21に示したのは2種類の圧密試験装置であるが，リングの中におさめられた粘土試料は，側方変位を拘束された状態で上下端のポーラスストーンを通して間隙水を排出しながら圧密される．固定リング方式の試験器では試料とリングとの摩擦により，上載荷重のすべてが一様に試料に伝えられない恐れがある．この点を配慮して浮リング方式が考案されたが，使用上の便利さから固定リング方式の方がよく用いられている．

圧密荷重は段階的に増加させて試験を行うが，普通，10，20，40，80，160 kN/m²……というように，前段階の2倍の荷重を加えることが多い．こうすると，荷重の増分 Δp と現段階の荷重 p との比 $\Delta p/p$ が一定となって，後のデータ整理に便利だからである．各荷重段階での沈下の読取り時間は，6，9，15，30秒，1，2，4，8，15，30分，1，2，4，8，24時間が一応の基準となっており，24時間で一段階の圧密が終了に近づくとして読取りを打ち切る．そして，最終段階の試験が終ったら一気に，あるいは2回位に分けて荷重を除去し，吸水膨張させるのである．

圧密試験の整理は，各荷重段階でえられる沈下-時間曲線から圧密係数 c_v を求めるものと，全荷重段階の最終沈下データに基づき m_v または C_c を求めるものとの2つに分かれるが，ここでは前者につき述べてみることにする．

圧密係数は，それぞれの荷重段階における沈下量-時間曲線から，所定の圧密度に達するに必要な時間 t を求め，式 (6.38) から

$$c_v = \frac{T \cdot H^2}{t} \tag{6.57}$$

によって算定される．一般には，圧密度が50%または90%になるのに要する時間

t_{50} または t_{90} を用いるが,具体的にこれらを求めるため,$\sqrt{t}$ 法と $\log t$ 法の2つがよく用いられる.

a. $\sqrt{t}$ 法 圧密の初期においては,圧密の進行が時間の平方根に比例することが理論的にも実験的にもわかっている.このことを利用して,試験でえられた沈下データを $\sqrt{t}$ に対してプロットし,それから t_{90} を求めようとするのが $\sqrt{t}$ 法である.今,図 6.22 に示すように沈下データがプロットされているとすると,初期の直線部分に直線を引き,縦軸との交点より初期値 d_s とその勾配 α_1 を定める.実際のデータでは,これより上部に初期の読みが存在することが多いが,これは試料中に気泡が残存していた等のためで,データ整理上は上記のように定めた d_s を初期値として用いる.ところで,図 6.22 の縦軸に示す沈下量は,式 (6.54) より,$S = S_0 U(T)$ を表わしているから,勾配 α_1 は圧密の初期における $\sqrt{t}$ と $S_0 U(T)$ との比に等しい.よって,

$$\tan \alpha_1 = \left(\frac{\sqrt{t}}{S_0 U}\right)_{t=0} = \frac{H}{S_0 \sqrt{c_v}} \left(\frac{\sqrt{T}}{U(T)}\right)_{t=0} = 0.886 \frac{H}{S_0 \sqrt{c_v}}$$

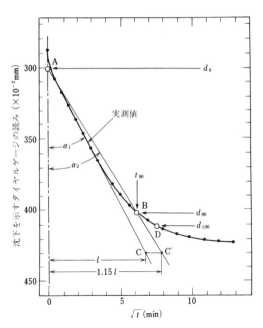

図 **6.22** 圧密係数を求めるための $\sqrt{t}$ 法

がえられる．この式の 0.886 という値は，別の考察に基づき求めたものである．次に，図 6.22 の上で圧密度が 90% になった時の点 B を求める方法を考えてみよう．今，仮に B 点が定まったとして，ここから点 A に直線を引いてみると，この直線の勾配 α_2 は圧密が 90% 完了した時の $\sqrt{t}$ と $S_0 U(T)$ との比を表わしているから，

$$\tan \alpha_2 = \left(\frac{\sqrt{t}}{S_0 U}\right)_{t=t_{90}} = \frac{H}{S_0 \sqrt{c_v}} \left(\frac{\sqrt{T}}{U}\right)_{t=t_{90}} = \frac{\sqrt{0.848}}{0.9} \cdot \frac{H}{S_0 \sqrt{c_v}} = 1.023 \frac{H}{S_0 \sqrt{c_v}}$$

となる．ここで 0.848 という値は，$U=0.9$ に相当する T の値を式 (6.55) の厳密解より求めたものである．上の 2 式を用いると，結局，

$$\tan \alpha_2 = 1.155 \tan \alpha_1 \tag{6.58}$$

なる関係があることが分る．よって，図上で横軸方向に適当な長さ l をもつ点 C を定め，更に $1.15\,l$ の長さをもつ点 C′ を決めれば，直線 $\overline{AC'}$ と実測でえられた曲線との交点 B が，90% 圧密の時間 t_{90} と沈下量 d_{90} を与えるグラフ上の点になるのである．このようにして求めた t_{90} を式 (6.57) に適用すれば

$$c_v = \frac{0.848 H^2}{t_{90}} \tag{6.59}$$

によって，c_v の値を求めることができる．ただし，H は試料の厚さの半分を示す．

以上求まった d_s と d_{90} とを用いれば，比例配分により 100% の圧密で生じる沈下 d_{100} を定めることができる．この d_{100} までの沈下を 1 次圧密と呼んでおり，これ以後の沈下は 2 次圧縮と呼ばれている．

b. $\log t$ 法　これは，沈下量を $\log t$ に対してプロットした時，中間部と終末部に直線部分が表われる性質を利用するものである．図 6.23 のごとく，この 2 つの直線の交点より d_{100} と t_{100} を求める．圧密開始時の変位 d_s を求めるには，初期の曲線部分で時間 t が 1:4 になるような任意の時刻を 2 つ選び（たとえば $t=5$ 秒と 20 秒），その時の沈下量を d_1，d_2 とする．そして，グラフ上で d_1 が d_s と d_2 の中間に来るように，つまり $(d_s+d_2)/2=d_1$ になるように d_s を決める．d_s と d_{100} が決まるとその中間の縦座標が d_{50} を与えることになる．d_{50} の点が沈下-$\log t$ 線上に定まれば t_{50} が決まるから，これと圧密度 50% に対応する時間係数 $T=0.197$ を式 (6.57) に用いて，

$$c_v = \frac{0.197 H^2}{t_{50}} \tag{6.60}$$

132　第6章　粘土の圧密

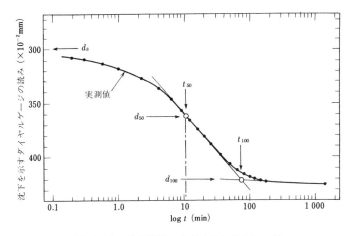

図 6.23　圧密係数 c_v を求めるための $\log t$ 法

により，圧密係数が求まることになる．なお，式 (6.59) または (6.60) における厚さ H としては，試験装置が両面排水であることを考慮して，供試体の厚さの半分を用いる必要がある．

さて，圧密係数 c_v は式 (6.38) からも明らかなように，圧密の進行速度の大小を表わすパラメータである．c_v の値が大きいと圧密が急速に起こり，この値が小さ

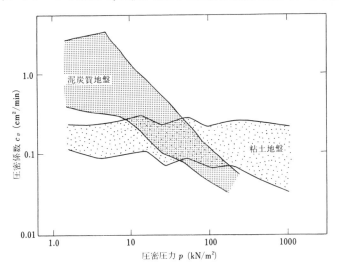

図 6.24　圧密係数と圧密圧力の間係（稲田，1981）[2]

いと圧密に時間がかかる．一方，c_vの値は式（6.22）の定義から透水係数に比例し，体積圧縮係数に反比例して変化する．一般に，圧密荷重が増えると透水係数kは減少するが，同時にm_vの値も減少するので，c_vの値はほぼ一定に保たれるといわれている．図6.24は，圧密圧力に対してc_vがどのように変化するのかを示すデータの一例であるが，沖積粘土等では圧密圧力に無関係に，c_vの値はほぼ一定値をとっていることが分る．ピート質または泥炭質の土では，圧密圧力によるm_vの減少をはるかに上まわる透水係数の減少が見られるため，図6.24に示すごとくc_vの値は圧密圧力の増加に伴って著しく減少してくる．図6.25は，圧密荷重が$p_0=30\,\mathrm{kN/m^2}$と$150\,\mathrm{kN/m^2}$の時の圧密係数の値を自然含水比に対してプロットしたものである．自然含水比が100％以下のデータは，大部分が粘性土地盤に対するものである

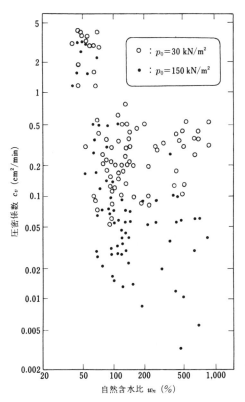

図 **6.25** 圧密係数と自然含水比との関係（稲田，1981）[2)]

が，圧密荷重にほぼ無関係に c_v の値が決まっている．しかし，自然含水比が 100% 以上の泥炭質粘土では，圧密荷重の増加に伴い c_v の値が著しく減少している様子がうかがえる．いずれにしても，普通の粘性土では c_v の値が $0.05 \sim 5 \, \text{cm}^2/\text{min}$ の範囲であることが多いと考えてよかろう．

設問 6.1 図 6.14 に示すような不透水性の基盤上に厚さ 5 m の粘土層があり，上部では排水が自由に起こりうるとする．この粘土の圧密係数は $c_v = 0.2 \, \text{cm}^2/\text{min}$，体積圧縮係数は $m_v = 0.05 \, (\text{tf}/\text{m}^2)$ であり，地表面には $p = 2.0 \, \text{tf}/\text{m}^2$ の載荷重が加わっているとする．この時，80% の圧密が完了するまでの時間とその時の地表面沈下量を求めよ．

〔**解 答**〕 図 6.19 より，圧密度が 80% になる時の時間係数は $T_{80} = 0.567$ であるから，式 (6.38) を用いて，

$$t_{80} = \frac{T_{80} \cdot H^2}{c_v} = \frac{0.567 \times 500^2}{0.2} \, \text{分} = 492 \, \text{日}$$

一方，最終沈下量は式 (6.53) で $\overline{u}_0 = p = 2.0 \, \text{tf}/\text{m}^2$ と置いて

$$S_0 = m_v \cdot H \cdot p = 0.05 \times 5.0 \times 2.0 = 0.5 \, \text{m}$$

となる．よって，圧密が 80% 終了した時の沈下は式 (6.54) で $U(T) = 0.8$ とおくことにより，

$$S_{80} = S_0 U(T) = 0.5 \times 0.8 = 0.4 \, \text{m}$$

設問 6.2 前問において，0.4 m の沈下を 200 日間で生じせしめるためには，載荷重をいくらにしたらよいか．

〔**解 答**〕 200 日に対応する時間係数は，

$$T = \frac{c_v t}{H^2} = \frac{0.2 \times 200 \times 24 \times 60}{500^2} = 0.230$$

この時間係数に対応する圧密度は，図 6.19 より $U(T) = 0.53$ である．よって，式 (6.52) より，

$$p = \frac{S}{m_v \cdot H \cdot U(T)} = \frac{40}{0.05 \times 500 \times 0.53} = 3.02 \, \text{tf}/\text{m}^2$$

6・3 圧密現象の種類

今までの考察は，有限厚さの粘土層表面に一様な荷重を広い範囲にわたって加え

た場合の圧密についてであった.このような粘土層の表面に新たな荷重を加える場合の他にも,色々の原因で自然界には圧密現象が生じている.そこで,工学的に意味のある3種類の圧密につき,以下その特性を述べてみることにする.

a. 表面載荷重による圧密　前節までに詳述した圧密理論は,地表面での載荷面積が粘土層の厚さに比して大きく,深さ方向の荷重分布が一様とみなせる場合にのみ適用可能なのである.載荷面積が粘土層の厚さに比べて小さい時には,載荷中心部での深さ方向の鉛直荷重分布を見ると,図6.26(a)のように地表面で最大で深さと共に減少していく傾向を示す.この場合の圧密は,図の台形ABCDで示される間隙水圧分布が矢印の方向に変化しながら有効応力に変換されていくプロセスの中で生じるのである.圧密が完了した時の有効応力の全増加量は$(p+p_1)H/2$であるから,最終沈下量は$m_v H(p+p_1)/2$で与えられる.

b. 沈殿による圧密　海底の土砂を攪拌して吸い上げ,パイプで流体輸送して所定の場所に吹き出し,土地を造成する方法は,海岸の埋立工事でよく用いられる.この時,土砂は水と混合して放出されるが,その後で徐々に沈殿が生じて硬い地盤が形成されるので,これも圧密現象の一種と考えられる.水と土砂の混合物は飽和土とほぼ同じ単位体積重量γ_tをもつ液体であるから,埋立地に放出された時点では,圧力は図6.26(b)に示すような静水圧分布をなしている.時間と共に図の矢印で示す方向に間隙水圧の低下が生じ,最終的に三角形ACDで示した部分の水圧が有効応力に変換され,圧密が完了するのである.この圧密過程における有効応力の全増加量は$\gamma' H^2/2$であるから,最終沈下量は$S_0 = m_v \gamma' H^2/2$となる.そして,この沈下量に等しい水が地表面に排出されてくる.

c. 地下水くみ上げによる圧密　粘土層の下部にまで井戸を掘り,地下水をくみ上げると地盤沈下が生ずるが,そのメカニズムも圧密の考えによって説明できる.今,図6.26(c)のような飽和粘土層があるとすると,平時には図に示すような三角形をした有効応力と静水圧の分布が現われる.地下水のくみ上げを続けていると粘土層底部で静水圧が低下するので,図の三角形ACDの部分の静水圧が時間と共に矢印の方向へ減少してきて,その分だけ有効応力が増加し圧密が起こる.静水圧が完全に消滅した時の有効応力の全増加量は$\gamma_w H^2/2$であるから,この時の最終沈下量は$S_0 = m_v \gamma_w H^2/2$となる.これが地盤沈下として地表面に現われるわけだが,この沈下量と地表面積を掛けたものは,全体の揚水量に等しくなくてはならない.

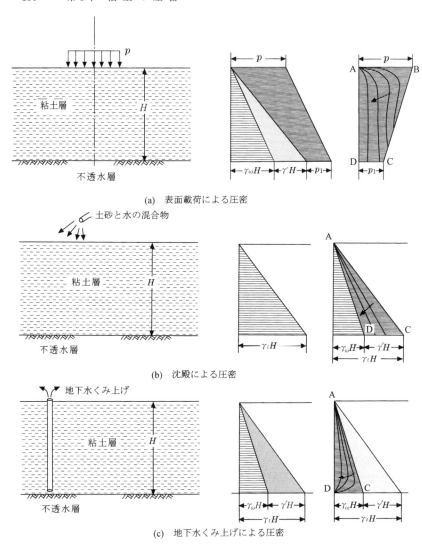

図 6.26 種々の圧密現象

ここで注目すべきことは,最終沈下量が粘土層の厚さ H の2乗に比例していることである.このことは,m_v の値が比較的小さい硬い粘土層からであっても,特に深層からの地下水くみ上げが相当量の地盤沈下をもたらすことを如実に物語っているといえる.

参 考 文 献

1) Casagrande, A., "The Determination of the Pre-consolidation Load and its Practical Significance," *Proc. First International Conference on Soil Mechanics and Foundation Engineering*, Cambridge, Massachusetts, p. 60, 1936.
2) 稲田倍穂, 軟弱地盤における土質力学, 鹿島出版会, p. 176, 1981.
3) 大平至徳, 木暮敬二, 松尾啓, 泥炭性軟弱地盤上の圧縮指数の一評価法, 防大理工研報告, Vol. 15, No. 3, p. 375, 1977.
4) Terzaghi, K., Peck, R. B., Soil Mechanics in Engineering Practice, John Wiley & Sons, pp. 72-73, 1967.
5) 三笠正人, 軟弱粘土の圧密, 鹿島出版会, 1963.

Alec W. Skempton (1914-2001)
間隙水圧係数の導入や残留強度の定義等，土に関する基本的概念の導入に貢献した．事例分析による実証性を鉄則とすべき地盤工学の在り方を提示・確立した．また，土質力学発展の歴史書の執筆も行った．

第7章 粘性土のせん断強度

7・1 組合せ応力

7・1・1 応力の変換

　土の変形や強度は，一つの応力やひずみの成分で決まるものではなく，多成分の応力やひずみの組合せで規定される．2次元の平面ひずみ状態を想定すると，破壊条件は一般に2個の応力成分で表現される．そこで，土の破壊の議論に入る前に，平面ひずみ状態に対する組合せ応力の表示方法を検討してみることにする．

　図7.1に示すように x, z の座標系を選ぶ時，外力の作用によって土中のある点に誘起される応力成分は，σ_x, σ_z, τ_{xz}, τ_{zx} の4つから成る．σ_x, σ_z は，それぞれ鉛直面と水平面に作用する垂直応力であり，τ_{xz} と τ_{zx} はせん断応力である．σ_x, σ_z は圧縮応力に正の符号を与えるのが土質力学の習わしであるが，せん断応力 τ_{xz}, τ_{zx} は作用する面に対し左回転方向に作用するものを正とし，右回転方向のものを負にとることにする．微小要素に作用する力の回転方向モーメントがゼロになるという条件から，常に $\tau_{xz} = -\tau_{zx}$ という関係が成り立つから，以下 τ_{zx} によってせん断応力を表わすことにする（龍岡，1987)[1]．今，2つの面に作用する3つの応力成

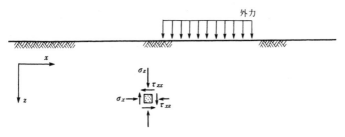

図 **7.1** 外力によって土中に発生する応力成分

分が与えられたとしよう．一般に，固体内のある面に作用する応力の成分は，面の方向が変わると変化する．そこで，z-方向を向いた面から α なる角度をなす面を図7.2のごとく想定し，そこに作用する直応力 σ_α とせん断応力 τ_α を求める問題を考えてみることにする．これは，図7.2の三角形状の要素に作用する力の釣合いを考えれば求まる．AB 面に作用する力は $\sigma_z S\cos\alpha$，$\tau_{zx} S\cos\alpha$ であり，AC 面に作用する力は $\sigma_x S\sin\alpha$，$\tau_{zx} S\sin\alpha$ である．これらの力と，BC 面に作用する力 $\sigma_\alpha S$ と $\tau_\alpha S$，との釣合いを考えればよい．σ_α-方向の釣合いと τ_α-方向の釣合いの2つの式を考えることにより，

$$\left.\begin{array}{l}\sigma_\alpha = \sigma_z \cos^2\alpha + \sigma_x \sin^2\alpha + 2\tau_{zx}\sin\alpha\cos\alpha \\ \tau_\alpha = -(\sigma_z - \sigma_x)\sin\alpha\cos\alpha - \tau_{zx}(\sin^2\alpha - \cos^2\alpha)\end{array}\right\} \quad (7.1)$$

がえられる．ここで，$\sigma_z \geqq \sigma_x$ と仮定しておくことにする．三角関数の2倍角公式を適用することにより，上式は，

$$\left.\begin{array}{l}\sigma_\alpha = \dfrac{\sigma_z + \sigma_x}{2} + \dfrac{\sigma_z - \sigma_x}{2}\cos 2\alpha + \tau_{zx}\sin 2\alpha \\ \tau_\alpha = -\dfrac{\sigma_z - \sigma_x}{2}\sin 2\alpha + \tau_{zx}\cos 2\alpha\end{array}\right\} \quad (7.2)$$

と書きかえられる．式 (7.2) は，σ_z，σ_x，τ_{zx} が与えられた時，任意の方向を向い

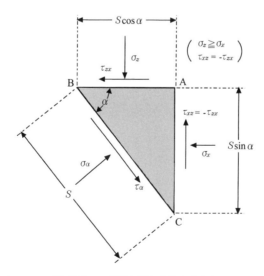

図 **7.2** α 方向の応力成分の求め方

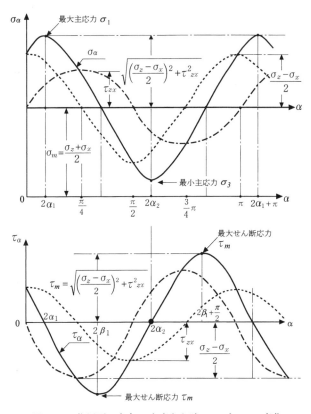

図 7.3 作用面の方向 α を変えた時の σ_α と τ_α の変化

た面に作用する直応力 σ_α とせん断応力 τ_α を求めるための式として使われる．作用面の方向 α を変えた時，σ_α と τ_α がどのように変化するのかを図示したのが図7.3である．

a. 主応力面　面の方向が変わるとその面に作用する応力も変化するが，その中で特にせん断応力がゼロになるような面を"主応力面"と呼んでいる．このような面の方向は，式（7.2）で $\tau_\alpha=0$ とおくことにより直ちに求まる．すなわち

$$\tan 2\alpha = \frac{2\tau_{zx}}{\sigma_z - \sigma_x} \tag{7.3}$$

この式から求まる主応力面の方向を α_1 とすると，$\alpha_1+\pi/2$ の方向も式（7.3）を満たすから主応力面となる．つまり主応力面は，

$$\alpha_1 = \frac{1}{2}\tan^{-1}\frac{2\tau_{zx}}{\sigma_z - \sigma_x}, \quad \alpha_2 = \alpha_1 + \frac{\pi}{2} \tag{7.4}$$

の2つが存在するわけで,互いに直交していることが分る.

次に,このような主応力面に作用する直応力の大きさを求めてみよう.そのためには,式 (7.3) より $\sin 2\alpha$, $\cos 2\alpha$ の値を求め,それを式 (7.2) の σ_α に代入してやればよい.その結果,2つの主応力を σ_1, σ_2 とすると,

$$\begin{pmatrix}\sigma_1\\\sigma_3\end{pmatrix} = \frac{\sigma_z + \sigma_x}{2} \pm \sqrt{\left(\frac{\sigma_z - \sigma_x}{2}\right)^2 + \tau_{zx}^2} \tag{7.5}$$

がえられる.次に,色々な面に作用する直応力の中で,最大のものと最小のものとを求めてみよう.このためには式 (7.2) より,

$$\frac{d\sigma_\alpha}{d\alpha} = -2\left(\frac{\sigma_z - \sigma_x}{2}\sin 2\alpha - \tau_{zx}\cos 2\alpha\right) = 0 \tag{7.6}$$

を満たすような α の方向を決めてやればよいが,この式は実は $\tau_\alpha = 0$ と置いた式と同一のものであることが分る.よって,最大の直応力と最小の直応力が作用する面は,主応力面にほかならないことが分る.つまり,式 (7.5) で与えられる σ_1 は色々な面に作用する直応力の中での最大値であり,σ_3 は最小値であることが分る.このことから,σ_1 は最大主応力,σ_3 は最小主応力と呼ばれる.また,σ_1, σ_3 が作用する面はそれぞれ,最大主応力面,最小主応力面と呼ばれる.これらの角度 $2\alpha_1$ と $2\alpha_2$ の位置は図 7.3 に示してある.式 (7.5) は,x, y-面での応力系を主応力面に関する応力系に変換する式にほかならないから,ある点に作用する与えられた応力状態が,2つの方法で表示できることを示している.これらの関係を図示すると,図 7.4 の (a) と (b) のような関係になる.

b. 最大せん断応力面　　圧力状態は一定でも考えている面の方向が変わると,せん断応力は式 (7.2) のような関係を満たしながら変化するが,その中で最大の値とそれが生ずる面の方向を求めてみよう.そのためには,$d\tau_\alpha/d\alpha = 0$ の条件を満たすような角度を求めればよい.この角度を β_1 で表わすと,(7.2) の第2式を α で微分してゼロとおくことにより

$$\tan 2\beta_1 = -\frac{\sigma_z - \sigma_x}{2\tau_{xz}} \tag{7.7}$$

がえられる.このような面は"最大せん断応力面"と呼ばれ,互いに直交する方向に2つだけ存在することが示される.これらの面に作用する直応力とせん断応力を

7・1 組合せ応力　143

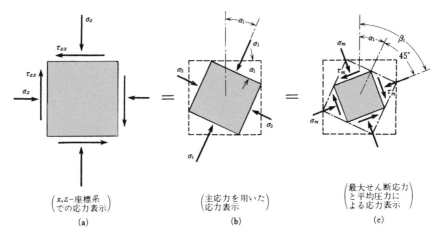

図 7.4 応力状態を表示するための3つの方法

求めてみよう．そのためには，式 (7.7) より $\sin 2\beta_1$, $\cos 2\beta_1$ の値を求め，それを式 (7.2) の $\sin 2\alpha$ と $\cos 2\alpha$ のところに代入してやればよい．これを実行すると，最大せん断応力面に作用する直応力 σ_m とせん断応力 τ_m が次のように求まる．

$$\left.\begin{array}{l}\sigma_m = \dfrac{\sigma_z + \sigma_x}{2} \\[2mm] \tau_m = \pm\sqrt{\left(\dfrac{\sigma_z - \sigma_x}{2}\right)^2 + \tau_{xz}^2}\end{array}\right\} \quad (7.8)$$

ここで，τ_m は最大せん断応力と呼ばれている．

ところで，式 (7.3) と (7.7) の両辺を互いに掛け合わせると，

$$\tan 2\alpha_1 \cdot \tan 2\beta_1 = -1 \quad (7.9)$$

がえられる．ここで，$\tan 2(\beta_1 - \alpha_1)$ なる量を別に取り上げて考えてみると，式 (7.9) を考慮することにより

$$\tan 2(\beta_1 - \alpha_1) = \frac{\tan 2\beta_1 - \tan 2\alpha_1}{1 + \tan 2\beta_1 \cdot \tan 2\alpha_1} = \infty$$

であるから，

$$\beta_1 - \alpha_1 = \frac{\pi}{4} \quad (7.10)$$

なる関係があることが知れる．つまり，主応力面と最大せん断応力面は，互いに 45°の角度をなしていることが示される．これらの関係は図 7.3 からも明らかであ

る.

次に,最大せん断応力面上での応力を2つの主応力によって表わしてみる.そのためには,式 (7.5) と (7.8) を用いればよく,次の関係が直ちにえられる.

$$
\left.\begin{array}{l}
\sigma_m = \dfrac{\sigma_z + \sigma_x}{2} = \dfrac{\sigma_1 + \sigma_3}{2} \\
\tau_m = \sqrt{\left(\dfrac{\sigma_z - \sigma_x}{2}\right)^2 + \tau_{zx}^2} = \dfrac{\sigma_1 - \sigma_3}{2}
\end{array}\right\} \qquad (7.11)
$$

式 (7.11) より,最大せん断応力面上に作用する直応力 σ_m は2つの主応力の平均に等しく,せん断応力 τ_m は2つの主応力の差の半分に等しいことが分る.前者は平均圧力,後者は偏差応力または軸差応力と呼ばれている.

ところで,x, z 方向の面に作用する応力系を主応力面での応力系に変換した場合の模様を図 7.4 の (a),(b) に示したが,同じ応力状態を最大せん断面上の応力系 σ_m, τ_m で表示することも可能である.この時の応力状態を示したのが図 7.4 (c) であるが,直交する2つの最大せん断応力面には同じ大きさの σ_m と τ_m が作用することになる.

7・1・2 Mohr の応力円表示

応力解析等により x-z 面上での3つの応力成分が与えられたとすると,上述の方法により,主応力面の方向とそれに作用する2つの主応力を求めることができる.そこで今度は,主応力の大きさとその作用面がすでに分っているとして,それを基準として,他の面に作用する応力がどのように変化するのか調べてみることにする.

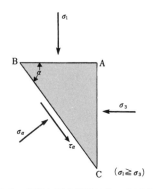

図 **7.5** 主応力面を基準にとった応力変換

図7.5のように,最大主応力面と α なる角度をなす面に作用する応力を求めるには,図7.2のAB面を最大主応力 σ_1 が作用する面,AC面を最小主応力 σ_3 が作用する面であると考えればよい.よって,式(7.2)において $\sigma_z \to \sigma_1$, $\sigma_x \to \sigma_3$, $\tau_{xz} \to 0$ と置いてやれば,

$$\left.\begin{array}{l}\sigma_\alpha = \dfrac{\sigma_1+\sigma_3}{2} + \dfrac{\sigma_1-\sigma_3}{2}\cos 2\alpha \\[2mm] \tau_\alpha = -\dfrac{\sigma_1-\sigma_3}{2}\sin 2\alpha\end{array}\right\} \qquad (7.12)$$

がえられる.これが, σ_1, σ_3 が与えられた時,最大主応力面から α だけ傾いた面に作用する直応力 σ_α とせん断応力 τ_α を求める式にほかならない.この式は, α をパラメータとして σ_α と τ_α を表わす形をとっているので,2つの式から α を消去してやると,

$$\left(\sigma_\alpha - \dfrac{\sigma_1+\sigma_3}{2}\right)^2 + \tau_\alpha^2 = \left(\dfrac{\sigma_1-\sigma_3}{2}\right)^2 \qquad (7.13)$$

がえられる.これは, σ_α と τ_α を座標軸に選んだ場合,中心が $\left(\dfrac{\sigma_1+\sigma_3}{2},\ 0\right)$ の点に位置し,半径が $(\sigma_1-\sigma_3)/2$ である円の式を表わしている.この円のことをMohrの応力円と呼んでいる.この円を描いてみると図7.6のごとくになるが,こ

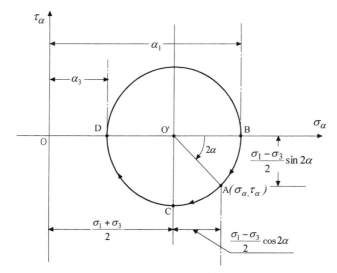

図 **7.6** Mohrの応力円表示

れは横軸上に σ_1 と σ_3 を取り，この2点を通過する円を描くことによって容易に求まる．今，この応力円上の1点Aに着目して，その横軸と縦軸の値を図上で求めてみると，図7.6に示すように σ_α と τ_α の値が定まるが，これは当然のことながら，式 (7.12) で与えられる σ_α と τ_α に一致していることが分る．応力 σ_α と τ_α を表わす点が円の下方に書いてあるのは，τ_α がマイナスになって右回転の方向を向いているためである．最大主応力面と α なる角度をなす面に作用する応力を図上で簡単に求めるには，図7.6の直線 O'B と 2α なる角度をなす直線 O'A を引いて点Aを定め，そこの座標を読めばよいのである．点Dは $\alpha = 90°$ に対応するので最小主応力面上の応力 σ_3 を表わしているが，$\alpha > 90°$ の場合は $180°$ 反対方向の応力状態を表わすに過ぎないので，円の上部に応力点が存在することになる．しかしせん断応力の方向を問題にしない一般の考察では Mohr の応力円表示は，上部の半円のみを用いることが多いが，2α の選び方は図の上下を逆転するだけで用が足りる．

7・2 Mohr-Coulomb の破壊規準

7・2・1 すべり面上の応力による表示

せん断に対する土の抵抗力は，押えの力，つまり拘束圧力に依存していることは式 (5.12) で示した通りである．第5章では三軸試験を念頭において，土の変形強度を考察したが，ここでは一般の土の破壊時のみに着目して，一面せん断試験を実施した時の挙動について考察してみることとする．今，図7.7のようなせん断箱の中に不飽和の土を入れ，上から σ なる押えの応力を加えておいて，横方向からせん断応力 τ を加えてみるとする．この時のせん断応力と水平変位の関係を示したも

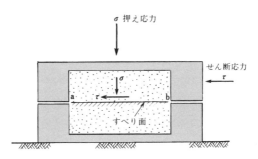

図 **7.7** せん断箱による一面せん断試験

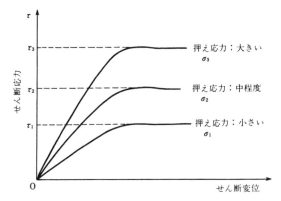

図 7.8 押え応力の変化に伴うせん断強度の変化

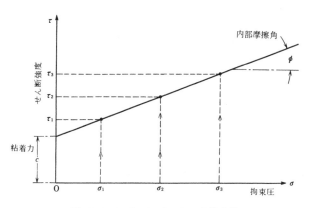

図 7.9 Mohr-Coulomb の破壊条件

のが図 7.8 であるが，これから明らかなように，せん断応力がある大きさに達すると，せん断変位が急速に増加して土中にすべり面が現われる．この時のせん断応力はせん断強度と呼ばれているが，この強度は拘束圧の増加に伴い大きくなるのが普通である．そこで，図 7.8 に示したような実験結果からせん断強度を求め，それを対応する拘束圧に対してプロットしてみると，図 7.9 のごとく 1 本の直線上に大体のることが分る．この直線は，土がせん断破壊する時のせん断応力と拘束圧との関係を示すもので，

$$\tau = c + \sigma \tan \phi \tag{7.14}$$

によって表わされる．ここで，ϕ は内部摩擦角，c は粘着力と呼ばれ，それぞれ上

記の直線の勾配と原点における切片を表わしている．式 (7.14) は Mohr-Coulomb の破壊規準と呼ばれ，土の破壊を論ずる上で基本となる式である．第5章では c の値を省略した式 (5.12) に基づいて変形強度則を議論したが，粘着力 c は $\sigma = 0$ の時の色々の原因で発生した強度であると考えてよい．

以上述べた破壊規準は，図7.7の一面せん断試験の結果から導かれたが，この時の破壊は図の ab で示されるすべり面上で発生している．そして，σ と τ はこのすべり面上に作用する応力であるから，式 (7.14) は土の破壊規準をすべり面という特別な面上の2つの応力の組合わせで表示したものといってよい．

7・2・2 主応力による破壊規準の表示

土の強度を求めるのに最もよく用いられるのは三軸せん断試験装置 (7・3・2項参照) である．この装置では，軸方向応力と側方応力を変化させて試験を行うことになるが，円筒形供試体の上面と側面にはせん断応力が加わらないから，この2つの面は主応力面となる．そしてまた，軸方向応力が側方応力より大きい状態で試験を行うことが多いから，前者を最大主応力 σ_1，後者を最小主応力 σ_3 と見なしてよい．一般的な土に対して試験は，まず供試体に σ_3 なる圧縮応力を加えておき，次に軸方向応力を増加させるという順序で行われる (図7.10)．この時，軸方向応力は $\sigma_1 - \sigma_3$ だけ側方応力より大きいことになるが，これは軸差応力とも呼ばれる．今，

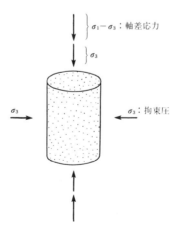

図 **7.10** 三軸せん断試験

この軸差応力の増加に伴い軸方向ひずみ ε_1 がどのように変化するのかを示したのが図 7.11 である。これから分るように，$\sigma_1 - \sigma_3$ と ε_1 の関係は最初に加えておいた圧縮力 σ_3 の大きさに依存していて，一般に拘束圧 σ_3 が大きいほど破壊時の軸差応力が大きくなることが分っている。そこで，拘束圧を変えて行った三軸せん断試験における破壊時の側方圧力と軸方向応力（軸差応力と側圧の和に等しい）を，先に述べた Mohr の円上で表わしてみると図 7.12 のごとくになる。このような破壊時の Mohr の応力円を，いくつかの拘束圧に対して行われた実験結果について描いてみると，これらは図 7.12 に示すように 1 本の直線で包絡されることが分る。この直線は，Mohr-Coulomb の破壊包絡線と呼ばれるが，この種の表示における座

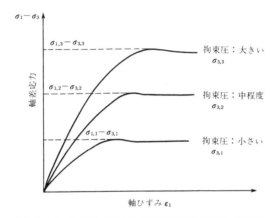

図 **7.11** 拘束圧の変化に伴う破壊時軸差応力の変化

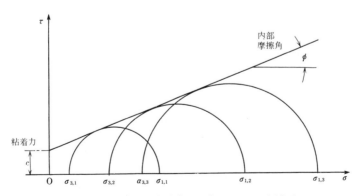

図 **7.12** 破壊時の主応力に関する Mohr の円表示

標の縦軸と横軸は，それぞれせん断応力 τ と直応力 σ を表わしているから，この包絡線は，一面せん断試験の結果に基づいて作られた図 7.9 の破壊直線と同じ意味を持っていることになる．よって，図 7.12 の破壊包絡線の勾配は内部摩擦系 ϕ を，そして切片は粘着力 c を表わしていることになるのである．

次に，このようにして求まった破壊条件式を主応力によって表わしてみることにする．破壊時における主応力の作る Mohr の応力円は破壊包絡線に接していなければいけないから，この時の模様をもって詳しく描いてみると図 7.13 のごとくになる．この図で三角形 ABO′ に着目して，σ_1 と σ_3 の満たすべき関係を求めると，

$$\left(\frac{\sigma_1+\sigma_3}{2}+c\cot\phi\right)\sin\phi = \frac{\sigma_1-\sigma_3}{2}$$

がえられる．よって，

$$\sigma_1-\sigma_3 = 2c\cos\phi + (\sigma_1+\sigma_3)\sin\phi \tag{7.15}$$

これが，Mohr-Coulomb の破壊条件式を 2 つの主応力を用いて表わしたものに他ならない．つまり，土中に生ずる同一の破壊条件をすべり面上の応力系 σ，τ を用いて表示したのが式 (7.14) であり，主応力 σ_1, σ_3 を用いて表示したのが式 (7.15) となるわけである．そこで次に，応力系の変換により式 (7.15) の形の破壊条件から，いかにして式 (7.14) の形の破壊条件がえられるかを考えてみよう．

ところで，三軸応力状態で土に破壊が生ずる時，すべての面に作用する応力が破壊条件を満たしているかというとそうではなく，ある一つの面に働く応力のみがこ

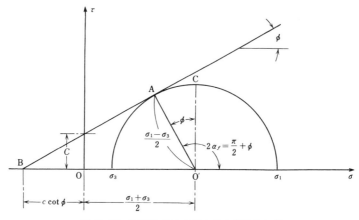

図 **7.13** 破壊条件の主応力による表わし方

7・2 Mohr-Coulomb の破壊規準

の条件を満たしていればよいのである．その面上の応力は，Mohrの応力円が破壊包絡線に接する点で表わされる．つまり図7.13でいうと，A点で表わされる面に作用する応力が破壊条件を満たしているのである．このような応力が作用する面の方向は，図7.13より最大主応力面の方向から，

$$\alpha_f = \frac{\pi}{4} + \frac{\phi}{2} \tag{7.16}$$

だけ傾いていることが分る．このような面はすべり面と呼ばれるが，実際破壊した土の供試体を観察してみると，図7.14に示すように，おおよそ水平面から $\alpha_f = \pi/4 + \phi/2$ なる面にそって土にすべり破壊が生じていることが分るのである．

さて，振り返って式 (7.14) を見てみると，これはすべり面上に作用する直応力とせん断応力を用いて破壊条件を表わしたものであった．したがって，主応力 σ_1 と σ_3 を用いて，α_f なる角度をなす面に作用する直応力 σ_α とせん断応力 τ_α を求め，これを式 (7.14) に代入すれば，式 (7.15) の形の破壊条件が導かれるはずである．このことを示すため，まず式 (7.12) で $\alpha = \alpha_f = \pi/4 + \phi/2$ と置いてみると，

$$\left. \begin{array}{l} \sigma_\alpha = \dfrac{\sigma_1 + \sigma_3}{2} - \dfrac{\sigma_1 - \sigma_3}{2} \sin \phi \\[2mm] \tau_\alpha = \dfrac{\sigma_1 - \sigma_3}{2} \cos \phi \end{array} \right\} \tag{7.17}$$

がえられる．この σ_α を σ，τ_α を τ として式 (7.14) に代入すれば，直ちに式 (7.15)

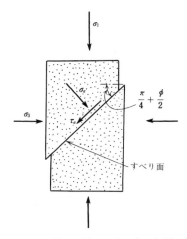

図 **7.14** 三軸せん断におけるすべり面の方向

がえられるのである．

7・2・3 最大せん断応力面上の応力による表示

最大せん断応力が作用する面は材料の性質に関係なく，主応力面と45°傾いていることは図7.4（c）の示すとおりである．この面上に作用する直応力 σ_m とせん断応力 τ_m は，主応力を用いて式（7.11）によって与えられることは前に述べた．そこで，式（7.11）の関係式を式（7.15）に代入すると

$$\tau_m = c\cos\phi + \sigma_m \sin\phi \qquad (7.18)$$

がえられる．これが，最大せん断応力面上に作用する応力で表示したMohr-Coulombの破壊条件式である．この関係をMohrの応力円上で求めるためには，図7.15のAO′に着目すればよい．

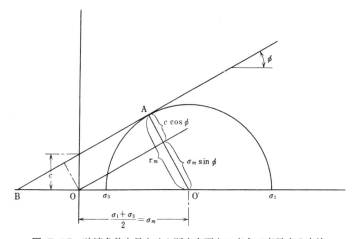

図 **7.15** 破壊条件を最大せん断応力面上の応力で表示する方法

7・2・4 x, y-面上の応力による表示

一般的な場合として，x-y 面上の応力を用いてMohr-Coulombの破壊条件を表わすためには，式（7.5）または式（7.11）の関係を式（7.15）に代入すればよい．その結果，

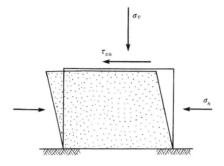

図 **7.16** 単純せん断試験

$$\tau_{xz} = \left[\left(c\cos\phi + \frac{\sigma_z + \sigma_x}{2}\sin\phi\right)^2 - \left(\frac{\sigma_z - \sigma_x}{2}\right)^2\right]^{1/2} \quad (7.19)$$

がえられる．この形の破壊条件式は，水平地盤内の土の要素に水平方向のせん断応力が作用するような場合に用いられる．今，地盤内の土が鉛直応力 σ_v と水平応力 σ_h を受けて圧密されていたとする．そこへ，たとえば，地震時のせん断波伝播に伴って生ずる水平方向のせん断応力が加わったとしよう．この時，土に破壊を生じせしむる水平せん断応力 τ_{vh} は，式 (7.19) を書き直して，

$$\tau_{vh} = \sigma_v \left[\left(\frac{c}{\sigma_v}\cos\phi + \frac{1 + K_0}{2}\sin\phi\right)^2 - \left(\frac{1 - K_0}{2}\right)^2\right]^{1/2} \quad (7.20)$$

$$K_0 = \sigma_h / \sigma_v$$

で与えられる．ここで，K_0 は静止土圧係数と呼ばれるものである（10・1・1 項参照）．この種の破壊規準は，図 7.16 に示すような単純せん断試験の結果を表現する際にも使われる．

7・2・5 破壊規準の表示方法についてのまとめ

Mohr-Coulomb の破壊規準を表わす 4 つの方法について以上説明してきたが，それぞれの方法が供試体の試験方法と関連をもっており，試験でえられるデータを直接用いて，土の強度定数を決めるのに便利な方法を採用するのが望ましい．

4 つの方法とも内容的には全く同一のものであるが，土のせん断強度を定義するのにどの方向に作用するせん断応力を選んでいるのかという点に着目すると，4 つの間で多少差異があることが分る．主応力で強度を表わす場合には $(\sigma_1 - \sigma_3)/2$ の

値によってせん断抵抗を表わすことが多いが，式（7.11）からも明らかなように，これは最大せん断応力 τ_m に等しいから，どちらで強度を表わしても同じことになる．次に，すべり面上のせん断応力 τ でせん断強度を表わす場合には，式（7.17）から明らかなように $\tau \leqq (\sigma_1 - \sigma_3)/2$ であるから，最大せん断応力 τ_m を用いる場合に比べて強度を小さく見積もることになる．水平面上のせん断応力 τ_{vh} を用いて強度を表わす場合，式（7.20）から明らかなように強度の見積りが大きくなるか小さくなるかは K_0 の値によって変わってくる．$K_0 = 1.0$ の時には，τ_{vh} による強度は最大せん断応力による強度表示と同じになってくるが，$K_0 < 1.0$ の時には最大せん断応力による強度よりも τ_{vh} によるものの方が小さくなってくる．

ところで，土の変形や強度を支配するのは粒子間応力あるいは有効応力であることは，5・1節で説明したとおりである．したがって，土が水で飽和されている場合には変形に伴って間隙水圧が発生するが，破壊を支配するのはあくまでも有効応力であるので，Mohr-Coulomb の規準も全応力から間隙水圧を差し引いた有効応力に対して適用されるべきである．したがって，今，破壊時における主応力の有効応力 σ'_{1f}，σ'_{3f}，有効応力について求めた内部摩擦角を ϕ'，粘着力を c' とすると，たとえば式（7.15）は

$$\sigma'_{1f} - \sigma'_{3f} = 2c' \cos \phi' + (\sigma'_{1f} + \sigma'_{3f}) \sin \phi' \tag{7.21}$$

と書き改められる．

7・3 粘性土のせん断強度

7・3・1 応力履歴の再現と載荷環境

土の力学的挙動は多くの複雑な因子の影響を受けやすいために，他の工学材料のように力学定数を決めて解析を行い，その結果を直接設計に反映させるという図式が成り立たないことが多い．そこで，原位置の土が受けてきたと考えられる応力の履歴と同じ履歴をもつ応力変化を室内試験機内に収めた土の供試体に与え，その結果えられる変形なり強度なりを拠り所にして実際問題に対処するといった方法が，古くから採用されてきている．この応力履歴再現の概念は，他の材料力学の分野には見当らない土質力学独得の考え方であるといえよう．最もよく用いられるのは，応力履歴を2つの過程で代表する考え方である．1つは数百年から数千年の期間に

わたって生ずる堆積と地盤内の土の自重による圧密のプロセスである．この期間は，堆積した土中の過剰間隙水圧が消散するのに必要な時間に比べて十分に長いから，この時期を代表する応力履歴として，室内の土の供試体には排水状態で拘束圧が加えられるのが普通である．拘束圧は一様な圧縮応力であることが多いから，供試体は圧密され土は安定化してくる．次の段階の応力履歴としては，建物の建設や掘削等の人為的営力に伴い地盤内に生ずる応力変化が考えられる．この種の応力変化は数か月から数年の期間で生ずることが多いが，この時間間隔はこの間に生ずる間隙水圧の消散が完了するまでの時間に比べて十分に短いのが普通である．したがって，室内の土の供試体には非排水状態でせん断応力を加えて，この段階での応力履歴を再現させることになる．このような荷重の履歴を想定して地盤の挙動を論ずるのを，載荷時間が排水時間に比して短いということから"短期の問題"と呼んでいる．これに対し，間隙水圧が消散してしまった後の時期を対象にして地盤の挙動を論じるのを"長期の問題"と称している．この時には，せん断応力の載荷は排水状態で行われる．以上のようなことから，短期の問題に対しては，土をまず圧密しその後非排水状態でせん断を行うといった試験法が採用される．これを圧密非排水試験(consolidated undrained test) と呼び，略してCU-試験ということもある．長期の問題を対象にした試験は，圧密排水試験 (consolidated drained test)，あるいは略してCD-試験と呼ばれるが，この場合，土は一度圧密され，その後排水状態でせん断されることになる．

排水または非排水といった2つの載荷環境を考えなければならないのは，この2つの間で土の変形または強度の特性が著しく異なるためなのである．この差異は特に飽和土において顕著に現われるが，その原因は5・2・4項で述べた土のダイレタンシーに帰せられる．たとえば，せん断時に体積が減少するような土を非排水でせん断すると前述のごとく間隙水圧が増加するが，同時に有効拘束圧が減ってくるので，土が破壊する時に存在する有効拘束圧はせん断を行う前に加えておいて圧密時の有効拘束圧よりも小さくなってくる．一方，土の強度は式（7.21）のMohr-Coulombの破壊条件から明らかなごとく，有効拘束圧が低下するため減少してくる．これに反し，排水条件でせん断を行う場合には，有効拘束圧は圧密時に加えた圧力そのままで変化しない．したがって，負のダイレタンシーを示すような飽和土は，排水条件でせん断した時の方が非排水せん断の場合に比べて大きな強度を示すことにな

る．このような強度の差は，要するに破壊時点における有効拘束圧が排水の場合と非排水の場合とで異なるために生ずるものなのである．

7・3・2 三軸せん断試験

排水条件のコントロールが容易であること，供試体内の応力を均一に保持しやすい等の理由で，土質試験に最もよく用いられるのが三軸せん断試験装置である．その構造の原理を描いたのが図7.17である．試料をこのセル内にセットするには次のような手順がとられる．まず，三軸セル，載荷棒，セルキャップ等は，最初に全部取り除いておく．試料（直径5 cm，長さ10 cm程度のものがよく用いられる）をゴム膜でまず包み，上端と下端にポーラスストーン（多孔性の円盤）を密着させ，三軸セルの台座の上に置く．試料キャップをこの上にのせ，次にゴム膜の上端を試料キャップに向って巻き上げる．同様に，試料下端のゴム膜を台座に向って巻き下げる．O-リング（輪ゴムのバンドと同じ役割を果たす）によって，このゴム膜をキャップと台座に密着させる．これが終ったら，透明なアクリル製の三軸セルを上からかぶせて台座の上にすえ，セルキャップや載荷棒をその上に固定する．以上の準備が終ったら，以下のような手順を踏んで試験が行われる．

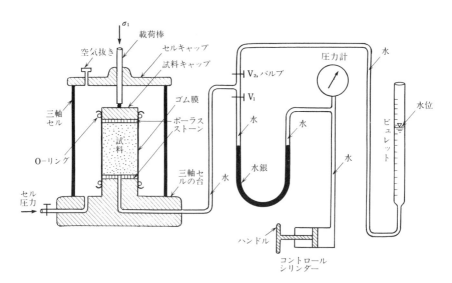

図 7.17 三軸せん断試験装置

a. 試料の圧密　　台座の側方からセル内に水を送り，その水に所定の水圧を与えると，上下，側方から同じ圧力で試料が圧縮される．試料の内部の間隙水とセル内の水は完全に遮断されているから，セルの水圧によって圧密が起こり，試料内の水は下部のポーラスストーンを通って外部へ出て行こうとする．今，バルブV_1を閉じ，V_2を開いておくと，この水は図7.17の右方のビュレットの方へ流れていき，ビュレットの水位が上昇してくる．この水位上昇が止ったら，一応，圧密が完了したと見なしてよい．この時の水位上昇量から排水量，つまり圧密時の体積変化を求めることができる．

b. 非排水せん断　　圧密が終了したらバルブV_2を閉じ，今度はV_1を開く．非排水載荷は2段階で行われる．まず，セル圧を所定の値σ_3まで上げる．この時，試料内の間隙水は外へ追いやられるので，わずかだけセル圧を上げただけでU字管内の水銀が左方から押されて右上へ動こうとする．この時，コントロールシリンダーのハンドルを回し，右側から水に圧力を加えて水銀をもとの位置に戻してやるのである．この操作は，セル圧を少しずつ上げながらU字管内の水銀柱の位置を注視し，これが不動であるようにコントロールシリンダーを制御しながら，所定のセル圧σ_3が加わるまで続けることが可能である．コントロールシリンダーを操作すると右側の水銀柱に加わる水圧が上昇するが，この圧力は圧力計によって測定できる．この圧力が間隙水圧に他ならない．この時，水銀柱の位置は不動に保持されているから，試料の中と水銀柱の左側に配置されているパイプの中の水の移動は阻止されている．よって，試料内の間隙水は閉じこめられていることになり，非排水の条件が満たされていることになる．よって，この段階では非排水でセル圧σ_3を加えた時の間隙水圧が求まることになる．

　次の段階の載荷は，載荷棒に力を加えて軸応力を増やすことである．この時注意すべきことは，前に側圧をσ_3だけ加えた時，載荷棒は$a\sigma_3$（aは載荷棒の断面積）の力で上向きに押されていたことである．したがって，これ以上の力を加えないと載荷棒を通して試料に鉛直荷重を伝えることができないわけである．とにかく，試料に実際に加える全体の鉛直応力をσ_1とすると，前の段階ですでにσ_3だけは加わっているわけだから，新たに載荷棒を通して加える分の鉛直応力は$\sigma_1-\sigma_3$となる．この力を徐々に加える時にも前と同様に，水銀柱の位置を不動に保つようにコントロールシリンダーを操作しながら，圧力計によって間隙水圧を測定する．

c. 排水せん断 この時には，図7.17の配管図でバルブ V_1 を閉じ，V_2 を開いておく．そして軸方向荷重を増やすと，試料の体積が減少する時ビュレットの水位は上昇し，試料が体積膨張を起こすような時にはビュレットの水位が下降する．いずれの場合にせよ，軸差応力 $\Delta\sigma_1 - \Delta\sigma_3$ の増加によりダイレタンシーの影響で試料は体積変化を生ずるが，これを測定することが可能になる．

7・3・3 三軸圧縮せん断試験結果

飽和粘土に対する三軸せん断試験の一例を示すと図7.18，7.19のごとくである．用いた土はWeald粘土と称せられるチョーク質粘土で，その塑性指数は25，活性度は0.6で，粘土分（5ミクロン以下の微粒子）を40％含むものである．原位置から採取した土塊を完全に攪乱し，含水比を調整して成形し直した攪乱試料に対し

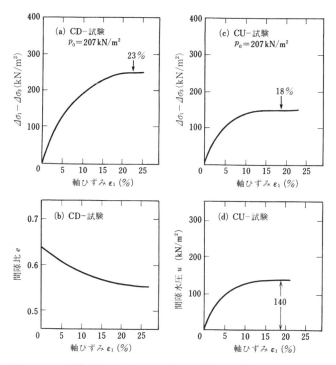

図 **7.18** 正規圧密された Weald 粘土に対する三軸圧縮せん断試験の結果（Henkel, 1956）[2]

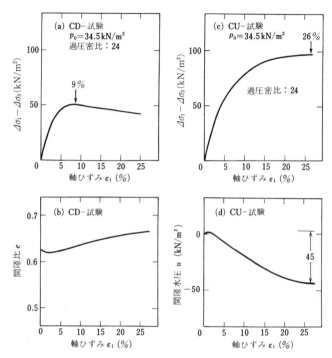

図 7.19 過圧密された Weald 粘土に対する三軸圧縮せん断試験の結果（Henkel, 1956）[2]

て実験が行われた[2].

図 7.18 は正規圧密状態での試験結果であるが，CD-試験では図 (a) から明らかなごとく，23% の軸ひずみで破壊が生じている．同時に図 (b) に示すごとく，載荷中，間隙比が減少している．この体積収縮は，せん断中の負のダイレタンシーによるものである．同じ試料に対して CU-試験を行った時の応力-ひずみ関係と間隙水圧上昇の模様を示したものが，それぞれ図 (c), (d) である．軸ひずみが 18% に達して破壊が発生する時，間隙水圧は $140\,\mathrm{kN/m^2}$ に達していることが分るが，これは，この正規圧密試料がせん断時に体積収縮しようとしているのを無理にさまたげて，非排水，つまり等体積でせん断した結果生じたものである．このメカニズムについては，5・2・4 項で説明したとおりである．この間隙水圧の上昇のため，破壊時に作用している有効拘束圧は，圧密時の $207\,\mathrm{kN/m^2}$ から $207-140=67\,\mathrm{kN/m^2}$

にまで低下していることになる.よって,図 (a) と (c) を比較してみれば明らかなように,非排水試験の方が排水試験に比べて土の強度が小さくなるわけである.ちなみに,この土の破壊時の間隙水圧係数は,式 (7.23) に従って破壊時の間隙水圧 u_f を破壊強度 $(\Delta\sigma_{1f}-\Delta\sigma_{3f})$ で除して,$A_f = 140/150 = 0.93$ となる.

　過圧密された Weald 粘土に対する実験結果を示すと図 7.19 のごとくになる.まず,排水試験結果に着目すると軸ひずみ 9% で破壊が生じているが,この時の間隙比は図 7.19 (b) から分るように,圧密時のそれに比して大きくなっている.これは試料が過圧密されているために,正のダイレタンシーの効果がきいて体積が増大したためである.一方,図 7.19 (c),(d) の非排水試験結果を見ると,軸ひずみ 26% で破壊が生じる時,間隙水圧は 45.0 kN/m² も減少している.これは,せん断時に膨張しようとする飽和試料の体積変化を抑止してせん断したための見返りで,破壊時の有効拘束圧は 34.5 + 45.0 = 79.5 kN/m² に達していることになる.よって,図 7.19 (a),(c) の比較から明らかなごとく,非排水せん断時の強度が排水せん断時のそれに比して大きくなってくるのである.この試料に対する破壊時の間隙水圧係数は,$A_f = -45/95 = -0.47$ である.

7・4　粘土の非排水せん断強度

7・4・1　正規圧密粘土の非排水せん断強度

　以上,排水条件の差異により土の強度が大きく異なることが示されたので,次に,これをもっと統一的な見地から考察してみることにする.今,破壊時に土の要素に

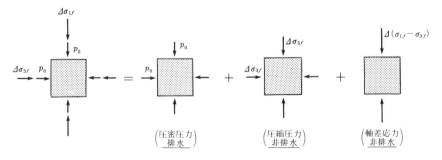

図 **7.20**　圧密非排水せん断時の応力系

作用する応力を前述の載荷プロセスに対応して，図7.20のように分解して考える．破壊時の鉛直方向の全応力 σ_{1f} と水平方向の全応力 σ_{3f} は，それぞれ，

$$\sigma_{1f} = p_0 + \Delta\sigma_{1f}, \quad \sigma_{3f} = p_0 + \Delta\sigma_{3f} \tag{7.22}$$

で与えられる．ここで，$\Delta\sigma_{1f}$，$\Delta\sigma_{3f}$ は，非排水状態にした後で土に加えた2つの主応力である．

ところで，破壊時に発生している間隙水圧 u_f は式 (5.14) より

$$u_f = \Delta\sigma_{3f} + A_f \Delta(\sigma_1 - \sigma_3)_f \tag{7.23}$$

で与えられるから，破壊時における主応力の有効応力 $\Delta\sigma'_{1f}$，$\Delta\sigma'_{3f}$ は

$$\left.\begin{array}{l}\sigma'_{1f} = \sigma_{1f} - u_f = p_0 + (1 - A_f)\Delta(\sigma_1 - \sigma_3)_f \\ \sigma'_{3f} = \sigma_{3f} - u_f = p_0 - A_f\Delta(\sigma_1 - \sigma_3)_f\end{array}\right\} \tag{7.24}$$

となる．ところで，土の破壊が発生するのは有効応力の成分に関して Morh-Coulomb の規準が満たされた時である，ということは前に述べたとおりである．よって，式 (7.24) を式 (7.21) に代入すると，

$$\frac{\Delta(\sigma_1 - \sigma_3)_f}{2} = \frac{c'\cos\phi' + p_0\sin\phi'}{1 + (2A_f - 1)\sin\phi'} \tag{7.25}$$

なる関係がえられる．この式で，左辺は土に破壊が生じた時の最大せん断応力を表わしているから，これを非排水せん断時の強度 c_u と見なすことができる．今，正規圧密粘土を考えると，図7.22に示すように $c' \fallingdotseq 0$ と見なしてよい．よって，式 (7.25) は，

$$c_u = \frac{\sin\phi'}{1 + (2A_f - 1)\sin\phi'} p_0 \tag{7.26}$$

と書くことが可能となる．以上のことを Mohr の応力円上で説明したのが図7.21である．圧密時には2つの主応力が等しく p_0 であるから応力点はAにある．次に，2つの主応力を等しく $\Delta\sigma_{3f}$ だけ増やすと，応力点はBにくる．そして，軸応力を $\Delta(\sigma_1 - \sigma_3)_f$ だけ増やした時破壊が生じたとすると，Mohr の応力円はBとCを通る円で表わされる．これは全応力に関する Mohr の円であるが，実際には間隙水圧が式 (7.23) で表わされる u_f だけ発生している．そこで，この円を u_f だけ左にずらしたものが有効応力に関する破壊時の Mohr 応力円となるわけで，これは点Dと E を通る円で表わされる．u_f の中で，ダイレタンシーによって発生した分の間隙水圧は $\overline{\mathrm{AD}}$ で表わされ，等方圧縮応力を非排水で加えたことによる間隙水圧は

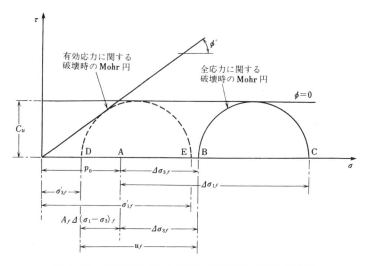

図 7.21　圧密非排水せん断による破壊時の Mohr 応力円

$\Delta\sigma_{3f}$ に等しく $\overline{\mathrm{AB}}$ で表わされている．よって $\Delta\sigma_{3f}$ を変えて実験を行っても，その結果は単に Mohr の破壊円を左右に移動させる効果しかもたず，Mohr 円の大きさの変化，つまり c_u の値の変化をもたらさないことは，図 7.21 より明らかである．つまり，圧密非排水せん断強度 c_u は非排水で加える等方圧縮応力には無関係に決まり，このため式 (7.26) の右辺には $\Delta\sigma_{3f}$ が入ってこないのである．要するに，非排水でいくら $\Delta\sigma_{3f}$ を変化させてもそれはそのまま間隙水圧の変化に転化されるだけで，強度に影響を及ぼす有効応力の変化をもたらさないために，強度が不変に保たれるわけである．このようなことから $\Delta\sigma_{3f}$ を変えて実験を行い，その結果を用いて全応力に関する破壊時の Mohr 円をいくつか描き，それらの包絡線を描くと水平な直線がえられる．よって，内部摩擦角が見かけ上ゼロとなり，粘着力 c_u のみによって強度が表わされることになる．このようなことから，圧密非排水せん断のことを "$\phi=0$ 条件" と呼ぶこともある．

　図 7.21 において物理的に意味があるのは，有効応力に関する Mohr の円であって，これは p_0 の値によって一つに定まる．そこで次に，圧密応力 p_0 を変えていくつか実験を行い，この有効応力についての破壊時の Mohr 円を一つの図に集めて描いてみると図 7.22 のごとくになる．この Mohr 円群の包絡線を求めると，図のように ϕ' なる勾配をもつ原点を通る直線がえられる．これが正規圧密粘土の有効応力に

7・4 粘土の非排水せん断強度

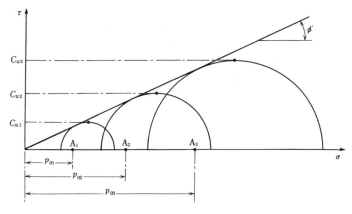

図 **7.22** 正規圧密粘土の有効応力に関する破壊時の Mohr 応力円

関する Mohr-Coulomb の破壊条件である．この直線は原点を通ることが多いから，$c'=0$ と置いてよい．式 (7.25) で $c'=0$ と置いて式 (7.26) を導いたのは，以上のような実験事実に基づいたのである．式 (7.26) を見ると，c_u の値は p_0 に比例して増加することが分るが，このことは図 7.22 において破壊包絡線が原点を通る直線であることに対応しているのである．

正規圧密粘土の非排水せん断強度は，以上のごとく圧密圧力の大きさに比例して変化することが示された．そこで，この比例定数を m で表わすと，c_u の値は一般に，

$$c_u = m p_0 \qquad (7.27)$$

で表現できる．この m のことを"強度増加率"と呼んでいる．A_f と ϕ' の値を実験で求め，これを式 (7.26) に適用すれば，この強度増加率の値を求めることが可能であるが，実際には圧密圧力を変化させて圧密非排水せん断試験を実施し直接 m の値を求めることが多い．この場合，間隙水圧の測定を省略してよいので実験は著しく簡単になる．このような圧密非排水試験は CU-試験と呼ばれるが，これに対し，間隙水圧測定を伴う圧密非排水試験は $\overline{CU}$-試験と呼ばれる．m の値は土の種類，応力条件等によって異なるが，正規圧密粘土では 0.3～0.6 の範囲にあることが多いとされている．図 7.23 は，今までに測定された強度増加率 m の値をその土の塑性指数 I_p に対してプロットしてみたものである．塑性指示 I_p と共に m が増えるというデータも報告されているが，明確な関係がないというデータが大勢を占めている[3]．

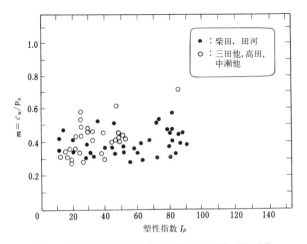

図 7.23 強度増加率と塑性指数との関係（柴田）[3]

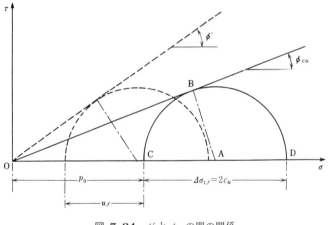

図 7.24 ϕ' と ϕ_{cu} の間の関係

圧密非排水せん断試験において，非排水状態で加える圧縮応力 $\Delta\sigma_{3f}$ は強度に無関係であることを述べたが，$\Delta\sigma_{3f}=0$ の場合の試験は c_u の値を求める時によく用いられる．この試験の結果を全応力の Mohr 円で表示すると，図7.24の点 CD を通る円がえられるが，この円の包絡線の勾配 ϕ_{cu} を用いると，三角形 OAB に着目して，

$$\sin\phi_{cu} = \frac{c_u/p_0}{1+c_u/p_0} \tag{7.28}$$

なる関係がえられるから，これを用いて ϕ_{cu} より $m=c_u/p_0$ を求めることができる．図7.23に示すごとく，c_u/p_0 の値は 0.3～0.6 の範囲にあることが多いから，これを上式に適用すると，ϕ_{cu} は，

$$\phi_{cu} \fallingdotseq 13\sim22°$$

の範囲内にあることが分る．図7.24 に示すごとく，$\phi' > \phi_{cu}$ であることはいうまでもない．ところで，式（7.26）の関係を式（7.28）に代入してみると，

$$\sin\phi_{cu} = \frac{\sin\phi'}{1+2A_f\sin\phi'} \tag{7.29}$$

がえられるから，ϕ_{cu} の値は A_f と ϕ' に依存していることが分る．正規圧密粘土では，表5.2で見る通り，$A_f \fallingdotseq 1.0$ で，かつ $\phi' \fallingdotseq 30°$ であることが多いので，これを式（7.29）に用いると

$$\sin\phi_{cu} \fallingdotseq \frac{1}{2}\sin\phi' \tag{7.30}$$

という近似的な関係が導かれる．

7・4・2　過圧密粘土の非排水せん断強度

　以前に大きな拘束圧力で圧密されたことがあるが，現在は荷重が除去されてより小さい拘束圧で落ち着いた状態にある飽和粘土を過圧密粘土と呼ぶことは6・1・3項で述べたとおりである．過圧密土を非排水でせん断した場合の強度特性は，荷重の除去に伴って生ずる体積膨張と深い関係にあるので，これと合わせて説明してみることにする．スラリー状（泥水状）の粘土を圧密していくと，図7.25(a) の A→B→C のごとく体積収縮が生じ，間隙比または含水比が次第に小さくなってくる．今，圧密を p_B で中止し，次いで荷重を p_A まで除去してやると，この粘土は吸水して膨張し，その状態はB点からD点に移る．この状態から非排水条件のもとでせん断力を加えると，ある軸差応力に達した時破壊が生ずるから，これに基づき，図7.25(b) のD″で示すような Mohr 円がえられる．この円の半径が，p_A なる拘束圧を受けている過圧密土の非排水せん断強度を与えることになるので，D′点を左に水平に移動して $p=p_A$ との交点Dを定めてやれば，この点が過圧密土の c_u-値を表わすことになる．p_B より小さい他の拘束圧にして再び過圧密の状態からせん

166   第7章　粘性土のせん断強度

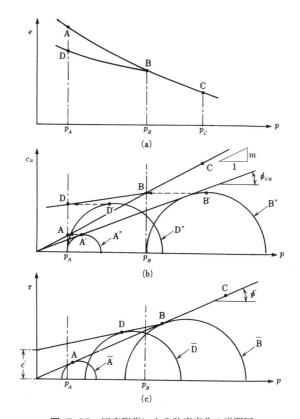

図 **7.25**　圧密膨張による強度変化の説明図

断を行うと，先の D″ と同じような Mohr の図がえられる．これに対しても同じようにデータを整理してみると，c_u の値は大体 $\overline{BD}$ の線上にのってくることが分る．したがって，$\overline{BD}$ 線上の点は，先行荷重 p_B を受けた過圧密粘土の非排水せん断強度を表わしていることになる．図 7.25 (b) には，A→B→C までの正規圧密状態で非排水せん断を行った時の強度変化も同様に考えて，直線 $\overline{ABC}$ によって示してある．ここで，A″，B″ なる Mohr 円は，図 7.24 に示した Mohr 円 $\overparen{CBD}$ と全く同じ意味をもつものであるから，その包絡線の勾配は ϕ_{cu} となるのである．以上の考察から，同一の拘束圧で圧密されていても，除荷過程にある過圧密粘土は，正規圧密粘土に比べて間隙比が小さく，主としてそのために非排水せん断強度が大きくなることが理解されよう．次に，過圧密土のせん断強度を有効応力に関する Mohr の

円で表わすとどのようになるかを考えてみよう．図7.19（d）に示したように，過圧密土を非排水せん断すると破壊時には負の間隙水圧が発生してくる．したがって，図7.25（b）のMohr円D''をこの負圧分だけ右へずらして，図7.25（c）の$\overline{D}$の位置へ持って来たものが，有効応力に関するMohr円を与えることになる．よって，この図で過圧密土の破壊包絡線は直線$\overline{BD}$で与えられ，これはc'なる粘着力成分を持っていることが分る．ここで，Mohr円B''は正規圧密土に関するものであるから正の間隙水圧が発生し，したがってその分だけ図7.25（c）では左側にずらしてある．図7.25（c）には，正規圧密過程A→B→Cについての破壊包絡線も同時に示されているが，これは図7.24で説明したように原点を通る直線になる．以上のような非排水せん断強度の変化の様子を，正規圧密過程と過圧密過程の両方に対してとりまとめて説明すると図7.26のごとくになる．ただし，この図には破壊時

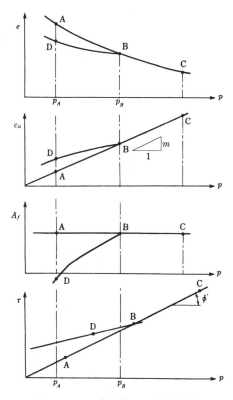

図 **7.26** 圧密膨張による強度変化

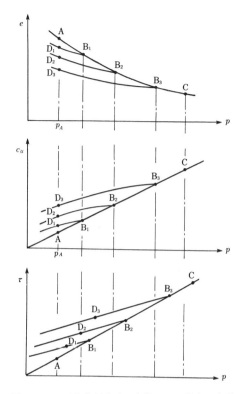

図 7.27 圧密先行荷重の変化による強度の変動

の間隙水圧係数 A_f の変化も示してある.

以上は,すべて先行荷重 p_B を一定に保った場合の話であったが,これを変化させた場合はどのようになるのであろうか.その様子を模式的に描いたのが図 7.27 であるが,圧密過程で除荷膨張を開始した点 B_1, B_2, B_3 が,非排水せん断強度曲線の分岐点に相当することが分る.また,同じ拘束圧 p_A のもとでせん断したとしても,以前に大きな圧密応力を受けた土であればあるだけ非排水せん断強度が大きくなることが,この図から読み取れる.

7・4・3 過圧密粘土のせん断強度

過圧密された粘土の非排水強度についても多くの重要な研究がなされ,基本的な考え方が確立されているが,ここではその結果を簡単に紹介してみることにする.

7・4 粘土の非排水せん断強度

三軸圧縮試験装置の中で粘土の供試体に p_c なる荷重を加えて正規圧密し、その後で吸水膨張させて p_0 なる荷重に戻しておく。そして非排水状態を保持しながら軸方向荷重を増加させて破壊を生じさせ、せん断強度を求める。この過圧密された粘土の非排水せん断強度を以下 c_{uoc} で表わすこととする。これを非排水せん断を行う直前の拘束圧 p_0 で除した値 c_{uoc}/p_0 を縦軸にとり、式（6.10）で定義した過圧密比 OCR $= p_c/p_0$ を横軸にとって実験データをプロットしたのが図7.28である。これは海成粘土についての実験結果であるが、OCR $= 1.0$ の時の強度増加率は、式（7.27）で表わした正規圧密粘土のせん断強度増加率 m に等しくなることに注意すべきである。実際、図7.28のデータではこの m の値は 0.45 になっており、図7.23に示したデータとほぼ一致している。ところで、図7.28より過圧密粘土の強度は正規圧密粘土のそれに比して著しく増加することが明らかになる。そこで新たに

$$m_{oc} = \frac{c_{uoc}}{p_0} \qquad (7.31)$$

によって過圧密粘土に対する強度増加率 m_{oc} を定義し、これと式（7.27）に示した m との比

$$\frac{m_{oc}}{m} = \frac{c_{uoc}}{c_u} \qquad (7.32)$$

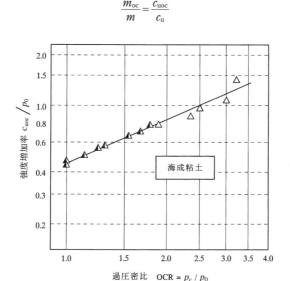

図 **7.28** 非排水せん断強度増加率と過圧密比の関係 (Jamiolkowski 他, 1985)

を考えてみると，これは過圧密比 OCR の関数となることは明らかである．図 7.28 の横軸が対数目盛になっていて，海成粘土のデータが直線で近似できることに注目すると，この関係は

$$\frac{c_{uoc}}{c_u} = \mathrm{OCR}^{\Lambda o} \tag{7.33}$$

によって表わされる．今まで多くの粘土に対して実験が行われ，理論的考察もなさ

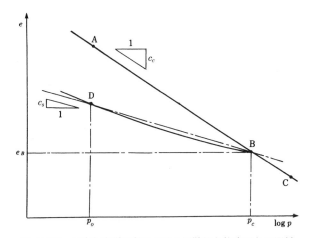

図 7.29　圧密と膨張過程における間隙比と拘束圧との関係

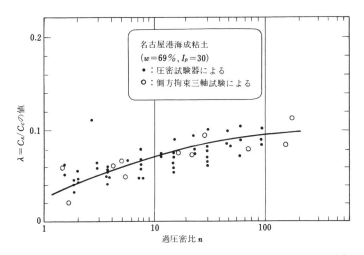

図 7.30　過圧密比に対する膨張指数と圧縮指数の比（中瀬他，1969)[4]

れているが，この Λ_0 の値は，粘土を正規圧密した時の $e\text{-}\log p$ 曲線の勾配 c_c と吸水膨張させる除荷過程における $e\text{-}\log p$ 曲線の勾配 c_s の値に関係していることが判明している．図 7.29 にこの c_c と c_s の求め方が説明してあるが，名古屋港の海成粘土に対してこれらを測定し，その比 c_s/c_c を求め，これを過圧密比に対してプロットしたのが図 7.30 である．同様のデータは数多くの粘土に対して実験的に求められているが，$c_s/c_c=0.1\sim0.5$ の値を取ることが多いようである．また平均値は $c_s/c_c=0.36$ という報告もある（Mayne, 1980）[5]．さて，粘土の変形に関する理論的考察より

$$\Lambda_0 = 1 - c_s/c_c \tag{7.34}$$

なる関係があることが示されているので，これを式 (7.33) に代入して $c_s/c_c=0.36$ を用いると

$$\frac{c_{uoc}}{c_u} = \frac{m_{oc}}{m} = \text{OCR}^{0.64} \tag{7.35}$$

がえられる．よって，与えられた粘土の正規圧密時の m と OCR の値がわかれば，過圧密された時の強度増加率 m_{oc} を式 (7.35) より，大略推定できることになる．

7・4・4 粘土の一軸圧縮強度

　三軸圧縮せん断試験では側圧をコントロールする必要上，供試体を三軸セルの中におさめて実験を行うことになる．このため装置が複雑になり実験に手間がかかる．そこで，側圧をゼロにした一軸圧縮試験が広く用いられてきている．飽和粘土の一軸試験は次のように考えて，圧密非排水試験の一種と見なすことが可能である．図 7.31 (a) のごとく，p_0 なる圧密応力で堆積している飽和粘土があるとする．地下水面が地表面と一致すると仮定すると，大体 $p_0 = \gamma' z$ と見なしてよい．今，ボーリングをして，この粘土の試料を図 7.31 (b) に示すごとく地上に引き揚げてきたとする．試料を素早くパラフィンでシールしてしまうと試料内の含水比は変わらないから，このサンプリング操作は非排水状態で p_0 なる応力を除去したことに相当する．つまり，鉛直方向の全応力変化 $\Delta\sigma_1 = -p_0$ と水平方向の全応力変化 $\Delta\sigma_3 = -p_0$ が非排水で加わったことになるから，式 (5.17) を用いて，この時発生する間隙水圧 u は $u = -Bp_0 \fallingdotseq -p_0$ となる．つまり，飽和粘土内の間隙水に p_0 なるサクションが働いている状態が現われる（図 7.31 (b)）．これは，p_0 なる拘束圧が外部から作

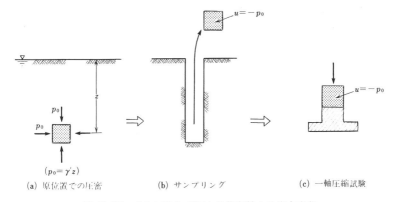

図 7.31 サンプリングによる飽和粘土の応力変化

用している状態と全く同じであるから，図7.31 (c) のごとく一軸圧縮試験を行う時には，p_0 なる圧力で圧密された粘土を非排水せん断するのと同じことになる．したがって，一軸圧縮試験でえられた破壊強度を q_u とすると $\sigma_{1f}=q_u$, $\sigma_{3f}=0$ となるから，破壊時の Mohr 応力円を描くと図7.32のようになる．これは図7.21 において，$\sigma_{3f}=0$ とし，原点を p_0 だけ右へずらした場合の全応力に関する Mohr の円と全く同じものである．したがって，図7.32に示すごとく，

$$c_u = q_u/2 \tag{7.36}$$

によって，容易に非排水せん断強度を求めることができるのである．一軸圧縮試験の供試体は，p_0 なる拘束圧がサクションとして働いていると述べたが，実際にはサンプリング時や試料の運搬時の攪乱の影響で，原位置におけるより小さい拘束圧

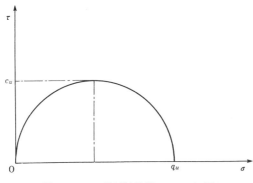

図 7.32　一軸圧縮状態での Mohr 円

しか試験時の試料には作用していないことが多い．よって，一軸圧縮試験で求めた c_u の値は，原位置または圧密非排水せん断試験で求めた c_u の値より，若干小さくなるといわれている．

7・5 粘土の排水せん断強度

7・5・1 エネルギー補正

　土をせん断する際には，ダイレタンシー効果が働いて体積変化が生ずることは5・2・2項で述べたが，その影響は特に排水せん断を行う時に現われてくる．図7.18(b) と図7.19 (b) の実験結果にその効果が如実に現われているが，特に破壊時に着目すると，一般に正規圧密粘土でも過圧密粘土でも相当な体積変化が生じていることが分る．ここでは過圧密土の場合を取り上げて，この体積変化が排水せん断強度とどのようなメカニズムで結びついているのか考察してみることにする．

　まず単純せん断変形の場合を考えると，その応力-変形-体積変化の特性は，図7.33に示すようになる．最初に拘束圧 σ を加えておき，せん断応力 τ を増やしていくと，せん断変形 u の増加と共に初期の体積収縮の段階を経て土の体積は増大しはじめる．今，変形が図7.33の点 P まで進行した状態を考え，これより更に du だけせん断変形が増えたとすると，その時の体積増加は A を断面積として Adv で与えられる．これらの変形増加は，鉛直応力 σ およびせん断応力 τ が作用した状態で発生しているから，この時外部から土に与えられる仕事量は，水平方向に τAdu，鉛直方向に $-\sigma Adv$ となり，合わせて $(\tau du - \sigma dv)A$ となる．ここで，鉛直方向の仕事量にマイナスの符号がついているのは，応力の方向と変形の方向が逆になっているためである．つまり，圧縮変形を生じさせる方向の応力 σ に対して体積が収縮するのではなく，体積が膨張する状態を考えているからである．したがって，圧密応力のもとで体積増加が生じ，土が外部に対して逆に σAdv なる仕事を施しているというふうに解釈してもよいのである．次に，$(\tau du - \sigma dv)A$ なる外部からの仕事が何に使われているかを考えてみよう．土中に大きな変形が一旦生ずると，それは応力を除去してもほとんど元に返らず，永久変形として残ってしまう．つまり，土に与えられた仕事は，荷重を除去した時に外部へ直ちに返却される形で土の中に貯えられるのではなく，変形に伴う摩擦に使われ，熱となって不可逆な形で外

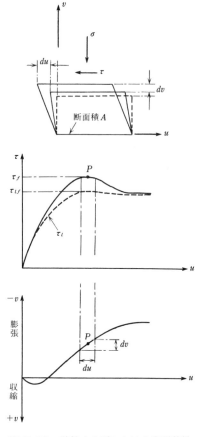

図 **7.33** 単純せん断における変形特性

界へ去っていくのである.今,土の粒子間に働く摩擦応力を τ_l とすると,これはすべりの方向,つまり x-方向に作用するから,dx なる変形が生じる間に失われる摩擦仕事は $\tau_l A du$ となる.よって,これを外部からの仕事量 $(\tau du - \sigma dv)A$ に等しいとおくことにより,

$$\tau_l = \tau - \sigma \frac{dv}{du} \tag{7.37}$$

なる関係式がえられる.この式より,粒子間の摩擦に関係したせん断応力 τ_l は,実際に測定されるせん断応力 τ からダイレタンシーに由来する抵抗力 $\sigma dv/du$ を差

し引いたものに等しい，ということが分る．図7.33において，せん断変形が増大すると$dv \to 0$になることが分るが，この時$\tau \to \tau_l$となって，実際に測定されるせん断応力はすべて摩擦力で抵抗される応力に等しくなるわけである．以上のようなダイレタンシー補正を施した後のτ_lと変形との関係を示すと，図7.33の点線のごとくになる．

以上は単純せん断についての考察であるが，三軸せん断の場合も同様な結果を導くことができる．図7.34に示すごとく，軸差応力$\sigma_1 - \sigma_3$のもとで軸ひずみ$d\varepsilon_1$が生じたとすると，この時外部から土に与えられる仕事量は$-(\sigma_1 - \sigma_3)Ald\varepsilon_1$である．ここで，マイナスの符号がついているのは，伸張ひずみの時$d\varepsilon_1$を正に取っているためである．一方，四方八方から土に加わっている圧縮応力σ_3のもとで体積が

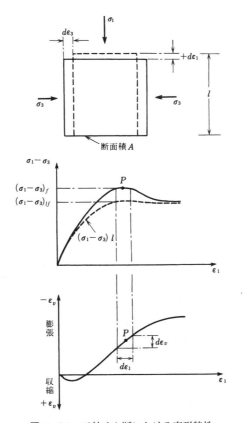

図 **7.34** 三軸せん断における変形特性

$d\varepsilon_1 + 2d\varepsilon_3$ だけ膨張するわけだから，これによる外部からの仕事量は $-\sigma_3(d\varepsilon_1 + 2d\varepsilon_3)Al$ となる．ただし，A は試料の断面積，l は長さである．この場合も，σ_3 の作用する方向は収縮方向であるのに対し，体積変化は膨張を正としているから，マイナスの符号をつけていることに注意すべきである．一方，粒子間の摩擦による抵抗応力はすべりに関係して生ずるから軸差応力によってのみ発揮される．これを $(\sigma_1 - \sigma_3)_l$ で表わすと，摩擦で消費される仕事は $-(\sigma_1 - \sigma_3)_l Al d\varepsilon_1$ で与えられる．よって，外部からの仕事量が摩擦によって消費される仕事に等しいということから，

$$(\sigma_1 - \sigma_3)_l = (\sigma_1 - \sigma_3) + \sigma_3 \left(\frac{d\varepsilon_1 + 2d\varepsilon_3}{d\varepsilon_1} \right) \qquad (7.38)$$

なる関係がえられる．これが，三軸せん断の場合におけるエネルギー補正式である．図 7.34 の点 P の状態では $d\varepsilon_1$ の値は負であり，$d\varepsilon_1 + 2d\varepsilon_3$ は正となるので，この式は，式 (7.37) と同じ形をしていることが分る．

7・5・2 排水せん断強度

7・3・2 項で述べたような手順で，三軸試験装置を用いて粘土の圧密排水せん断試験を行うと，図 7.34 に示したような軸差応力とひずみの関係がえられる．そこで，加えた拘束力 σ_3 と測定された破壊時の軸差応力 $\sigma_1 - \sigma_3$ を Mohr の円上にプロットして包絡線を描くと直線がえられるので，その勾配を ϕ_d，切片の長さを c_d とすると，式 (7.15) を導いたのと同じ考えに従い，

$$\sigma_1 - \sigma_3 = 2c_d \cos\phi_d + (\sigma_1 + \sigma_3) \sin\phi_d \qquad (7.39)$$

なる破壊規準式がえられる．排水試験では間隙水圧は常にゼロであるから，加えている外力がすべて有効応力として土の粒子に加わることになる．したがって，CD-試験で求めた上記の ϕ_d，c_d は，圧密非排水せん断試験の結果を有効応力で Mohr 円上に表示して求めた ϕ'，c' とほぼ一致しなければならないはずである．しかし，過圧密粘土の場合，このことは必ずしも成り立たないことが示されている．その理由は前節で述べたごとく，排水試験ではダイレタンシーによる体積膨張が著しく生じ，その分だけ余計なせん断応力を加えなければならないことになるからである．そこで，測定された破壊時の軸差応力からこの体積膨張に必要な分の軸差応力を差し引いて，データを処理し直してみることにする．つまり，式 (7.38) に基づいて破壊時の軸差応力にエネルギー補正を施し，図 7.34 に示してある $(\sigma_1 - \sigma_3)_{lf}$ と σ_3

の値を用いてMohrの円を描き，ϕ_d と c_d を求め直してみると，

$$\phi_d \fallingdotseq \phi', \quad c_d \fallingdotseq c' \qquad (7.40)$$

の対応が大体成り立つことが示されている．ただし，正規圧密粘土の排水せん断では破壊時に体積変化があまり発生しないから，エネルギー補正をしてもしなくても同じ ϕ_d と c_d がえられることになる．CD-試験の結果にエネルギー補正を施して求めた ϕ_d の値と，$\overline{CU}$-試験から求めた ϕ' の値を比較した例が図7.35に示してある．縦軸の ϕ' は図7.24に示した方法によって求めたものであるが，実際には2通りの手法が用いられている．粘土を非排水せん断すると，図7.36 (c) に示すごとく，間隙水圧がピーク値（点A）を記録したあと若干減少してくることが認められる．この時，軸差応力 $\sigma_1 - \sigma_3$ は一様に増加しており，間隙水圧がピークになる時の $\sigma_1 - \sigma_3$ の値は図7.36 (b) に示すごとく $(\sigma_1 - \sigma_3)_{max}$ より小さくなっているが，σ_1/σ_3 の値を求めてみると図7.36 (a) のごとく最大値をとることが分る．よって，σ_1/σ_3 がピークになる時，つまり図7.36 (a)，(b)，(c) の点Aに着目してMohrの応力円を描いてみると，ϕ_A' なる内部摩擦角がえられる．次に間隙水圧と σ_1/σ_3 は減少しているが $\sigma_1 - \sigma_3$ の値がピークになる点Bに着目してMohrの破壊応力円を描いてみると，図7.36 (d) に示すごとく ϕ_B' なる内部摩擦角がえられる．一般に，$(\sigma_1/\sigma_3)_{max}$ の応力状態で求めた内部摩擦角の方が，$(\sigma_1 - \sigma_3)_{max}$ の応力状態に着目

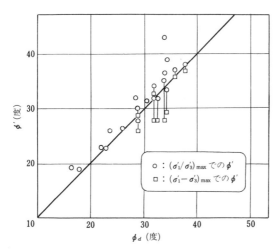

図 **7.35** 圧密非排水三軸試験で求めた ϕ' と圧密排水試験で求めた ϕ_d との比較（Bjerrum-Simons，1960）[6]

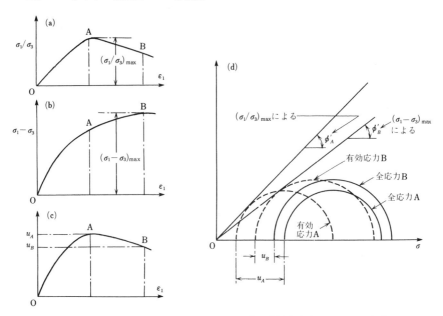

図 7.36 非排水三軸せん断試験によって内部摩擦角を求める 2 つの方法

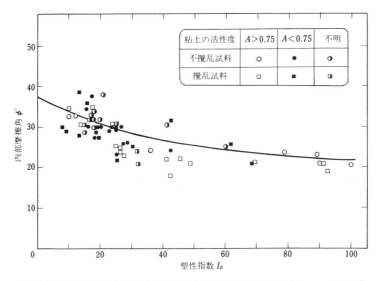

図 7.37 正規圧密粘土の内部摩擦角と塑性指数との関係（Kenny, 1959）[7]

して算出した内部摩擦角よりも大きくなることが知られているが，このような差異は，破壊ひずみが1％以下の不攪乱粘土で顕著に見られることが分っている．

以上2通りの方法で求めた ϕ' と排水試験で求めた ϕ_d の値が図7.35で比較してあるが $(\sigma_1/\sigma_3)_{max}$ に基づく ϕ' に着目すると両者はよく一致していると考えられる．一般に，排水せん断は著しく時間を要するので，短時間で終了する非排水試験によって内部摩擦角を求めることが多い．

内部摩擦角は，粘土の種類によって変わってくるが，重要な影響因子として塑性指数があげられる．多数のデータを収集して整理した一例が図7.37に示してあるが，一般に塑性指数が増えて，土がシルト質から粘土質へと変化するにつれて，ϕ' の値が20°位にまで低下してくることが分る．

7・5・3 粘土の残留強度

古い時代に堆積した粘土が過圧密状態で斜面を形成していて，そこに何度も地滑りが生ずるという問題によく直面することがある．これは，本来は強度の大きい過圧密土だが，地殻変動等による異常に大きな力が以前に作用したため，一旦破壊を生じ，強度が低減してしまったためであると考えられている．したがって，過去において地滑りを生じた痕跡のある地域では，再度，地滑りの危険にさらされることが多い．このことを土の強度特性に基づいて理解するためには，大きな変位またはひずみを受けた時，土がどのような挙動をするのかを知っておく必要がある．三軸や一軸せん断装置を用いた場合，土に加えられるせん断ひずみには限度があり，最大20％程度までである．そこで，よく用いられるのが一面せん断装置，あるいはリングせん断試験装置である．一面せん断装置の概略は図7.7に示してあるが，すべり面に沿って極く薄い土の部分が大きな変形を強いられるので，これをせん断ひずみに換算すると非常に大きな値となることは明らかである．しかし，この装置では容器の上側が下側に対して横方向に完全にずれてしまうと，試験が続行できなくなって不便である．そこで考案されたのがリングせん断装置である．これは図7.38にその概略を示すごとく，リング状の容器を2つ重ね，その中に土の試料を置いて円周方向の回転力を加えて，土をせん断する装置である．これによると，たとえば下箱を固定しておいて上箱を回転させることにより，無限に大きな変位を土に加えることができる．この試験機には，一般に間隙水圧をコントロールする装置をつけ

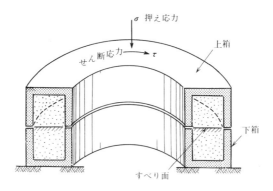

図 7.38 リングせん断試験装置

ていないから,十分時間をかけて排水状態で実験を行うことが多い.これは,地滑りが再発する時などには,何日もあるいは何か月もかかって徐々に動きが進行することが多いことを配慮しているためである.したがって,一面せん断やリングせん断でえられる強度は,特にことわりがない限り,排水せん断であると考えてよい.

さて,ある鉛直応力 σ を加えておいて,排水状態でリングせん断を行ったとしよう.この時のせん断応力 τ と変位の関係は,図 7.39 に示すごとく土の粘土含有量によって2つのタイプに大別される.粘土含有量 P_c(clay fraction)が20%程度以下のシルト質の土では,図7.39(a)に示すごとく大変位が生じた時ほぼ一定の強度 τ_r に落ち着く.これを残留強度(residual strength)と呼んでいる.正規圧密土では,すべりの初期におけるピーク強度とこの残留強度はほぼ等しくなってくる.しかし,過圧密土では,7・5・1項で述べたようにダイレタンシー効果によって一旦体積が膨張するため,それによる強度増加が起こる.その結果,ピーク強度が現われ,その後,残留強度に落ち着いてくる.正規圧密土と過圧密土のせん断強度が一致する頃の大変形状態は限界状態(critical state)と呼ばれているが,この時の強度ともっと大きな変形を生じた時の残留強度とは等しくなっている.これが低粘土シルトの特性である.これに反し,粘土含有量が20%以上の粘土では,図7.39(b)に示すごとく限界状態に至るまでの挙動は同じであるが,それ以上の大変形を受けた段階で土の強度が少しずつ低下し,最終的に残留強度が現われることになる.この段階における強度低下は粘土粒子の再配列に起因するといわれており,普通の土では粘土の含有量に依存することが示されている.

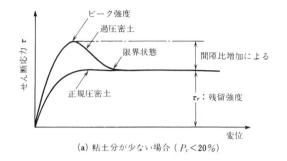

(a) 粘土分が少ない場合（$P_c < 20\%$）

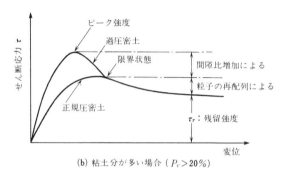

(b) 粘土分が多い場合（$P_c > 20\%$）

図 7.39 一面せん断あるいはリングせん断試験における応力—変位関係の特徴（Skempton, 1985）[8]

さて，具体的なリングせん断試験の結果を示すと，たとえば図7.40のごとくである．Karabaghダム（パキスタン）地点から採取された粘土（$w_L = 62$, $I_p = 36$, $P_c = 47\%$）を先行荷重 $\sigma_c = 900\,\text{kN/m}^2$ で圧密し，更に $\sigma = 525\,\text{kN/m}^2$ まで除荷して軽微な過圧密の状態にしてから，0.01 mm/min のゆるい速度でせん断を加えた時の結果で，図の縦軸にはせん断応力 τ を上載圧力 σ で割った応力比がプロットされている．この種の試験では，7·2·1項で述べたように，

$$\tan \phi' = \tau / \sigma$$

により，直接，内部摩擦角を求めてよいので，変形の進行と共に τ/σ の値が低減する様子が ϕ' の値で示されている．図から明らかなごとく，限界状態での内部摩擦角は $\phi' = 10.6°$ であるが，残留強度が現われる段階ではこれが $\phi_r = 8.6°$ にまで低下してしまっている．ここで，ϕ_r は残留強度によって求めた内部摩擦角である．次に，限界状態と残留強度の状態において，内部摩擦角が粘土含有量の変化に伴い

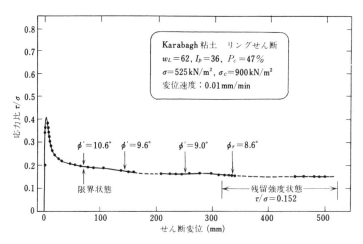

図 7.40 リングせん断試験時の排水せん断強度の変化 (Skemptom, 1985)[8]

どのように変化するのか見てみることにしよう．ベントナイトと砂の混合土を用いて行った実験の結果が図 7.41 に示してあるが，これより，ベントナイト含有量が 25% 以下の場合，限界状態での ϕ' と残留強度状態での ϕ_r はほとんど変わらないことが分る．しかし，これ以上にベントナイト量が増えると，残留強度が限界状態で

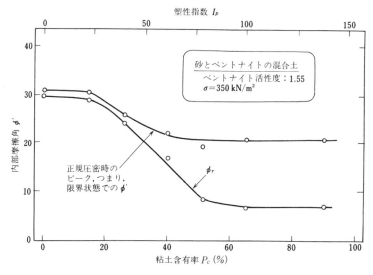

図 7.41 粘土分の増加に伴う正規圧密土の内部摩擦角の変化 (Lupini 他, 1981)[9]

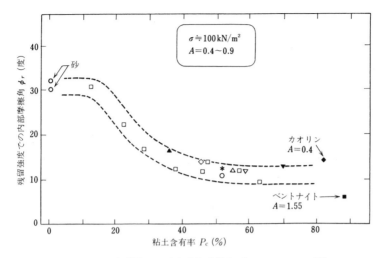

図 7.42　各種粘土の残留内部摩擦角 (Skempton, 1985)[8]

の強度に比べて著しく低下してくることが分る．式 (1.28) で示したように，土の塑性指数は活性度と粘土含有量の積で与えられる．このベントナイトの活性度は $A=1.55$ であるので，これを用いて塑性指数を容易に求めることができる．図 7.41 の横軸には，このようにして求めた塑性指数の値も示されている．もっと色々な種類の土について，残留強度と粘土含有量との関係をとりまとめて示したものが図 7.42 である．用いた土は，活性度が 0.4～0.9 の範囲の粘土を含むものであるが，粘土含有量が 20% 程度以上になると ϕ_r が減少しはじめることが明らかになる．図 7.42 の結果を見ると，粘土分が多い時には残留強度が粘土の種類にのみ依存するようになり，低活性度のカオリンでは $\phi_r=15°$ であるのに対し，活性度 1.55 のベントナイトでは $\phi_r=7°$ になっていることが分る．

参 考 文 献

1) 龍岡文夫，土の強さと地盤の破壊入門，地盤工学会，pp. 28-121, 1987.
2) Henkel, D. J., "The Effect of Overconsolidation on the Behaviour of Clays during Shear," *Geotechnique*, Vol. 6, pp. 136-150, 1956.
3) 柴田徹，飽和粘土の強度増加率，c_u/p，について，第 20 回土質工学シンポジウム，一軸および三軸圧縮法とその応用，pp. 129-137, 1975.

4) 中瀬明男, 小林正樹, 勝野克, 圧密および膨脹による飽和粘土のせん断強度の変化, 港湾技術研究所報告, 第 8 巻, No. 4, pp. 103-143, 1969.
5) Mayne, P. W., "Cam-Clay Predictions of Undrained Strength," *Journal of the Geotechnical Engineering Division*, ASCE, GT11, pp. 1219-1242, 1980.
6) Bjerrum, L. and Simons, N. E., "Comparison of Shear Strength Characteristics of Normally Consolidated Clays," *Proc. Research Conference on Shear Strength of Cohesive Soils*, ASCE, pp. 711-726, 1960.
7) Kenny, T. C., Discussion, Proc. ASCE, Vol. 85, SM. 3, pp. 67-79, 1959.
8) Skempton, A. W., "Residual Strength of Clays in Landslides, Folded Strata and the Laboratory," *Geotechnique*, Vol. 35, No. 1, pp.3 -18, 1985.
9) Lupini, J. F., Skinner, A. E. and Vaughan, P. R., "The Drained Residual Strength of Cohesive Soils," *Geotechnique*, Vol. 31, No. 2, pp. 181-213, 1981.

第8章 砂の変形特性

　砂質地盤が支持力や地すべりに関係して，静的載荷の条件下で問題になる場合は少ないといってよい．砂質土が大きな崩壊に関与するのは動的載荷環境，つまり地震時の液状化によるものである．このことは，粘性土に比較して極めて対照的である．粘性土は短時間の動的載荷のもとでは強度低下を起こさず工学的な課題は少ないが，その代わり長時間の静的載荷により，圧密沈下や支持力や斜面の安定性について大きな課題を引き起こす．それに反して，砂質土は静的には安定しているが，動的には液状化で代表されるように不安定になってくるのである．この対照性を表示すると表8.1のようになる．

表 8.1　粘性土と砂質土の課題の大小

載荷時間＼土の種別	粘性土	砂質土
長時間の静的載荷	圧密性下，すべり破壊	課題は少ない
短時間の動的載荷	課題は少ない	液状化，流動

　土質力学は圧密沈下や各種のすべり破壊に関係して，まずヨーロッパや米国で，粘性土を中心に1930年頃から研究が進んだ．その後，大規模な地震時の液状化を契機に我が国や米国で砂質土を中心とした研究が進み，現在に至っている．

8・1　砂の変形流動特性

　排水環境下での砂の変形挙動については，7.5節で述べた内容がそのまま砂質土にも適用できるので，ここでは特に取上げないこととする．よって，大きな課題となる非排水条件下での飽和した砂の挙動について，以下，地震時の挙動を念頭にお

いて考察してみることにする.

地下水面より下部にある飽和した砂層の地震時の挙動としては，(1) 水平地盤内の砂が液状化するか否かという問題と，(2) 傾斜していたり高低差があったりする地盤で地震が停止した後流動を起こすか否か，という課題の2つがある. 前者を液状化の有無，後者を流動化発生の有無，というように区別して，以下考察を進めてみることとする. 以下の検討はすべて，我が国の標準砂である豊浦砂に対して行われた三軸試験結果に基づくものである. 豊浦砂に関しては1.4節に述べたように最大間隙比 $e_{max}=0.97$，最小間隙比 $e_{min}=0.62$ であり，その平均粒径は $D_{50}=0.18$ mm である. なお，以下に示すデータを取得した実験はすべてひずみ制御方式で行われたものである.

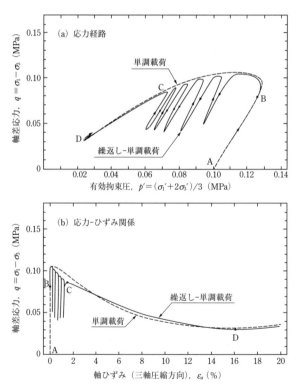

図 **8.1** ゆる詰め豊浦砂（$e=0.918$, $D_r=16\%$）に関する繰返し載荷後に単調載荷した場合と最初から単調載荷した場合の試験結果の比較

8・1・1　繰返し載荷後の単調載荷と単調載荷のみの場合との比較

前述のごとく，砂質土の液状化と流動の2つを区別して考察する場合，特に流動特性を室内実験で調べるために，繰返し荷重を先行して加えるのは煩雑で手間がかかる．よって，繰返し載荷の部分を省略できるか否かを，まず確認しておく必要がある．このために行った2つの実験結果が図8.1に示してある．豊浦砂を用いて湿潤締固め法で作製した供試体の相対密度は $D_r=16\%$ と相当ゆる詰め（間隙比 $e=0.918$）で，試験は初期拘束圧 $p_0'=0.1\,\mathrm{MPa}\fallingdotseq1.0\,\mathrm{kgf/cm^2}$ から始まって三軸圧縮側に非排水で載荷した場合の結果である．この図で点AからBまでは最初の静的単調載荷，BからCが繰返し載荷，そしてCからDまでは単調載荷の部分である．一方最初から単調載荷を行った実験結果は点線で示されているが，特にひずみが大きく成長する点CからDにかけて，2つの実験結果は事実上同一の結果を与えていると考えてよかろう．以上の比較から，以下に述べる豊浦砂の変形強度特性はすべて単調載荷のもとで行われたが，その結果から求まる砂の流動特性は先行する繰返し載荷の影響を受けないと仮定してよいと考えられる．

8・1・2　砂の非排水せん断における定常状態と準定常状態

相対密度が $D_r=18\%$ のゆる詰めの豊浦砂（間隙比 $e=0.910$）に対して，単調載荷試験を二回実施した結果が図8.2に示してある．図8.2 (b) の応力-ひずみ関係を見ると，2つの試験に共通してピーク強度が軸ひずみ $\varepsilon_1=0.2\sim0.5\%$ で達成された後，点PとQで示すように，ひずみが $\varepsilon_1=6\sim15\%$ まで成長した段階でせん断応力が最小値を示していることが分る．この状態を以下，準定常状態(Quasi-steady state, QSS)[1] と呼ぶことにする．この点PとQに対応する点は図8.2 (a), (c) にも示してある．この状態は大ひずみが発生して流動が生じた時の残留強度を示すもので，7・5・3項で述べた粘土の残留強度に相当するものと考えてよい．この状態においては図8.2 (a) の点P, Qの位置から分るように，応力経路（stress path）が大きく方向転換しており，せん断応力が低下から上昇に向っていることが分る．これは，5・2・3項で述べたダイレタンシーが負から正へと変換していることを意味する．つまり，せん断に伴う体積変化は，最初は収縮側であるがひずみが準定常状態に達した後，膨張側に変換されるのである．この準定常状態を設定するのは応力比 q/p と間隙比 e の2つであるが，特に前者に着目する時，図8.2 (a) の点P, Q

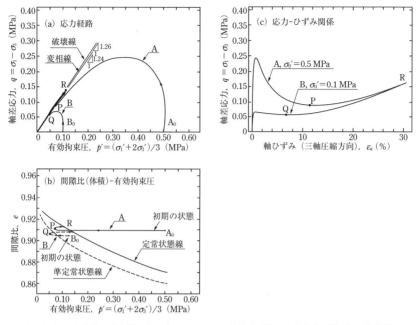

図 8.2 ゆる詰め豊浦砂（$e=0.910$，$D_r=18\%$）に関する定常状態と準定常状態

を通過する直線の勾配が重要な目安となる．この分岐点を通過する直線は，ダイレタンシーが収縮から膨張へと変換される状態を示すことから，変相線（phase transformation line, PTL）と呼ぶことにする．図 8.2 (a) のようなせん断応力 q と有効拘束圧 p' のプロット図では，$D_r=18\%$ の豊浦砂に対し，この変相線の勾配は $M_L=1.24$ となっている．

図 8.2 (a) にもどって，変相点 P，Q を経た後の応力経路は点 R に達して終局を迎えるが，この時には図 8.2 (c) が示すように大きなひずみを生じて土は大きく変形して流動破壊が生じていると考えられる．この状態は定常状態（steady-state, SS）と呼ばれている[2]．この状態に対応する応力比は図示のごとく $M=1.26$ となり，若干増加する．

これらを内部摩擦角 ϕ_L に変換すると，

$$\sin\phi_L \fallingdotseq \frac{\sigma_1-\sigma_3}{\sigma_1+\sigma_3} = \frac{3M_L}{6+M_L} \tag{8.1}$$

を用いて $\phi_L = 30.92°$,同様に定常状態では内部摩擦角にほぼ等しく $\phi = 31.38°$ となる.

変相角 ϕ_L は破壊時の内部摩擦角 ϕ より小さい値をとるが,その値は砂の種類や間隙比の値で相当変動する.しかし,大体の目安として

$$\sin\phi_L \fallingdotseq (0.7 \sim 0.99)\sin\phi \tag{8.2}$$

の範囲にあると考えてよい.

8・1・3　定常状態と準定常状態の間隙比依存性

図8.2に例示した砂の非排水せん断変形特性は,ゆる詰めの豊浦砂に関するものであったが,密度が大きい場合を含めて,変形特性を一般化して図示すると図8.3のようになる.一般に密度が高くなると準定常状態は消滅して最終的な定常状態 (SS-状態)[1] だけが現れる.逆に密度が相当低くなると準定常と定常状態がほぼ同一となってくる.更に,図8.3に示した変形挙動は,せん断を行う前に加えた有効拘束圧 p'_0 の値にも依存している.そこで,密度(間隙比)と初期拘束圧を変えて行った多くの実験結果を取りまとめたのが,図8.4～図8.6に示してある.図8.4

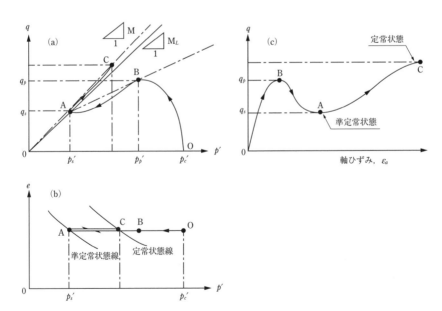

図 **8.3**　飽和砂を非排水せん断した時の挙動特性

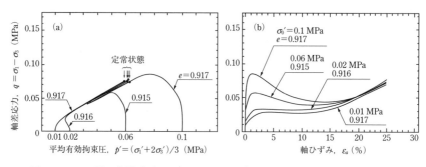

図 8.4 ゆる詰め豊浦砂（$e=0.916$，$D_r=16\%$）に関する非排水せん断時の挙動

には，$D_r=16\%$ の時の豊浦砂のデータが示してある．この図から，(1) 初期拘束圧が $p_0'=0.01$，0.02 MPa と小さい場合，正のダイレタンシーが稼働してせん断と共に間隙水圧が減少し，最後に定常状態に至る，(2) 初期拘束圧が $p_0'=0.06$，0.1 MPa と大きい場合，一旦準定常状態で最小の強度を発揮した後，最終的に定常状態に至る，ということが分る．図 8.5 には相対密度 $D_r=38\%$ の時の実験データが一括して示してあるが，準定常状態が現われるのは $p_0'=2.0$ と 3.0 MPa の時のみで，低拘束圧では現われないこと，しかし最終的には定常状態にすべてのデータが集まってくることが分る．$D_r=64\%$ の時のデータが図 8.6 に示してあるが，密度が高くなると準定常状態は現われず，すべてのデータが最終的に定常状態に集まってくることが知れる．以上の考察から得られる重要な結論は以下の2つである．

(1) 砂を非排水せん断して，大きなひずみを伴って流動が生じている定常状態では，間隙比 e とその時の有効拘束圧 p_s'（初期の拘束圧 p_0' ではない），そしてせん断応力

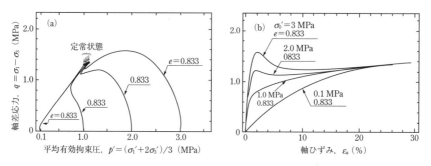

図 8.5 中程度のゆる詰め豊浦砂（$e=0.833$，$D_r=38\%$）に関する非排水せん断時の挙動

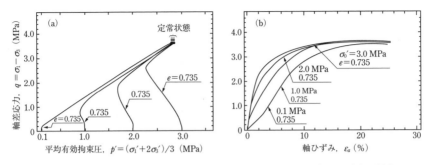

図 **8.6** 密詰め豊浦砂（$e=0.735$, $D_r=64\%$）に関する非排水せん断時の挙動

q_s の値は一定値に保持され，せん断変形の進行中には不変である．

(2) 次に重要な結論は，定常状態の変形が進行している時には，有効拘束圧 p_s' とせん断応力 q_s の値は，非排水せん断を開始する時の初期拘束圧 p_0' の値に関係なく，間隙比の値のみによって決まってくる，ということである．

以上の結論を，間隙比 e と有効拘束圧 p' を両軸にとった面上での点の動きで考察してみた一例が図 8.2 (b) である．この図は間隙比 $e=0.910$ にした2つの三軸供試体を $p_0'=0.5$ と 0.1 MPa まで圧密した後，非排水状態で圧縮方向にせん断した時の間隙水圧の変化に基づく有効拘束圧 p' の変動を示したものである．Aという供試体の初期拘束圧は A_0 で表され，$p_0'=0.5$ MPa であったが，せん断が進行するに伴い p' 値は図 8.2 (c) の準定常状態に相当する P 点に達している．そこで方向を逆転し，最終的に定常状態である R 点で終わっている．もう一つの同じ間隙比をもつ供試体 B は図 8.2 (b) の B_0 点で表される $p_0'=0.1$ MPa からスタートし，準定常状態を表わす Q 点で方向を反転し最終的に R 点で定常状態に達している．

以上は間隙比 e を固定した上で，初期拘束圧を変えて行った実験結果である．多くの間隙比に対して同様な実験を行い，同様な方法で準定常状態が生じる時の間隙比 e とその時の有効拘束圧 p' とを求めて表示したのが図 8.7 である[1]．図中，□印で示してあるのはせん断応力を加える以前の供試体の初期の状態を，また●印は準定常状態が現出した時の e と p' の値を示している．これらのデータ群を通過する平均的な曲線を引くことにより，図 8.7 のような準定常状態線と呼ばれる曲線が豊浦砂に対して得られることになる．

次に，上記の実験から定常状態が現われる時の間隙比 e と有効拘束圧 p' を読み

192 第8章 砂の変形特性

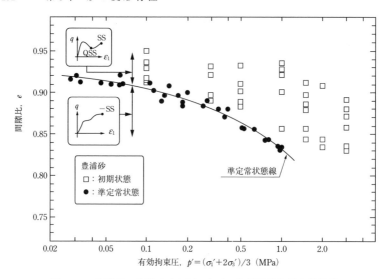

図 8.7 豊浦砂の非排水せん断における初期状態と準定常状態

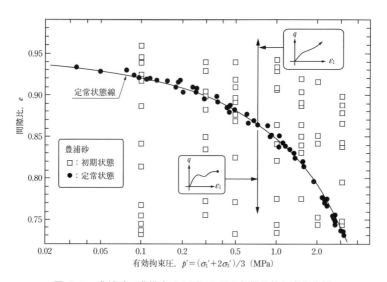

図 8.8 豊浦砂の非排水せん断における初期状態と定常状態

とって図示したのが図8.8における●印である．また，間隙比と初期拘束圧（圧密応力）とを示したのが□印である．

8・1・4 初期分割線

以上述べた準定常状態線と定常状態線はいずれも，せん断が加わった状態における e と p'_{qs} あるいは e と p'_{ss} の関係であったことに注意する必要がある．つまり，e，p' と q を座標軸にとった3次元空間内の曲線を e-p' 面に投影した時の曲線であったのである．土質力学では一般にせん断以前の初期状態（$q=0$）における e と p'_0 に基づいて，その後のせん断時の挙動を推定するという手法がとられてきており，この方がわかりやすく理にかなっていると考えられる．そこで，以上の実験から，非排水せん断時に異なった挙動を示す初期拘束圧 p'_0 と間隙比 e の組み合わせの限界線を求めてみたものが，図8.9に点線で示されている．この曲線を初期分割線（Initial Dividing Line，ID-線）と呼ぶことにし，前述の定常状態線と準定常状態線とを合わせて一緒に示したのが図8.9における点線のカーブである．3つの初期状態 a 点を初期分割線上で想定し，せん断と共に準定常状態線上の b 点に移動し，更にせん断が進むと定常状態線上の c 点に至る模様が図8.9に示されている．同時に

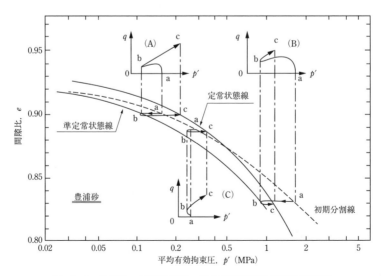

図 8.9　豊浦砂の初期分割線，準定常状態線及び定常状態線

応力経路の変化の特徴も，以上3つの場合のそれぞれに対して示してある．この説明図から，(1) 初期分割線より上部に位置する e と p' とからスタートして非排水せん断を行った場合，準定常状態を経て最終的に定常状態に至ること，そして (2) この分割線より下からスタートした場合，準定常状態が現われずにそのまま定常状態に到達すること，が分るのである．いずれにしても前述のごとく，QSS-線も SS-線も q-p'-e の3次元空間内の曲線を p'-e 面に投影したものなのである．

以上の変形，応力経路特性は，湿潤締固め法によって豊浦砂の供試体を作製し，非排水せん断を実施した時の実験に基づく結果である．砂の挙動はその種類や堆積方法によって異なるのが通常なので，実用上は個々の場合に応じて試験を行いその結果を適宜用いる必要がある．

上記の準定常状態や定常状態における強度は地震動が終息したあと，一旦液状化した砂質土が更に流動するか否かを判定する時に用いられる．前述のごとくこの時，有効拘束圧と強度が一定のもと，更に体積も不変の状態で流動が生ずることとなる．

参 考 文 献

1) Ishihara, K., "Liquefaction and Flow Failure during Earthquakes," *Geotechnique*, Vol. 43, No. 3, pp. 349-415, 1993.
2) Catro. G., "Liquefaction and cyclic mobility of Saturated Sands," *Journal of Geotechnical Engineering Division*, ASCE Vol. 10, GT6, pp. 551-569, 1975.
3) Verdugo, R. and Ishihara, K., "The Steady State of Sandy Soils," *Soils and Foundations*, Vol. 36, No. 2, pp. 81-91, 1996.

第9章　地盤内の応力と変位

9・1　半無限弾性体内の応力

　平坦な地盤上に荷重が加わった時，地盤内で誘起される応力の分布状態がどのようになっているかを知るためには，古くから Boussinesq の解が用いられてきた．これは，半無限の広がりをもつ弾性体の表面に鉛直荷重が加わった時に生ずる物体内の応力分布を与えるもので，弾性体の力学理論の中でも最も古典的な問題の解といってよいであろう．土質力学の分野では圧密沈下のより厳密な解析や，道路や飛行場滑走路の舗装体の解析等にこの解がよく用いられるので，簡単な場合から始めて，その内容を詳しく述べてみることにする．

9・1・1　単一集中荷重

　無限の拡がりをもつ表面上の一点に，図9.1に示すように P なる大きさの単一荷重が鉛直方向に作用しているとする．この作用点を原点にとり，座標 (x, y, z) を図のように選んだ時，半無限体内の任意の点 A に作用する応力を考えてみることにする．そのためには，A点を含む微小な立方体を図9.1のように取り出し，その面上に作用する応力を考えればよい．これらの応力は作用面に垂直な直応力成分 $\sigma_x,\ \sigma_y,\ \sigma_z$ と，作用面に平行なせん断応力成分 $\tau_{xy},\ \tau_{xz},\ \tau_{zy},\ \cdots$ 等から成っている．これらの符号は，座標の正の方向に向かう面上（たとえば図9.1のCDEF面は x 軸の正の方向を向いている）においては負の方向に作用するものを正，座標の負の方向を向いている面上（たとえばCDGH面は z 軸の負の方向を向いている）においては正の方向に作用するものを正とするように約束しておく．なお，せん断応力の表示において，右下の最初の添字はそれが作用している面の方向を，2番目の添

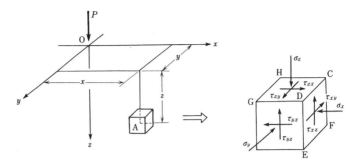

図 **9.1** 直角座標による応力成分の表示

字はその作用方向を示している．また，図9.1の立方体面上に作用するせん断応力成分は6個あるが，せん断応力によるモーメントがゼロとなる条件が3つあるから，これより $\tau_{xy}=\tau_{yx}$，$\tau_{xz}=\tau_{zx}$，$\tau_{yz}=\tau_{zy}$ であることが示される．よって，独立なせん断応力成分3個と直応力成分3個の合計6個の応力成分について考えればよいことになる．図9.1に示した半無限体が弾性的挙動をするという前提に基づいた解析解はBoussinesqによって導かれたが，その詳細は他書[1]に譲るとして，結果のみを示すと次のごとくである．

$$\left. \begin{array}{l} \begin{pmatrix} \sigma_x \\ \sigma_y \end{pmatrix} = \dfrac{3P}{2\pi}\left[\dfrac{z}{r^5}\begin{pmatrix} x^2 \\ y^2 \end{pmatrix} + \dfrac{1-2\nu}{3}\cdot\left\{\dfrac{r^2-rz-z^2}{r^3(r+z)} - \dfrac{2r+z}{r^3(r+z)^2}\begin{pmatrix} x^2 \\ y^2 \end{pmatrix}\right\}\right] \\[6pt] \sigma_z = \dfrac{3P}{2\pi}\cdot\dfrac{z^3}{r^5} \\[6pt] \tau_{xy} = \dfrac{3P}{2\pi}\left[\dfrac{xyz}{r^5} - \dfrac{1-2\nu}{3}\cdot\dfrac{xy(2r+z)}{r^3(r+z)^2}\right] \\[6pt] \begin{pmatrix} \tau_{zx} \\ \tau_{zy} \end{pmatrix} = \dfrac{3P}{2\pi}\cdot\dfrac{z^2}{r^5}\begin{pmatrix} x \\ y \end{pmatrix} \end{array} \right\} \quad (9.1)$$

ただし，$r^2 = x^2 + y^2 + z^2$

以上の弾性解をうる時には変位も同時に求まるが，x，y，z方向の変位をそれぞれ u，v，w とすると，

$$\left. \begin{array}{l} \begin{pmatrix} u \\ v \end{pmatrix} = \dfrac{P}{4\pi G}\left[\dfrac{z}{r^3} - \dfrac{1-2\nu}{r(r+z)}\right]\begin{pmatrix} x \\ y \end{pmatrix} \\[6pt] w = \dfrac{P}{4\pi G}\left[\dfrac{z^2}{r^3} + \dfrac{2(1-\nu)}{r}\right] \end{array} \right\} \quad (9.2)$$

と表わせる．なお，上式の中でGは半無限体を構成する材料のせん断定数を，ν

はポアソン比を表わす．図9.1で荷重は原点Oに集中して作用しているから，応力分布はz軸に関して軸対称でなければならない．そのため式(9.1), (9.2)においては，σ_xとσ_y，τ_{zx}とτ_{zy}，およびuとv，xとyとを入れかえても同じ結果を与えるような形になっている．式(9.1)を見ると，応力成分はポアソン比には依存するが，せん断定数Gには無関係であることが分る．ポアソン比は0～1/2の範囲でしか変化しえないから，その影響はさほど大きなものではない．よって，物体が寒天のように柔かくても，あるいは鋼鉄のように堅くても，半無限体内の応力分布は同じである，ということになる．このことが，土のような複雑な挙動を示す物体に対して，弾性論から導かれた応力分布の解が広く用いられてきた大きな理由といえる．これに反し，変位の方は式(9.2)から分るように，直接，せん断定数Gに依存している．よって，この定数が正確に把握しがたいことから，変位やひずみの分布を弾性理論に基づいて求めることは，土質力学の分野では適切でないと考えられている．

　集中荷重が作用した時の応力分布は，図9.1で分るようにz軸に関して軸対称であるので，原点から水平距離ρと深さzのみの関数として表現しうる．つまり，図9.2に示すような円筒座標を採用して，点Aにおける立方体の面上に作用する応力成分を求めればよいことになる．これらは，半径方向を向いている面上に作用する直応力σ_ρとせん断応力$\tau_{z\rho}$，水平面上に作用するσ_zと$\tau_{\rho z}$，そして円周方向を向いている面上の直応力σ_tから成り立っている．その他のせん断応力成分がゼロになることは，次のようにして証明される．今，図9.2で考えている点Aが丁度x軸の直下，つまりxz面内に存在すると考えてみよう．応力分布は軸対称でρのみの

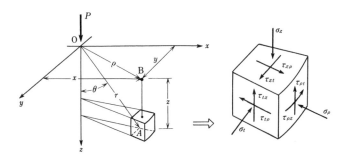

図 **9.2** 円筒座標による応力成分の表示

関数であるから，このような状態を想定しても一般性が失われないことは明らかである．この時の σ_ρ, σ_t は，それぞれ，式 (9.1) で $y=0$ とした時の σ_x, σ_y に等しくなる．また，$\tau_{z\rho} = \tau_{\rho z}$ は τ_{zx} に等しくなる．よって，円筒座標による応力成分の式は，式 (9.1) において $y=0$, $x=\rho$, $x^2+z^2=r^2$ とおくことによって，次のようにえられる．

$$\left.\begin{aligned}\sigma_\rho &= \frac{3P}{2\pi}\left[\frac{z\rho^2}{r^5} - \frac{1-2\nu}{3}\frac{1}{r(r+z)}\right] \\ \sigma_t &= \frac{3P}{2\pi}\left[\frac{1-2\nu}{3}\frac{r^2-rz-z^2}{r^3(r+z)}\right] \\ \sigma_z &= \frac{3P}{2\pi}\cdot\frac{z^3}{r^5} \\ \tau_{\rho z} &= \frac{3P}{2\pi}\cdot\frac{z^2\cdot\rho}{r^5} \\ \tau_{\rho t} &= \tau_{t\rho} = (\tau_{xy})_{y=0} = 0 \\ \tau_{zt} &= \tau_{tz} = (\tau_{zy})_{y=0} = 0 \end{aligned}\right\} \quad (9.3)$$

ただし，$\quad r^2 = \rho^2 + z^2, \quad \rho^2 = x^2 + y^2$

以上のような操作をすることにより，円周方向を向いている面（t-面）に作用するせん断応力 $\tau_{t\rho}$, τ_{tz} がすべてゼロになることが分る．よって，ゼロでない応力成分は4個となる．更に，水平面上に作用する直応力 σ_z は，直角座標で表わしても円筒座標で表わしても同じであることも分る．水平面上に作用する直応力 σ_z とせん断応力 $\tau_{\rho z}$ の比を取ってみると，

$$\sigma_z / \tau_{\rho z} = \frac{z}{\rho} \quad (9.4)$$

となることが分る．これは，σ_z と $\tau_{\rho z}$ の大きさの比率が z と ρ の比に等しいことを示しているから，水平面上に作用する合応力の向きが，荷重の中心から点Aに向かう放射線の方向と一致していることを示している．

次に，集中荷重による応力分布の表現式を，図9.3のような極座標で表わすことを考えてみる．これは，新たに θ なる変数を図9.3のように定義して導入し，z の代りに用いることに相当する．したがって，$z = r\cos\theta$, $\rho = r\sin\theta$ なる関係を用い，図9.3の点Aが xz-面内にある状態を想定して，応力の座標変換を行えばよい．円周方向の直応力 σ_t は，単に $z = r\cos\theta$ の関係を式 (9.3) の σ_t の表現式に代入すれ

9・1 半無限弾性体内の応力

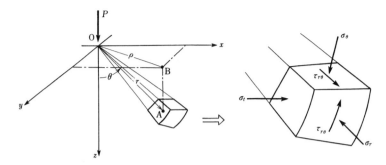

図 **9.3** 極座標による応力成分の表示

ば直ちに求まる．放射方向の面とそれに直交する面上の応力成分 σ_r, σ_θ, $\tau_{r\theta}$ の表現式は，式 (9.3) の σ_ρ, σ_z, $\tau_{\rho z}$ を用いてテンソルの変換を行う必要がある．このためには，式 (7.2) における σ_z, σ_x, τ_{xz}, α をそれぞれ σ_z, σ_ρ, $\tau_{\rho z}$, θ に置きかえてみればよい．これから σ_r と $\tau_{r\theta}$ が求まる．また，α を $\theta+90°$ で置きかえれば σ_θ が求まる．その結果を示すと次のようになる．

$$\left. \begin{aligned} \sigma_r &= \frac{P}{2\pi r^2}\Big[2(2-\nu)\cos\theta - (1-2\nu) \Big] \\ \sigma_\theta &= \frac{-P}{2\pi r^2}(1-2\nu)\frac{\cos^2\theta}{1+\cos\theta} \\ \sigma_t &= \frac{-P}{2\pi r^2}(1-2\nu)\Big[\cos\theta - \frac{1}{1+\cos\theta} \Big] \\ \tau_{r\theta} &= \frac{P}{2\pi r^2}(1-2\nu)\frac{\cos\theta\sin\theta}{1+\cos\theta} \end{aligned} \right\} \quad (9.5)$$

弾性体の理論によると，ポアソン比は 0 と 1/2 の中間にあり，$\nu=1/2$ は体積変化ゼロ，つまり非圧縮的変形に対応している．今，$\nu=1/2$ を式 (9.5) に用いると，σ_r のみが残り，あとはすべてゼロとなること，および $\sigma_r>0$ であることが知れる．これは，半無限弾性体が非圧縮性の材料から成る場合，荷重点から出る放射線はすべて主応力の向きとなり，圧縮応力が直線的に伝播することを示している．土のポアソン比は $\nu=0.25\sim0.5$ の範囲にあることが多いが，この場合も近似的に，放射線方向に主応力が荷重点からの距離 r の 2 乗に反比例して伝わっていくと考えておいてよい．式 (9.5) から分るように σ_θ は常に引張応力となるが，σ_t は $\theta<51°\,50'$ の円錐内でのみ引張りとなることに注意すべきである．また，σ_r は $\cos\theta=(1-2\nu)$

$/(4-2\nu)$ の時ゼロとなり，引張りになる領域と圧縮になる領域の区別はポアソン比に依存していることが分る．

9・1・2 線状荷重

半無限弾性体の表面に無限の長さをもつ線状の荷重が加わった場合の応力分布を求めてみることにする．この荷重が，図 9.1 の y 軸上に一直線に並んでいると仮定すると，y 軸に直角な面内の応力分布はどの面を取っても同じになるから，代表的なものとして xz-面をえらび，その中での応力分布を考えてみればよいことになる．この時，応力成分は x と z のみの関数となるから，2 次元の応力状態が現出する．

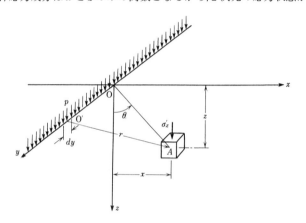

図 **9.4** 線状分布荷重による応力成分の求め方

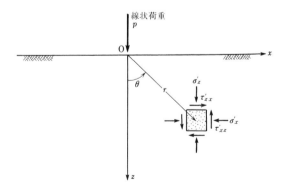

図 **9.5** 線状荷重による 2 次元応力状態

図9.4において単位長さ当りの荷重をpとすると，y軸上の一点O'ではpdyなる点荷重が加わっていると見なしてよい．これによって生ずるxz-面内のA点における鉛直応力を$d\sigma_z'$とすると，式 (9.1) の2番目の式のPの代りにpdyを用いればよいから，

$$d\sigma_z' = \frac{3}{2\pi}\frac{z^3}{r^5}pdy = \frac{3p}{2\pi}\frac{z^3 dy}{(x^2+y^2+z^2)^{5/2}} \tag{9.6}$$

がえられる．これをyに関して$-\infty$から$+\infty$まで積分すれば，所望のσ_z'がえられる．同様にして，他の応力成分σ_x'，τ_{xz}'も次のように求まる (図9.5参照)．

$$\left.\begin{array}{l}\sigma_z' = \dfrac{2p}{\pi}\dfrac{z^3}{(x^2+z^2)^2} = \dfrac{2p}{\pi}\dfrac{\cos^4\theta}{z} \\[2mm] \sigma_x' = \dfrac{2p}{\pi}\dfrac{x^2 z}{(x^2+z^2)^2} = \dfrac{2p}{\pi}\dfrac{\cos^2\theta\cdot\sin^2\theta}{z} \\[2mm] \tau_{xz}' = \dfrac{2p}{\pi}\dfrac{xz^2}{(x^2+z^2)^2} = \dfrac{2p}{\pi}\dfrac{\cos^3\theta\cdot\sin\theta}{z}\end{array}\right\} \tag{9.7}$$

式 (9.1) のσ_xの表現式において，$(1-2\nu)$を含む項はyの奇関数となっている．また，τ_{xy}, τ_{zy}もyの奇関数となっている．これらは$-\infty$から$+\infty$までの積分を行うとゼロになってしまうので，$\tau_{xy}' = \tau_{zy}' = 0$となる．式 (9.7) を見ると，物体の性質を表わすポアソン比が含まれていないことが分る．よって，線状荷重によって誘起される2次元的応力分布は，材料の性質に無関係に決まることになる．

9・1・3 帯 状 荷 重

次に，線状荷重が幅$2a$にわたってx軸上に帯状分布をしている時の応力状態を考えてみる．図9.6において，原点からξなる位置の線状荷重$pd\xi$によってA点に誘起される鉛直応力σ_zを求めるには，式 (9.7) のpの代りに$pd\xi$，xの代りに$x-\xi$を用いて，ξに関して$-a$から$+a$まで積分を行えばよい．つまり，

$$\sigma_z = \frac{2pz^3}{\pi}\int_{-a}^{a}\frac{d\xi}{[(x-\xi)^2+z^2]^2}$$

を求めればよいわけであるが，これは$\tan\theta = (x-\xi)/z$, $d\xi = -z\sec^2\theta\, d\theta$なる関係を用いて，

$$\sigma_z = \frac{2p}{\pi}\int_{\theta_1}^{\theta_2}\cos^2\theta\, d\theta$$

のように簡単化することができる．σ_x', τ_{xz}'に対しても同様な積分を実施すること

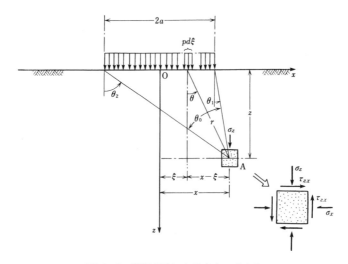

図 **9.6** 帯状荷重による応力の求め方

により，次のような結果がえられる．

$$\left.\begin{array}{l}\sigma_z = \dfrac{p}{\pi}[\theta_0 + \sin\theta_0\cos 2\bar{\theta}] \\[4pt] \sigma_x = \dfrac{p}{\pi}[\theta_0 - \sin\theta_0\cos 2\bar{\theta}] \\[4pt] \tau_{xz} = \dfrac{p}{\pi}\sin\theta_0\sin 2\bar{\theta} \\[4pt] \theta_0 = \theta_2 - \theta_1, \quad \bar{\theta} = (\theta_1+\theta_2)/2 \end{array}\right\} \quad (9.8)$$

以上は，3つの応力成分についての表現式であるが，これを変換して主応力を求めてみよう．そのためには，式 (9.8) を式 (7.5) に代入してやればよい．その結果，

$$\begin{pmatrix}\sigma_1 \\ \sigma_3\end{pmatrix} = \dfrac{\sigma_z+\sigma_x}{2} \pm \sqrt{\left(\dfrac{\sigma_z-\sigma_x}{2}\right)^2 + \tau_{xz}^2} = \begin{pmatrix}\dfrac{p}{\pi}(\theta_0+\sin\theta_0) \\ \dfrac{p}{\pi}(\theta_0-\sin\theta_0)\end{pmatrix} \quad (9.9)$$

がえられる．また，最大主応力 σ_1 が鉛直方向となす角度 α_1 は，式 (7.3) を用いて，

$$\tan 2\alpha_1 = \dfrac{2\tau_{xz}}{\sigma_z-\sigma_x} = \tan 2\bar{\theta}, \quad \alpha_1 = \bar{\theta} = \dfrac{\theta_1+\theta_2}{2} \quad (9.10)$$

と求まる．式 (9.9) を見ると，主応力は θ_0 のみの関数であることが分る．この

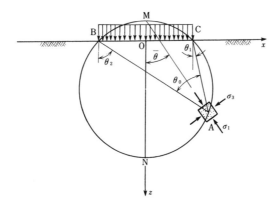

図 **9.7** 帯状荷重による地盤内の応力分布の特徴

$\theta_0 = \theta_2 - \theta_1$ は,図 9.7 に示すごとく地表面での載荷の端部 B,C と,考えている点 A を通る円の円周角に相当しているから,この円周上に A 点がある限り θ_0 の値は常に一定である.よって,点 B,C と点 A を通る円周上の点では主応力の値が一定値を取ることが知れる.また,式 (9.10) を図示することにより,最大主応力の作用方向は,図 9.7 に示すごとく点 M と点 A を結ぶ直線の方向であることも分る.最大せん断応力は式 (7.11) で与えられるが,これは式 (9.9) より,

$$\tau_m = \frac{1}{2}(\sigma_1 - \sigma_3) = \frac{p}{\pi}\sin\theta_0 \qquad (9.11)$$

となる.これより,τ_m は θ_0 のみの関数であることから,最大せん断応力も点 A,B,C を通る円の円周上の点で一定値をとることが知れる.

9・1・4 正弦波荷重[2]

半無限弾性体上に,正弦的に変化する荷重が 2 次元的に加わった場合の応力分布を考えてみる.これは,波浪の伝播に伴って生ずる海底地盤内の応力変化の考察に用いられる.今,図 9.8 に示すごとく波長 L,周期 T なる正弦波の伝播によって,振幅 p_0 で $p_0\cos(2\pi x/L - 2\pi t/T)$ なる荷重が海底面に作用すると仮定する.この時,図 9.9 に示すように,原点から ξ の位置に作用する荷重は,$p(\xi)d\xi = p_0 d\xi \cos(2\pi\xi/L - 2\pi t/T)$ で与えられるから,これによって点 x にある土の要素に誘起される応力は,式 (9.7) において $x \to x - \xi$,$p \to p_0 d\xi \cos(2\pi\xi/L - 2\pi t/T)$ と置きかえ,ξ

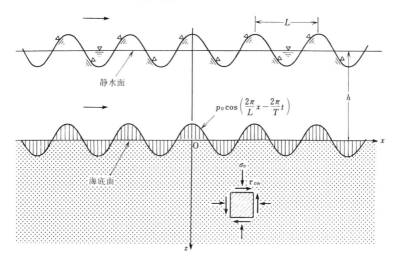

図 **9.8** 波浪伝播によって生ずる海底地盤内の応力

に関して$-\infty$から$+\infty$まで積分することによってえられる. すなわち,

$$\left.\begin{aligned}\sigma_z &= \frac{2p_0 z^3}{\pi}\int_{-\infty}^{\infty}\frac{\cos\left(\frac{2\pi}{L}\xi - \frac{2\pi}{T}t\right)}{[(x-\xi)^2+z^2]^2}\cdot d\xi \\ \sigma_x &= \frac{2p_0 z}{\pi}\int_{-\infty}^{\infty}\frac{(x-\xi)^2\cos\left(\frac{2\pi}{L}\xi - \frac{2\pi}{T}t\right)}{[(x-\xi)^2+z^2]^2}\cdot d\xi \\ \tau_{xy} &= \frac{2p_0 z^2}{\pi}\int_{-\infty}^{\infty}\frac{(x-\xi)\cos\left(\frac{2\pi}{L}\xi - \frac{2\pi}{T}t\right)}{[(x-\xi)^2+z^2]^2}\cdot d\xi\end{aligned}\right\} \quad (9.12)$$

これらの積分を実施して,

$$\left.\begin{aligned}\sigma_z &= p_0\left(1+\frac{2\pi z}{L}\right)e^{-\frac{2\pi z}{L}}\cdot\cos\left(\frac{2\pi}{L}x-\frac{2\pi}{T}t\right) \\ \sigma_x &= p_0\left(1-\frac{2\pi z}{L}\right)e^{-\frac{2\pi z}{L}}\cdot\cos\left(\frac{2\pi}{L}x-\frac{2\pi}{T}t\right) \\ \tau_{zx} &= p_0\frac{2\pi z}{L}e^{-\frac{2\pi z}{L}}\cdot\sin\left(\frac{2\pi}{L}x-\frac{2\pi}{T}t\right)\end{aligned}\right\} \quad (9.13)$$

がえられる. 今, xを固定して地盤内のある一点に着目し, 波浪伝播に伴うそこでの応力成分の時間的変化を考えてみると, 式 (9.13) より σ_z と σ_x が余弦的に変動し, τ_{zx} が正弦的に変動するわけだから, $(\sigma_z-\sigma_x)/2$ なる応力成分と τ_{zx} なる成分

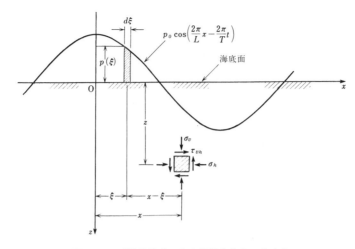

図 **9.9**　正弦波荷重による地盤内応力の求め方

は位相を 90° 異にして変化していることが分る．式 (9.13) を式 (7.5) に代入すれば，2 つの主応力の大きさを求めることができるが，これらの差をとって式 (7.11) から最大せん断応力を求めてみると，

$$\tau_m = \frac{\sigma_1 - \sigma_3}{2} = \sqrt{\left(\frac{\sigma_z - \sigma_x}{2}\right)^2 + \tau_{zx}^2} = p_0 \frac{2\pi z}{L} e^{-\frac{2\pi}{L}z} \qquad (9.14)$$

となる．これは時間 t に無関係な形をとっているから，波浪の伝播に伴って生ずる海底地盤内の応力は，最大せん断応力が常に一定に保たれるような形で時間的に変化する，という特徴をもっていることが分る．次に，主応力軸の方向について考えてみるに，これは式 (9.13) を式 (7.3) に適用することにより，

$$\tan 2\beta = \tan\left(\frac{2\pi}{L} x - \frac{2\pi}{T} t\right) = \frac{2\tau_{zx}}{\sigma_z - \sigma_x} \qquad (9.15)$$

で与えられる．ここで，β は図 9.10 で説明してあるように，鉛直方向と主応力軸方向（最大主応力が作用する方向）との間の角度を表わす．x を固定して考えると，式 (9.15) は波浪の進行，つまり時間 t の変化と共に β の値が T なる周期で変化していることを示す．以上のことより，波浪によって誘起される海底地盤内の応力変化は，最大せん断応力は一定に保たれるが，主応力軸の方向が連続的に変化するという特徴を持っていることが分る．

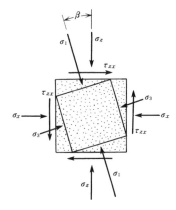

図 9.10 一般応力成分と主応力軸方向との関係

9・1・5 圧力球根

上載荷重によって誘起される地盤内の応力分布を考察する場合，各種の応力が等しくなるような点を連ねてみると，球根状の等応力線がえられる．今，点荷重によって生ずる地盤内の鉛直応力を考えてみると，図9.2より $z = r\cos\theta$ なる関係があるから，これを式 (9.3) の第3式に用いると，

$$\sigma_z = \frac{3P}{2\pi} \cdot \frac{\cos^3\theta}{r^2} \tag{9.16}$$

がえられる．載荷重の直下で $r = r_0$ の深さを考えると，この時，図9.11より $\theta = 0$ であるから，鉛直応力は上式より $3P/(2\pi r_0^2)$ となる．よって，鉛直応力 σ_z が常にこの値に等しくなる点は，これを式 (9.16) に等しいと置いて，

$$r^2 = r_0^2 \cos^3\theta \tag{9.17}$$

の描く軌跡の上に存在することになる．この曲線は図9.11に示すような紡錘体の一種で，これが点荷重の場合の圧力球根 (pressure bulb) となる．

同様な方法によって線荷重の場合の鉛直応力に関する圧力球根を求めるには，まず式 (9.7) の第1式に $z = r\cos\theta$ を代入してやる．そして，この式と $\theta = 0$, $r = r_0$ と置いたものが等しいとすることにより，

$$r = r_0 \cos^3\theta \tag{9.18}$$

なる極座標で表わした圧力球根の式がえられる．これを図示したのが図9.12であ

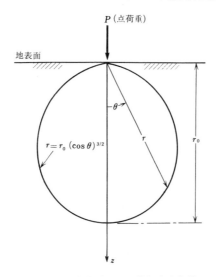

図 9.11　点荷重による等鉛直応力線

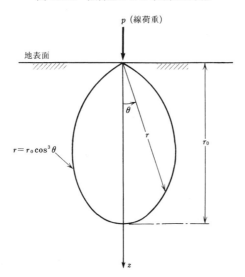

図 9.12　線荷重による等鉛直応力線

る．今までの解析で注目すべき点は，応力分布はすべて土の弾性定数に依存しない，ということである．ただし，以下に述べる変異は弾性定数に比例して変化することになる．

9・2 地盤の表面沈下

9・2・1 弾性沈下

　表面に点荷重 P を加えた時に生ずる半無限弾性体内の変化成分は，式(9.2)によって与えられるが，沈下を考察する時には鉛直方向成分 w を取り上げて吟味すればよい．地表面における沈下は，式 (9.2) で $z=0$ とおくことにより

$$w_0 = \frac{(1-\nu)}{2\pi G} \cdot \frac{P}{r} = \frac{1-\nu}{2\pi G} \frac{P}{(x^2+y^2)^{1/2}} \tag{9.19}$$

によって与えられるから，鉛直沈下は載荷点からの水平距離 r に比例して減少していくことが分る．

　次に，図 9.13 に示すように，A なる範囲に一様荷重 p が分布して作用している時の地表面上の点 P における沈下 w_p を求めてみる．これは，式 (9.19) で $P \to pds$ と置いて A なる範囲を網羅するように S について積分を行えばよいから，

$$w_p = \frac{(1-\nu)p}{2\pi G} \int_A \frac{ds}{r} \tag{9.20}$$

によって与えられる．今，せん断定数 G とヤング係数 E との関係，$E=2(1+\nu)G$ を用い，更に載荷面の大きさを表わす代表的長さ B を導入すると，式 (9.20) は，

$$w_p = \frac{(1-\nu^2)Bp}{E} \cdot \frac{1}{\pi B} \int_A \frac{ds}{r} = \frac{1-\nu^2}{E} Bp I_s \tag{9.21}$$

と書き直される．ここで，I_s は荷重の作用する面の形と点 P までの距離のみによってきまる無次元量で，沈下の影響係数と呼ばれるものである．

　今，最も簡単な場合として，直径 B なる円形載荷を考えてみる．円の中心部の沈下 w_0 は，式 (9.21) において，

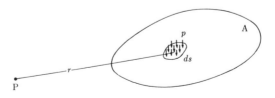

図 **9.13**　分布荷重による点 P での沈下計算概念図

$$\int_A \frac{ds}{r} = \int_0^{B/2} \frac{2\pi r}{r} dr = \pi B$$

と置けばよいから，

$$I_s = \frac{1}{\pi B} \int_A \frac{ds}{r} = 1.0$$

となり，

$$w_o = (1-\nu^2)\frac{B}{E} p \qquad (9.22)$$

となる．多少複雑ではあるが，同様の計算を行うことにより，円形載荷の場合の端部（円周部）の沈下 w_e は

$$w_e = 0.64(1-\nu^2)\frac{B}{E} p \qquad (9.23)$$

で与えられることが分る．また，円形載荷面全体にわたる沈下の平均値 w_{av} は，

$$w_{av} = 0.85(1-\nu^2)\frac{B}{E} p \qquad (9.24)$$

で与えられる．これらの沈下の状況は図 9.14（a）に説明してあるように，やわらかいマットの上に一様な荷重を置いた時の状況に酷似している．このことから，式（9.22）等で与えられる沈下は，たわみ性基礎の沈下変形に対応している．以上は

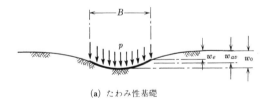

(a) たわみ性基礎

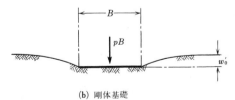

(b) 剛体基礎

図 9.14 載荷板の剛性の差異による沈下パターン

円形載荷についての考察であったが、一辺の長さが B なる正方形状の表面部分に載荷した場合の沈下も、式 (9.21) に基づいて同様に計算できる。その結果は、影響係数 I_s の値のみが異なるという形で表わすことができる。正方形載荷の場合の中心点および1辺の中央部（中心から $B/2$ 距離）における沈下係数は、表9.1に示すごとく、それぞれ、$I_s=1.12$、$I_s=0.76$ となる。

次に、剛体板を用いて図9.14 (b) のように半無限体上に強制的に w_0' なる沈下を生じさせた場合を考えてみよう。これはパンチングの問題と呼ばれていて、答えは若干異なった手法で導かれる。しかし、最終的な解の形は式 (9.21) と同一の形になり、その時の影響係数は表9.1に示すごとく、$I_s=\pi/4≒0.785$ となる。パンチングの問題では、剛体板の下部に作用する地盤からの反力は一様分布ではなく、端部で最大、中心部で最小となるような分布形状をとる。この反力の合計を pB の形に表わして、式 (9.21) を適用するのである。表9.1には、正方形のパンチング問題についても影響係数が示してあるが、すべての点で $I_s=0.99$ となっている。

紙面直角方向（奥行き方向）に無限に拡がる帯状載荷の場合につき、地盤内の応力や変異を半無限弾性体として求めることがあるが、一層でも多層の場合でも応力分布は求まるが、地表面の鉛直方向変異は無限大となる。これは無限大に拡がる帯状載荷による変異が集積されるためで注意を要する。このような場合を想定して数値解析を行う時には、水平な上面を持つ剛体が半無限体の内部に存在すると仮定して応力や変異を求める必要がでてくる。

表 9.1 沈下の影響係数

載荷面形状	中心点	円周上または一辺の中央点	正方形の隅角点	平均
円形載荷(たわみ性)	1.0	0.64	—	0.85
正方形載荷(たわみ性)	1.12	0.76	0.56	0.95
円形載荷(剛性)	0.785	0.785	—	0.785
正方形載荷(剛性)	0.99	0.99	0.99	0.99

9・2・2 不等沈下に対する適用[3]

砂地盤の表面に鋼板を敷き、その上に軀体をのせる石油貯蔵用のタンク等では、厚さに比べてはるかに大きい面積をもつ底板上に相当量の液体圧が加わるので、地

盤の変形は，図9.14(a)に示すようなたわみ性基礎のパターンを取ると考えてよい．この時，最大沈下 w_0 と最小沈下 w_e の差は，式 (9.22) と (9.23) または表9.1より，

$$\left.\begin{array}{l} w_0 - w_e = 0.36(1-\nu^2)\dfrac{B}{E}p \cdots\cdots 円形載荷 \\ w_0 - w_e = 0.56(1-\nu^2)\dfrac{B}{E}p \cdots\cdots 正方形載荷 \end{array}\right\} \quad (9.25)$$

となる．これはまた，式 (9.22) を参照して

$$\left.\begin{array}{l} w_0 - w_e = 0.36 w_0 \cdots\cdots 円形載荷 \\ w_0 - w_e = 0.56 w_0 \cdots\cdots 正方形載荷 \end{array}\right\} \quad (9.26)$$

と表わしてもよい．この式で，$w_0 - w_e$ は不等沈下量を表わすと考えてよいから，たわみ性載荷の場合，不等沈下量は最大沈下量に比例して増大することが分る．また，載荷形状にも依るが大体の目安として，不等沈下量は最大沈下量の35〜55%程度であることも，以上の理論的考察から分るのである．

ところで，石油貯蔵量タンクの不等沈下については，今までたくさんの測定データが集められている．図9.15に示したのは，砂地盤上に設置された石油タンクの周辺に沿う6〜8カ所でえられた沈下測定データを整理したものである．それぞれ

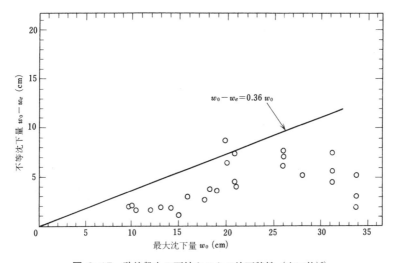

図 9.15 砂地盤上の石油タンクの沈下特性（山口他）[3]

のタンクにつき，測定された周辺上の沈下の最大値と最小値の差をとって不等沈下量とみなし，これを縦軸で表わす．また，最大値と最小値の平均をもって全沈下量とし，これを横軸にプロットしてある．一方，式 (9.26) の円形載荷板についての関係式も図 9.15 に示してあるが，図より，理論式は測定データが存在する範囲の上限にほぼ一致しているといえよう．これは，実際のタンクの底辺が完全のたわみ性でなく多少とも剛体に近くなっているので，不等沈下が出にくくなったため，とも解釈できる．表 9.1 からも分るように，完全な剛性板載荷では当然のことながら，理論的な不等沈下はゼロになってくる．

9・2・3 地盤反力係数

地盤の特性を考慮した基礎構造物の設計においてよく用いられるパラメータとして，地盤反力係数 k が挙げられる．これは，載荷板または基礎が剛体であると仮定して，

$$k = \frac{\text{載荷重の大きさ}(\text{kgf/cm}^2)}{\text{沈下量}(\text{cm})} = \frac{p}{w_0'} \qquad (9.27)$$

によって定義される．地盤が均質な弾性半無限体から成ると仮定すると，表 9.1 の円形剛性載荷の場合の影響係数 $I_s = \pi/4 = 0.785$ を用いて，p/w_0' の値は，

$$k = \frac{p}{w_0'} = \frac{1}{0.785} \frac{E}{(1-\nu^2)B} \qquad (9.28)$$

で与えられる．つまり，均質な弾性体の場合，地盤反力係数はヤング係数 E と載荷幅 B の比に関係した量として表わされることが明らかとなる．

実際の地盤では土が永久変形を伴う塑性変形を起こすので，ヤング率が分ったからといって，式 (9.28) によって直ちに地盤反力係数が求まるというわけにはいかない．そこで色々な経験式が提案されている．よく用いられる経験式として，Terzaghi[4] の式を修正した次の関係式がある[5]．

$$\frac{k}{k_s} = \left(\frac{B+30}{B_s+30}\right)^2 = \left(\frac{B_s}{B}\right)^2 \qquad (9.29)$$

ここで，k_s は載荷幅が B_s (cm) である時の地盤反力係数を表わす．原位置での平板載荷試験では，直径 30 cm の円形剛性板がよく用いられるので，今，$B_s = 30$ cm とし，これを用いてえられる地盤反力係数を k_{30} で表わすと，式 (9.29) は次のようになる．

9・2 地盤の表面沈下

$$\frac{k}{k_{30}} = \frac{1}{4}\left(\frac{B+30}{B}\right)^2 \quad (9.30)$$

今,直径30cmの載荷板を用いた平板載荷試験では弾性理論が成立し,載荷幅Bがもっと大きい時には塑性等の影響を考慮する必要があると仮定すると,k_{30}に対しては式 (9.28) の関係が成り立つわけだから,この式に$B=30$ cm, $E=E_{30}$と置き,更にこれを式 (9.30) に代入すると,

$$k = \frac{1}{\pi(1-\nu^2)} \cdot \frac{E_{30}}{30}\left(\frac{B+30}{B}\right)^2 \quad (9.31)$$

がえられる.この式より,載荷幅Bが30 cmより大きい時,k-値は大きくとらねばならぬこと,しかし,Bが大きくなって数メートルにも及ぶとその影響が小さくなってくること,等が分る.

以上は,水平な地盤に載荷した時の鉛直方向の地盤反力係数についての考察であったが,杭やケーソン等の耐震設計では水平方向の地盤反力係数k_hが,しばしば用いられる.水平方向の載荷では,今まで述べてきた半無限弾性の表面載荷という条件が厳密には当てはまらない.しかし,近似的には上記の考えが成り立つとして話を進めてみることにする.式 (9.30) に対応するものとして,任意の載荷幅Bに対する水平方向地盤反力係数k_hと,$B=30$ cmの時の水平地盤反力係数k_{30}の間には,

$$\frac{k_h}{k_{30}} = \left(\frac{B}{30}\right)^{-3/4} \quad (9.32)$$

なる関係があることが知られている[6].今,図9.16のように,オープンピットの中で水平方向の載荷試験を$B=30$ cmの載荷板を用いて実施したとしよう.この時えられるk_{30}の値が,弾性論から導かれる式 (9.28) の関係に従うと仮定すると,式 (9.32) と式 (9.28) より,

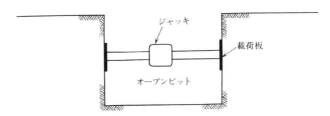

図 9.16 水平方向平板載荷試験

214　第9章　地盤内の応力と変位

$$k_h = \frac{4}{\pi(1-\nu^2)} \cdot \frac{E_{30}}{30}\left(\frac{B}{30}\right)^{-3/4} \tag{9.33}$$

がえられる．この式より，水平方向の地盤反力係数は載荷幅が大きくなるにつれて減少してくることが分る．

9・3　盛土内の応力と変位

9・3・1　アースフィルによる変位

　盛土やアースダムの施工では，基盤の上に少しずつ土を盛り上げていく方式，つまり逐次盛土（step-by-step filling）の形をとる．この時に測定される鉛直変位または沈下について，その特徴を考察してみることにする．このために，実際にはありえないが，アースフィルがすでに横倒しの状態で完成していて，これを一気に90°だけ直立させた時の状態を想定してみる．このような建築方式を，一応，重力起立方式（gravity-turn-on method）と呼ぶことにしておく．今，土構造が図9.17（a）に示すように，高さHのブロックで表わされると考える．このブロックを寝かせておいて一気に直立させた時，高さzの位置で生ずる鉛直変位は，いずれにしてもzより下の部分の土の圧縮によって生ずるわけであるが，これを2つに分けて考えると便利である．1つは，zより上の部分の土の重さによってzより下の土が圧縮されることによるもので，この沈下をu_sと呼ぶことにする．もう1つは，zより下

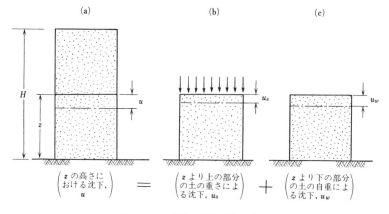

図 **9.17**　盛土の鉛直変位の構成

の部分の土自体が自重の作用で沈下するもので，これを u_w と呼ぶことにする．これらは，図 9.17 に説明してあるとおりである．今，土の単位体積重量を γ_t，ヤング率を E とすると，z より上の部分の土の重さは $\gamma_t(H-z)$ であるから，これより生ずる z より下の部分の土のひずみは，

$$\frac{u_s}{z} = \frac{\gamma_t(H-z)}{E} \tag{9.34}$$

によって与えられる．一方，z より下の部分に着目すると，自重による応力は基盤面で $\gamma_t z$ であるが，z の高さではゼロになるような三角形分布をしている．よって，鉛直応力の高さ方向の平均をとると $\gamma_t z/2$ となるから，これによって生ずる z より下の部分の土のひずみは

$$\frac{u_w}{z} = \frac{\gamma_t z}{2E} \tag{9.35}$$

となる．よって，これら 2 つのひずみによる変位を加え合わすことにより，全体の沈下は，

$$u = u_s + u_w = \frac{\gamma_t}{E}\left(zH - \frac{z^2}{2}\right) \tag{9.36}$$

によって与えられることが分る．式 (9.34)，(9.35)，(9.36) を図示したのが図 9.18 であるが，沈下は，逐次盛土の場合には盛土高さの中央部で，重力起立方式では頂上部で，最大値を取るような特徴を持っていることが分る．

ところで，アースダム等では，所定の高さまで盛立てが完了した段階でクロスアーム（cross arm）と称する沈下板を設置し，それより上に土を盛り上げていく時の，その高さでの沈下を測定するという方法がとられる．この時，クロスアームを設置した時点で，これより下にある盛土の自重による沈下は終了してしまっているから，測定される沈下はこれより上の土の重さによるこれより下の部分の土の圧縮に起因するもののみである．つまり，図 9.17 (b) に示す沈下 u_s を測定していることになるわけで，このことより色々な高さにクロスアームを置いて沈下を測定すると，図 9.18 (a) に示すようなパターンをもった沈下分布がえられる．図 9.19 は喜撰山ダム（高さ 91 m）の施工中に 4 つの位置で測定された沈下の模様を示しているが，いずれの位置の沈下も図 9.18 (a) のような分布パターンを持っていることが分る．ダムの盛立てが終了した後にも，貯水やクリープの影響等で堤体は沈下を起こすことが知られている．これら建設後の沈下は，堤体全体の重量に比例した形で生ずる

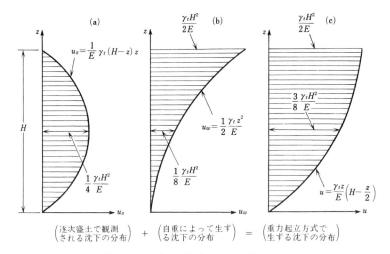

図 9.18　盛土堤体内の沈下分布の構成

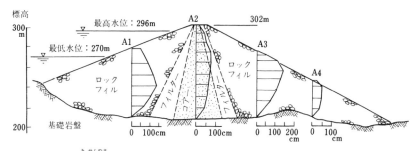

図 9.19　喜撰山ロックフィルダム建設中の沈下　(社) 電力土木技術協会, 1978[7]

ので，分布形は図9.18 (c) に示す重力起立型のパターンになる．しかし，これは式 (9.36) で与えられるような一気に重力が堤体全体に加わった時に生ずるであろう沈下とは異質なものである．重力起立は実際にはありえないから，これを測定することはもちろん不可能である．

図9.19に示すような建設時の沈下データは今まで多くの大ダム (高さ15 m 以上) で取得されている．今，式 (9.34) において $z=H/2$ とおくと，中間高さの鉛直変位量は

$$u_{s\,max} = \frac{1}{4}\gamma_t \frac{H^2}{E} \tag{9.37}$$

で表わされる．この式より，ダム本体の全体としての平均的なヤング率 E の概略値を推定することが可能となる．図 9.19 に示した喜撰山ダムの例では，$H = 91$ m, $\gamma_t = 2.0$ t/m^3, $u_{s\,max} = 0.8$ m と仮定して $E = 5176$ t/m^3 = 51.8 MPa という値が得られる．

　以上の考えはアースダムに限らず，すべての盛土の挙動に適用できるものである．例えば，高い擁壁の背後に盛土をする時など，沈下の測定値から，全体の剛性，ヤング率 E の概略値を推定することが可能となる．

参 考 文 献

1) 最上武雄監修, 木村孟, 土の応力伝播, 鹿島出版会, 1978.
2) Ishihara, K. and Towhata, I., "Sand Response to Cyclic Rotation of Principal Stress Directions as Induced by Wave Loads," *Soils and Foundations*, Vol. 23, No. 4, pp. 11-26, 1983.
3) 山口柏樹, 木村孟, 日下部治, 中ノ堂裕文, 大型石油タンクの不等沈下性状について, 土質工学会シンポジウム論文集, pp. 13-20, 1977.
4) Terzaghi, K., "Evaluation of Coefficients of Subgrade Reaction," *Geotechnique*, Vol. 5, No. 4, pp. 297-326, 1955.
5) 吉中龍之進, 地盤反力係数とその載荷幅による補正, 建設省土木研究所資料, 第 299 号, 1967.
6) 吉田巌, 吉中龍之進, 明石層および神戸層の工学的性質について, 建設省土木研究所報告, 129 号の 1, 1966.
7) (社)電力土木技術協会, 最新フィルダム工学, p. 273, 1978.

Ralph B. Peck (1912-2008)

軟弱地盤地帯での地下掘削や基礎工につき，多くの土質調査や現位置観測に基づき，基本的な設計方法を確立した．また施工時の挙動観測に基づく情報化施工の概念を提示した．テルツアギとの共著である不朽の名著"Soil mechanics in engineering practice"(1948)を著し，地盤工学の教育と普及に貢献した．

第10章 土　　　圧

10・1　土　　　圧

　土に接した構造物が土から受ける圧力あるいは土中で発生する圧力のことを一般に土圧と呼んでいる．しかし，これがよく問題になるのは，擁壁や地下壁の設計に際して外部の土がいかなる横方向の力を及ぼすか，ということであることから，壁体に作用する土の横方向圧力のことを単に土圧という言葉で呼ぶことが多い．

10・1・1　土圧の定義と特徴

　図 10.1 に示すような容器に砂を満たし，一方の壁がヒンジ結合された底部のまわりに回転できるようにしておく．今，壁を前方に倒していくと OB のような直線上の境目が形成され，これより右側の土は剛体として静止しているが，これより左側の土塊は壁の動きと共に前方に動き出してくる．この時，土は縦方向にも多少動

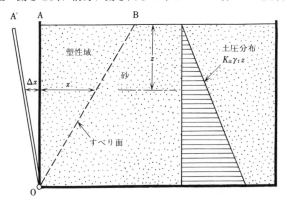

図 10.1　壁体の動きとそれに伴う土の動き

くが,大部分は横方向の動きであるとみなしてよい.よって,深さ z の位置では図 10.1 に示すごとく,長さ x の土の部分が Δx だけ伸びたことになるから,横方向に $\Delta x/x$ なる伸張ひずみが生じていると考えられる.x も Δx も深さと共に同じ割合で減少していくから,$\Delta x/x$ の値は深さに関係なく一定値をとる.よって,壁の背後にある三角形 OAB の中にある土は,深さに無関係に一様なひずみを受けていることになる.このようなことから,一応,深さ z の位置での応力状態を考察していくが,これはどの深さでも,あるいは H なる全体の土塊に対しても成り立つものであると考えておいてよい.

最初に,壁体が静止している図 10.2 (a) のごとき中立の状態を考えてみる.壁の背後にある深さ z の位置の土の微小要素に作用する応力を考えてみると,鉛直応力は $\sigma_v = \gamma_t z$ である.水平応力 σ_h は鉛直応力に比例することが分っているから,$\sigma_h = K_0 \sigma_v$ と表わすことができる.ここで,K_0 は壁体が静止している時の鉛直応力に対する水平方向応力の比を表わすもので,静止土圧係数(coefficient of earth pressure at rest)と呼ばれる.そして,この時の水平方向の応力を静止土圧と呼んでいる.K_0 の値は土の種類や応力履歴によって異なるが 0.5 前後の値を取ることが多い.次に,砂を満たした箱の壁を前方に倒していくと,水平方向の力 σ_h が次第に減少してくる.しかし,鉛直応力 $\sigma_v = \gamma_t z$ は不変であるから,水平応力と鉛直

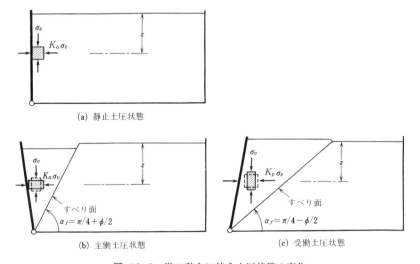

(a) 静止土圧状態

(b) 主働土圧状態

(c) 受働土圧状態

図 **10.2** 壁の動きに伴う土圧状態の変化

応力の比で定義される

$$K = \frac{\sigma_h}{\sigma_v} \tag{10.1}$$

の値は減少してくる．この K のことを土圧係数（earth pressure coefficient）と呼んでいる．壁が十分に前倒しになると，図 10.2 (b) のごとく背後の土がくさび状に落ち込み，その右側にある土との間にはっきりとしたすべり面が形成されてくる．そして，壁を更に倒しても横方向応力は変化せず一定値をとるようになる．この時，土は"主働状態"にあるといわれ，壁に作用する横方向応力を"主働土圧"（active earth pressure），水平方向と鉛直方向の応力の比 $K_a = \sigma_h/\sigma_v$ を主働土圧係数（coefficient of active earth pressure）と呼んでいる．壁の変形に伴う横方向応力の変化の模様を，土圧係数 K の変化という形で示したものが図 10.3 であるが，主働土圧状態は土が 2～4％のひずみを生じた時に現われる．次に，壁体を砂を入れた容器の後方に押した状態を考えてみよう．この時，壁に作用する横方向圧力は次第に増加するが，最終的には一定値に収斂してくる．この時，図 10.2 (c) のようなすべり面が発生し，その上の土は右方へせり上ってくる．これを"受働状態"と呼び，壁に作用する横方向応力は"受働土圧"（passive earth pressure），水平方向と鉛直方向の応力の比 $K_p = \sigma_h/\sigma_v$ は受働土圧係数（coefficient of passive earth pressure）

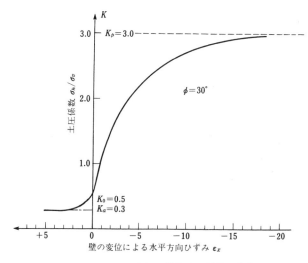

図 **10.3** 壁の変化に伴う土圧係数の変化

222　第10章　土　　　圧

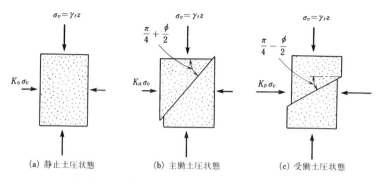

(a) 静止土圧状態　　(b) 主働土圧状態　　(c) 受働土圧状態

図 **10.4**　主働および受働状態における土の破壊モードとすべり面の方向

と呼ばれる．壁を押し込んで受働土圧状態に至るまでの土圧係数Kの変化も図10.3に示してあるが，このためには15～20%程度の大きなひずみを土中に発生させる必要がある．

以上は，壁体背後の土の要素に作用する横方向圧力が，壁の動きと共にどのような変化をするのかを考えてみたわけであるが，この横方向圧力は同時に土が壁に及ぼす力，つまり土圧に他ならないのである．

次に，壁に変形して主働状態，および受働状態が現出した時，背後の土塊中に発生するすべり面がどのような傾きをなしているのか考えてみることにする．図10.2に示した壁体背後の微小な土要素の変形状態を更に詳しく描いてみると，図10.4のごとくになる．これから明らかなように，主働状態では鉛直応力が水平応力より大きい状態で土が破壊しているわけだから，7・2・2項で述べたように，すべり面は水平と$\pi/4+\phi/2$なる角度をなしていることになる．よって，図10.2 (b) に返って，壁体背後のすべり面は水平面から$\pi/4+\phi/2$だけ傾いていることが分る．同様にして，受働状態では水平応力が鉛直応力より大きい状態で土が破壊することになるので，図10.2 (c) に示すごとく，この時のすべり面は水平面から$\pi/4-\phi/2$だけ傾いていることになる．

10・1・2　Rankineの土圧

主働土圧，あるいは受働土圧が壁に作用している時には，上述のごとく背後の土には破壊が生じているわけであるから，鉛直応力σ_vと水平応力σ_hはMohr-

Coulomb の破壊条件を満たしていなくてはならない．この時，σ_v と σ_h は主応力であるから，式 (7.15) の形の破壊規準を用いればよいことは明らかである．式 (7.15) では $\sigma_1 > \sigma_3$ と仮定しているから，主働状態に対してこの式を適用する場合 $\sigma_v > \sigma_h$ であるため，$\sigma_1 = \sigma_v$，$\sigma_3 = \sigma_h$ と置けばよい．受働状態ではこれと逆で $\sigma_h > \sigma_v$ であるから，$\sigma_1 = \sigma_h$, $\sigma_3 = \sigma_v$ とおく必要がある．このような置き換えを行って，式 (7.15) を変形すると，

$$\begin{pmatrix} \sigma_{ha} \\ \sigma_{hp} \end{pmatrix} = \frac{1 \mp \sin\phi}{1 \pm \sin\phi} \sigma_v \mp 2c \frac{\cos\phi}{1 \pm \sin\phi} \tag{10.2}$$

がえられる．ただし，σ_{ha}, σ_{hp} は，それぞれ，主働状態と受働状態に対応した σ_h の値を表わすものとする．式 (10.2) は，

$$\frac{1 \mp \sin\phi}{1 \pm \sin\phi} = \tan^2\left(\frac{\pi}{4} \mp \frac{\phi}{2}\right), \quad \frac{\cos\phi}{1 \pm \sin\phi} = \tan\left(\frac{\pi}{4} \mp \frac{\phi}{2}\right)$$

なる関係を用いることにより，

$$\begin{pmatrix} \sigma_{ha} \\ \sigma_{hp} \end{pmatrix} = \tan^2\left(\frac{\pi}{4} \mp \frac{\phi}{2}\right) \cdot \sigma_v \mp 2c \tan\left(\frac{\pi}{4} \mp \frac{\phi}{2}\right) \tag{10.3}$$

と変形される．ところで，10・1・1 項で述べた土圧の説明では，一応，砂のような粘着力のない材料を考えていたから，$c = 0$ と置いてみると

$$\begin{pmatrix} \sigma_{ha} \\ \sigma_{hp} \end{pmatrix} = \tan^2\left(\frac{\pi}{4} \mp \frac{\phi}{2}\right) \cdot \sigma_v \tag{10.4}$$

となる．これが，主働および受働状態における水平応力 σ_h と鉛直応力 σ_v の比を与える関係式である．よって，主働土圧係数 K_a と受働土圧係数 K_p は式 (10.1) を参照して，

$$K_a = \tan^2\left(\frac{\pi}{4} - \frac{\phi}{2}\right), \quad K_p = \tan^2\left(\frac{\pi}{4} + \frac{\phi}{2}\right) \tag{10.5}$$

で与えられることが知れる．この関係を用いると，粘着力が存在する場合の土圧を与える式 (10.3) は，

$$\begin{pmatrix} \sigma_{ha} \\ \sigma_{hp} \end{pmatrix} = \begin{pmatrix} K_a \\ K_p \end{pmatrix} \sigma_v \mp 2c \begin{pmatrix} \sqrt{K_a} \\ \sqrt{K_p} \end{pmatrix} \tag{10.6}$$

のように書き直される．この式で与えられる土圧のことを Rankine 土圧，K_a, K_p のことを Rankine 土圧係数と呼んでいる．この土圧状態を Mohr の円上で表わすと図 10.5 のごとくになる．鉛直応力 $\sigma_v = \gamma_t z$ は一定であるがこれを A 点で表わすと，壁の動きがゼロの時の水平応力は $\sigma_{h0} = K_0 \sigma_v$ で B 点で表わされる．よって静止土圧

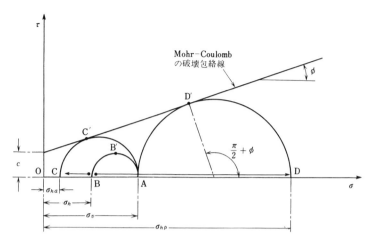

図 10.5 Rankine 土圧の Mohr 円表示

状態を表わす Mohr の応力円は，AB′B となる．この時，土は破壊していないから Mohr の応力円は破壊包絡線に接していない．

次に，壁を前方に倒していくと水平応力が次第に減少するが，これがある値まで低下してくると，この水平応力と鉛直応力 σ_v とで定まる Mohr の円が破壊包絡線に接するようになって，土に破壊が生じることになる．この時の水平応力 σ_{ha} が主働土圧に他ならず，これは C 点で表わされる．よって，円 AC′C が主働状態を表わす Mohr の応力円となる．

一方，壁を押し込むと水平応力が増加し始めるが，この値が $\sigma_v = \gamma_t z$ を越えて相当大きいある値に達した時にも，σ_v なる鉛直応力とこの水平応力とで作られる Mohr の円が，破壊包絡線に接するようになる．この水平応力は D 点で表わされ，これが受働土圧 σ_{hp} を与えることになるのである．

以上は，任意の深さ z における土圧について考えたわけであるが，図10.1 の壁体の高さ H 全体に作用する土圧を求めるためには，式 (10.6) に $\sigma_v = \gamma_t z$ を代入し，z について 0 から H まで積分を行えばよい．その結果，全土圧 Q_a, Q_p は次式で与えられることが分る．

$$\begin{pmatrix} Q_a \\ Q_p \end{pmatrix} = \frac{1}{2}\gamma_t H^2 \begin{pmatrix} K_a \\ K_p \end{pmatrix} \mp 2cH \begin{pmatrix} \sqrt{K_a} \\ \sqrt{K_p} \end{pmatrix} \qquad (10.7)$$

ちなみに，深さ方向の土圧分布を主働状態について，$c=0$ の場合について考え

てみると，$\sigma_{ah} = K_a \gamma_t z$ であるから，図10.1のごとく静水圧的な三角形分布をしていることが分る．受働状態でも $\sigma_{hp} = K_p \gamma_t z$ であるから，分布は同じく三角形をしている．

10・1・3　鉛直自立高さ

粘着力のある土が壁体に及ぼす主働土圧を考えてみると，これは式（10.6）より，

$$\sigma_{ha} = K_a \gamma_t z - 2c\sqrt{K_a} \tag{10.8}$$

によって与えられる．これを図示したのが図10.6であるが，土圧は壁の上部でマイナスの値をとり，$z = z_c$ の深さでゼロになった後，深さと共に直線的に増加する．今，$H_c = 2z_c$ の深さまでの土圧の合計を考えると，これはゼロとなる．したがって，H_c の深さまでは壁体があっても力が作用していないのと同じことだから，壁体を除去しても背後の土の状態は変わらず自立していると考えてよい．H_c の値は，式（10.8）より，

$$H_c = \frac{4c}{\gamma_t} \frac{1}{\sqrt{K_a}} = \frac{4c}{\gamma_t} \tan\left(\frac{\pi}{4} + \frac{\phi}{2}\right) \tag{10.9}$$

と求まる．粘土質の地盤を支持なしで掘削できる最大限の深さは，この H_c に等しいと考えられることから，これは鉛直自立高さを示しているといえる．しかし，現実には壁体上部のマイナス土圧はあまり期待できないので，鉛直自立高さは式（10.9）で求まる値より小さくなる．

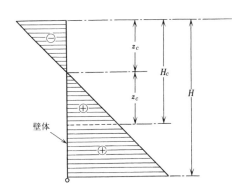

図 **10.6**　粘着力をもつ土が壁体に及ぼす主働土圧

10・1・4 Coulomb 土圧

Rankine 土圧を求める際には，壁体が鉛直で，また背後の土の表面は水平であると仮定してきた．このような条件では，土中にとった水平な面と鉛直な面にせん断応力が作用していないから，これら2つの面を主応力面と見なすことができ，取扱いが簡単にできた．しかし，実際には壁体が傾斜していたり，背後の地表面も傾いていることが多いわけで，このような一般的な場合に対して適用できる土圧公式が必要となってくる．このような要求に答えるのが Coulomb の土圧論である．

これは，壁体背後の土の中に直線状のすべり面が生じ，くさび状の土塊がこれに沿って動く，という仮定に基づいている．図 10.7 (a) は Coulomb の主働土圧状態における土塊の動きと，それに作用する力の方向を示したものである．土塊はすべり面 BC に沿って左下方向へ動くので，この面に沿って稼働される抵抗力は右上方向に向いている．今，粘着力ゼロの砂質土を考えると，すべり面上に作用する応

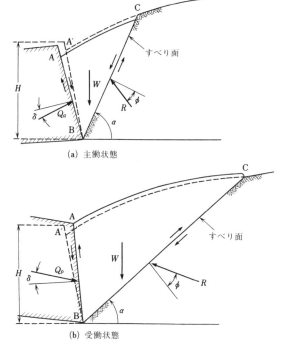

(a) 主働状態

(b) 受働状態

図 10.7　Coulomb 土圧論における壁体と土の動き

力は常にすべり面に直角な方向と ϕ なる傾きをなしていることは，7·2·2項で述べたとおりであるから，図10.7 (a) の R なる抵抗力は図のような方向を有していることになる．次に，壁体は一般に滑らかではなく土との間には摩擦力が働くので，この摩擦角を δ とすると，壁面AB 上で土塊に働く力 Q_a は，図のような方向に向いていなくてはならない．つまり，土塊は壁体に対し右下方向へ動くので，これに作用する抵抗力は図のように右上方を向いていることになる．なお，壁面は一般にすべり面ではないから，$\delta < \phi$ でなくてはならない．土塊に作用するもう一つの力は，重心に作用する重さ W である．以上3つの力の内，大きさと方向が分っているのは W のみで，R と Q_a は方向が定まっているだけでその大きさは未知である．よって，力の釣合いを考えることにより R と Q_a の大きさを求めることができるが，簡単な方法としては図10.8 (a) の右側に示すような力の多角形を利用することが考

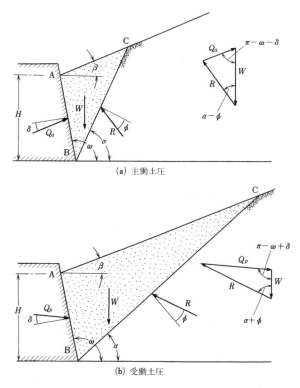

図 **10.8** Coulomb 土圧の計算

えられる．このようにして求めた Q_a が，壁面 AB に作用する主働状態における土圧合力である．

ところで，今までの考察ではすべり面の方向を暗々裡に仮定していたことに留意すべきである．すべり面の方向 α が変わっても同様な計算をしてかまわないが，算定される Q_a の値は当然異なってくる．そこで，α を色々と変えて多くのすべり面に対して Q_a を求め，その中の最大値を取れば，それが実際に存在しうる主働状態での土圧合力に等しくなり，その時のすべり面の位置が現実にすべりが生ずる面となる，と考えてよい．

次に，Coulomb の受働土圧について説明するが，基本的考え方は主働土圧の場合と何ら変わらない．ただ異なるのは，今度は壁体が土塊を押し上げることになるので，図 10.7 (b) に示すごとくすべり面に沿って誘起される抵抗力 R も，壁体より土塊に加わる力 Q_p も，その方向が主働状態に比べて逆転することである．これらの力 R，Q_p とすべり土塊の重量 W の 3 つの力について力の多角形を描くと，図 10.8 (b) のごとくになる．これより Q_p を求めてやれば，与えられたすべり面の方向 α に対して受働状態での土圧合力が求まる．同様な計算を色々な α に対して行い，今度は Q_p の最小値を求めれば，それが実際に存在する受働状態での土圧合力となり，その時のすべり面が実際にすべりが発生する面である，ということになる．

以上のような Coulomb の土圧合力を実際に求めるのには，図式方法と解析的方法の 2 つがある．解析は，力の多角形を考慮して Q_a または Q_p を α の関数で表わしておき，それを α で微分し $dQ_a/d\alpha = 0$ または $dQ_p/d\alpha = 0$ になるように α を決めて，土圧合力の表現式を求めることに他ならない．途中の計算は冗長になるので割愛し，結果のみを示すと次のようである．

$$\begin{pmatrix} Q_a \\ Q_p \end{pmatrix} = \frac{1}{2} \gamma_t H^2 \begin{pmatrix} K_a \\ K_p \end{pmatrix} \tag{10.10}$$

ただし，

$$\begin{pmatrix} K_a \\ K_p \end{pmatrix} = \left[\frac{\sin(\omega \mp \phi)}{\sin\omega \left\{ \sqrt{\sin(\omega \pm \delta)} \pm \sqrt{\dfrac{\sin(\phi + \delta)\sin(\phi \mp \beta)}{\sin(\omega - \beta)}} \right\}} \right]^2 \tag{10.11}$$

以上が，粘着力がゼロの砂質土に対する Coulomb 土圧式の理論式であり，K_a および K_p は，それぞれ，Coulomb の主働および受働土圧係数と呼ばれる．この式を導くに当っては全土圧 Q_a，Q_p を変数として取り扱ったが，結果は式（10.10）のご

とく土圧係数に $\gamma_t H^2/2$ を乗じた形になっていて，式 (10.7) で与えられる Rankine の土圧式と同じ形（$c=0$ の場合）をしている．よって，Coulomb 土圧も深さ方向に対しては静水圧的な三角形分布をしていると考えてよい．

次に，Coulomb 土圧の図式解法の一つとしてよく用いられる Culmann の方法について説明してみる．そのためにもう一度，力の多角形と記号の説明を図 10.9 (a)，(b) に示しておく．この図式解法では，図 10.9 (c) に示すごとく，まず水平から ϕ なる角度をなす直線 BS（S-線と呼ぶ）を引いておく．そして，この S-線から $\pi-\omega-\delta$ なる角度をなす直線 BL（L-線と呼ぶ）も引いておく．次に，点 C_1 を地山の表面上に任意に選び，これと B 点とを直線で結び，これをすべり面と仮定する．すべり面が与えられれば，すべり土塊 ABC_1 の部分の面積に単体重量を乗ずること

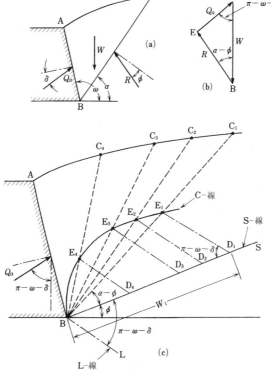

図 **10.9** Culmann の図式解法

により，この土塊の重量 W_1 を求めることができる．この W_1 を適当なスケールでS-線上の長さ BD_1 で表わすことにすると，点 D_1 が定まる．次に，点 D_1 を通り L-線に平行な直線を引き，これとすべり線との交点 E_1 を決める．この時，三角形 D_1BE_1 に着目すると，これは図 10.9 (b) に示した力の多角形と相似であるから，三角 D_1BE_1 の辺 D_1E_1 の長さが土圧合力 Q_a を表わしていることが分る．次に，少し異なった位置にすべり面 C_2B を想定してみる．この時も同様に，すべり土塊の重さ W_2 が求まるから，これを前と同じスケールで S-線上にプロットして点 D_2 を決める．そして L-線に平行線を引き，仮定したすべり面との交点 E_2 を求めれば，D_2E_2 の長さがこのすべり面に対応する土圧合力を与えることになるのである．このようにすれば，数多くの仮定されたすべり面に対し，土圧合力 D_3E_3, D_4E_4, …を次々に求めていくことができる．最後に，点 E_1, E_2…を結んでいくと，結局，図 10.9 (c) に示すような C-線を描くことが可能となる．したがって，L-線に平行な直線の中で C-線と S-線の間の距離が最長になるようなものを探してやれば，この距離が実際の土圧合力を表わし，この時の C-線上の点 E と B を結んだ直線が，現実に起こりうるすべり面の位置を表わすことになるわけである．

　以上は，$c=0$ なる砂質土を対象にした Coulomb の主働土圧を求める図式方法であるが，受働土圧に対しても同様な方法が適用できる．図式解法は，壁面が曲がっていたり背後の地山が直線でない場合にも適用可能である点が，上述の解析的方法よりも簡便であるといえよう．

10・1・5 静 止 土 圧

　壁体が静止していて動かない時の土圧を静止土圧と呼んでいるが，この考えは水平地盤内の土の要素に作用している水平応力を求めるのにも使われる．無限の拡がりをもつ水平地盤では横方向の土の変位は起こりえないから，静止している壁体に作用するのと同じ静止土圧が水平応力として土の要素に働いていると考えてよい．このようなことから，室内試験で静止土圧係数を求める際には，横方向の変位が生じないように鉛直応力と水平応力をコントロールして試料に応力変化を与える方式の実験がよく行われる．

　図 10.10 に示したのは，側方変位を拘束した状態で鉛直応力 σ_v を変化させ，その時の水平応力 σ_h の変化を求めた実験結果である．用いたのはシカゴ粘土で，鉛

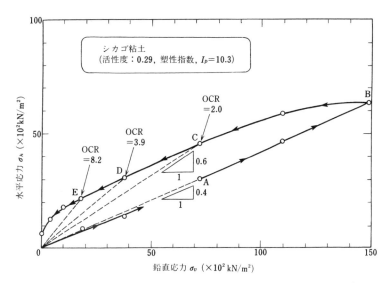

図 10.10 側方拘束状態で求めた鉛直応力と水平応力の変化の特性[1]

直応力をゼロから $14.7\,\mathrm{MN/m^2}$ ($= 14{,}700\,\mathrm{kN/m^2} \fallingdotseq 150\,\mathrm{kgf/cm^2}$) の高圧まで増加させ，しかる後に再びゼロまで除荷している．荷重の増加過程は処女載荷で，粘土は正規圧密状態にあるが，この時 $K_0 = \sigma_h/\sigma_v$ の値はほぼ一定で 0.4 であることが分る．しかし，図 10.10 の点 B から C→D→E と除荷していくと，K_0 の値は一定でなく次第に大きくなることが分る．つまり，過圧密状態になると正規圧密状態に比して静止土圧係数 K_0 の値が増大し，たとえば過圧密比 OCR が 2.0 である点 C では，$K_0 = 0.6$ になっていることが知れる．

静止土圧係数の値は，一般に土の内部摩擦角によって変化するといわれており，正規圧密状態に対しては次の Jaky の式がよく用いられる．

$$K_0 = 1 - \sin\phi \qquad (10.12)$$

このほかに，図 10.11 に示すようないくつかの実験式があるが，いずれによっても，K_0-値は内部摩擦角の増加に伴って減少すること，また 0.45〜0.75 の範囲内にあること等が示される．これらの実験式は砂でも粘土でも等しく適用できるが，内部摩擦角としては式 (7.42) で定義される有効応力に関する値を採用すべきである．

次に，過圧密状態における静止土圧係数を考えてみるに，これは図 10.10 の測定例からも明らかなように，過圧密の度合いによって違った値をとる．そこで 6・1・3

項で定義される過圧密比 OCR を用いた次のような実験式を用いるとよい[2]。

$$K_{0c} = K_0 (\text{OCR})^{0.42} \qquad (10.13)$$

ここで，K_0 および K_{0c} は，それぞれ，正規圧密状態および過圧密状態における静止土圧係数を表わしている．

土の内部摩擦角 ϕ' が塑性指数の増加に伴い減少してくることは，図 7.40 に示し

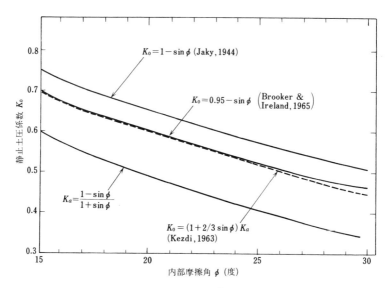

図 10.11 静止土圧係数と内部摩擦角との関係

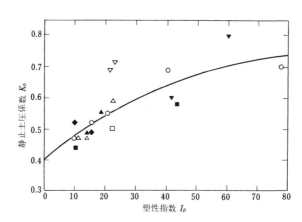

図 10.12 静止土圧係数と塑性指数の関係 (Ladd et al., 1977)[3]

たとおりであるが，この傾向を式 (10.12) の関係に当てはめてみると，K_0-値が塑性指数の増加と共に大きくなることを示唆している．そこで，色々な土について実験的に求められた静止土圧係数をその土の塑性指数に対してプロットしてみると，図 10.12 のようになる．したがって，K_0-値は砂の場合の 0.4 程度から高塑性土に対する 0.7 位まで変化しうると考えておいてよい．

10・1・6 壁の変形パターンと土圧分布

今まで述べたきた土圧は，図 10.1 に示すごとく壁の動きが底部をヒンジとして前倒しになり，変位が高さに正比例して増加するような場合に当てはまるものであった．このような変形パターンでは，図 10.1 の $\Delta x/x$ が壁の深さ方向につき一定値をとるため，全体の土塊が一様なひずみを受けて一様に塑性変形したわけである．壁の変位がこれより違ったパターンを取る時には，壁の各深さでの土の変形の程度が異なるから，土圧係数が高さと共に変化し，土圧分布は図 10.1 のような三角形分布にはならない．

このことを詳しく調べるために，図 10.13 のように壁が 3 種類の変形パターンを取った時の土圧分布を調べてみよう．まず，図 10.13 (a) のように壁の頂部が固定され深さと共に増加するような変形が生じたとすると，頂部付近の土は横方向の変形をほとんど受けないから，土圧は静止土圧分布に近い．しかし，A 点の深さでは，ランキンの主働土圧が生じる時の壁の横変位に等しくなっていることがわかる

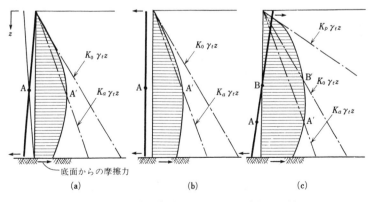

図 **10.13** 壁の変形モードと土圧分布との関係

(底部でゼロになる細線で示してある)．よってこの点では，主働土圧が発生することになる．これより深い位置では，主働状態発生に要する以上の大きな横変位を土は受けているが，今度は壁背後の土が前方に動くのを妨げるような摩擦力が土塊の底面に発生するため，土圧は主働土圧の値より小さくなってくる．以上のような諸作用が働いて，土圧分布は図 10.13 (a) に示すごとく，中央部で大きく頂部と底部で小さくなる形をとるわけである．次に，図 10.13 (b) に示すように壁全体が一様に前方に動く場合を考えてみる．頂部では，主働状態が生ずるに必要な横変位にまだ至っていないことから，静止土圧と主働土圧の中間の土圧が発生する．点 A では変形が十分大きいため主働土圧が生じるが，下方にいくにつれて底面からの摩擦力が効いて，土圧は主働土圧の値より小さくなる．最後に，図 10.13 (c) に示すように，壁体の中央部で回転が生ずるような場合の土圧分布を考察してみよう．頂部では壁が後方に押し込まれるので受働土圧が発生するが，中央部の B 点では壁の変形がゼロであるから静止土圧が生じている．更に下方へいって A 点では主働土圧が生じ，そして底面付近では摩擦の作用で土圧は主働土圧より小さくなっている．

以上，3 つの場合の考察から，下部が前方に移動するような壁体の動きが存在する時，一般に土圧は底部で小さく，中央部で最大値をとるような分布形状を呈することが分る．

10・2 設計用の土圧公式

前節で説明したように，壁体に作用する土圧の分布は壁の横変位の模様に大きく依存している．したがって，実際に土留め壁を設計する際には，施工の順序等を考慮に入れて，壁体がどのように変形するのかを想定しておく必要がある．そこで，代表的な例について，以下，設計に用いられる土圧の算定方法を紹介してみることにする．

10・2・1 擁壁の土圧

擁壁は色々な用途に用いられるが，道路の山側の地山崩壊防止のために設置される例を示したのが図 10.14 である．山腹表面の植生や風化部分をはぎとって地山を

10・2 設計用の土圧公式　235

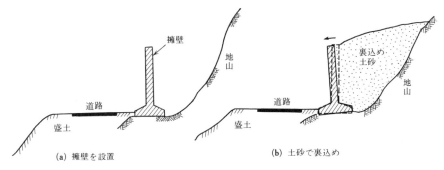

図 10.14　地山崩壊防止のための擁壁

露出させた後で壁体を建立した状態が，図 10.14 (a) に示されている．この後で背後に土砂を充填していくわけであるが，その時，図 10.14 (b) に示すようにどうしても壁体が前かがみになったり，あるいは前方へ多少移動したりする傾向が生ずる．このため，図 10.1 のような特徴をもつ壁の変形状態が表われる．よって，一般に擁壁は主働状態の土圧を考慮して設計されることが多い．ただし，壁体が傾いていたり，地山の表面も傾斜していることが多いこと等から，式 (10.11) で与えられる Coulomb の主働土圧公式がよく用いられる．この時，壁と土との間の摩擦角としては $\delta \fallingdotseq \phi/2$ とすることが多い．また，$\beta > \phi$ の時はこの公式は使用不能になることに注意すべきである．

10・2・2　矢板土留壁に作用する土圧

柔らかい粘土やゆるい砂地盤内に地下鉄や建物の地下室を建造する場合には，仮設の土留壁として矢板がよく用いられる．図 10.15 は矢板土留壁の施工の順序と，それに伴う矢板の変形の模様を示したものである．図 10.15 (a) は矢板の打込み状況であり，図 10.15 (b) は矢板壁の内側を若干掘削して地表面近くに第1段切梁を設置した状態を示す．掘削が更に進行すると，図 10.15 (c) のように矢板が内側に向って若干張り出してくる．そして，図 10.15 (d) のごとく第2段切梁を設置するわけであるが，この時，矢板を押し戻してその変形をゼロの状態にするのは至難の業であるので，通常は矢板が変形したままで切梁を設置することとなる．そして，そのまま掘削を続けて第3切梁を図 10.15 (e) のごとく設置することになるが，この段階でも矢板は前方に多少はらみ出してくる．同様にして，掘削が深

236　第10章　土　　圧

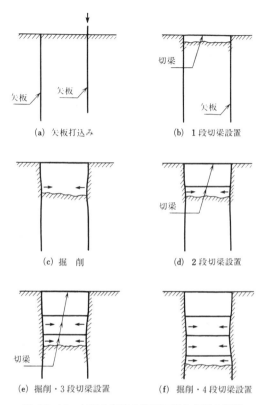

図 **10.15**　矢板土留壁の施工に伴う矢板の変形

部に進むにつれてその深度で矢板が前方に向って変形することになるので，最終的な土圧分布は図 10.16 に示すような円弧型の分布を示すわけである．

　たわみ性壁体に作用する土圧分布の特性は以上のごとくであるが，実際に土圧を現位置で測定してみると，土質柱状や施工方法の差異によって大きく変動するのが普通である．そこで，数多くの土圧実測値を深さ方向にプロットし，ほとんどのデータを包含するような包絡曲線を求め，これを矢板土留壁の設計に用いることが広く行われている．このような土圧の包絡線は Terzaghi-Peck[4] によって提案されているが，我が国ではこれに多少の訂正を加えたものが設計用に用いられている．図 10.17 に示してあるのは日本建築学会の規準[5]によるもので，土質に応じて異なる3つの土圧分布パターンが示されている．

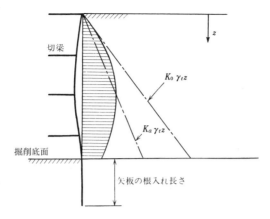

図 10.16 矢板土留壁の変形と土圧分布の特性

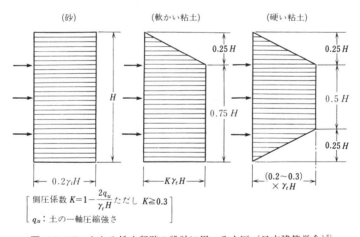

図 10.17 たわみ性土留壁の設計に用いる土圧（日本建築学会）[5]

砂質土については，土の一軸圧縮強さ q_u がゼロとなるので $K=1.0$ となり，土圧は深さ方向に一様に $0.2\gamma_t H$ の値を取ることとなる．Terzaghi-Peck は $0.65 K_a \gamma_t H$ とすることを推奨しているが，砂の内部摩擦角を $\phi=30°$ とすると $K_a \fallingdotseq 0.22$ となるから，土圧の値は建築学会規準とほぼ等しくなってくる．この土圧には水圧と有効土圧の両方が含まれていることに注意すべきである．砂の密度による有効土圧の差異は僅少であることから，砂が密であってもゆるくても，設計土圧は同一の値を取るようにしてある．粘性土についての土圧は台形分布をしているが，これは施工中

238   第10章 土圧

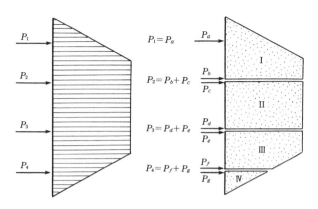

図 10.18　土圧分布公式より切梁設計荷重を求める方法

矢板の変形が粘土では特に大きくなり，図 10.16 に説明した効果が顕著に表われてくるためである．

　土圧分布が図 10.17 のように与えられた時，各深さの切梁に作用する力を求めるには，図 10.18 に説明するような簡単な方法が用いられる．つまり，矢板を各切梁の位置で分割し，それぞれを単純梁とみなして反力 p_a, p_b, … を求めていく．そして，切梁の位置での反力を加えて切梁荷重と見なすのである．4 本の切梁を用いる場合の例が，図 10.18 に説明してある．

10・3　埋設管に作用する鉛直土圧

　下水道や道路横断道等の埋設管を地下に敷設した後，地表面に生ずる変状には図 10.19 に示すごとく 2 つのタイプがある．比較的堅い地盤にトレンチを掘って埋設管を置き，砂質土で埋戻しをする方法がその一つであるが，一般に埋戻し土の転圧は十分に行われないから，この部分の剛性が原地盤のそれに比較して小さくなり，図 10.19（a）に示すごとく埋戻し土の部分が沈下してくる．このような地表面変状を溝型変形と呼んでいる．これとは反対に，原地盤に埋設管を敷設し，その後で全体をかぶせるような盛土をする場合，盛土部分が埋設管部分より変形しやすいので，図 10.19（b）に示すような地表面変状が生じる．これを突出型変形と呼んでいる．地下に置かれた埋設管に加わる鉛直圧力の大きさは，これら 2 つの変形タイ

10・3 埋設管に作用する鉛直土圧　　　239

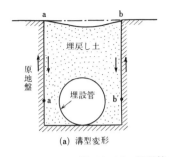
(a) 溝型変形

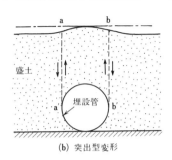
(b) 突出型変形

図 10.19　埋設管の敷設による地表面の変状

プのどちらが起こるかによって，大きく変わってくる．以下，この2つの場合を区別して，鉛直土圧を求めてみることにする．

10・3・1　鉛　直　土　圧

　図10.19のように，埋設管の両端を通る鉛直面 aa′，bb′ を考え，これによって囲まれた土塊 aa′bb′ に作用する外力を考えてみる．溝型変形が起こる場合，この土塊が周辺の土にぶら下がるようなかっこうになるから，この鉛直面に沿って上向きの力が摩擦力として加わる．突出型の場合には，これとは逆に，周辺の土が埋設管上部の土塊にぶら下がるようなかっこうになるので，鉛直面 aa′，bb′ には下向きの力が作用する．今，図10.20のように下向きを正とする座標 z を選び，長さが $2b$ で厚さが Δz なる土の微小要素を考えてみる．そして，鉛直面に作用する摩擦力を Δf で表わすと，溝型の場合には $-\Delta f$，突出型の場合には $+\Delta f$ の力がこの土の微小要素に加わることになる．この要素には，その他に $2b\sigma_v$, $2b(\sigma_v+\Delta\sigma_v)$ なる力が，それぞれ，上面と下面に加わる．また，この土の要素の自重は $2b\cdot\Delta z\cdot\gamma_t$ である．よって，鉛直方向の力の釣合い式は，

$$2b\cdot\Delta z\cdot\gamma_t - 2b\Delta\sigma_v \pm 2\Delta f = 0 \tag{10.14}$$

ただし，Δf の前の符号の内，プラスは突出型に，マイナスは溝型の場合に対応するものとする．今，鉛直面 aa′，bb′ に作用する水平応力を σ_h とすると，これは式(10.1)で定義される土圧係数を用いて $\sigma_h = K\sigma_v$ と表現できる．摩擦力 Δf は，この面に作用する垂直応力 σ_h に比例するとしてよいから，

$$\Delta f = K\sigma_v\cdot\tan\delta\cdot\Delta z \tag{10.15}$$

で与えられる．ただし，δ は鉛直面についての壁摩擦角である．式 (10.15) を式

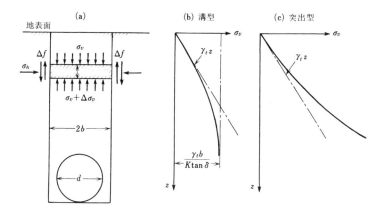

図 10.20 鉛直土圧の算定

(10.14) に代入すると,

$$\frac{d\sigma_v}{dz} \mp \frac{K\tan\delta}{b}\sigma_v = \gamma_t \tag{10.16}$$

なる一階の常微分方程式がえられる.よって,この方程式を $z=0$ の時 $\sigma_v=0$ なる初期条件のもとで解くと,

$$\sigma_v = \frac{\gamma_t b}{K\tan\delta}(1-e^{-\frac{K\tan\delta}{b}z}) \quad 溝型 \tag{10.17}$$

$$\sigma_v = \frac{\gamma_t b}{K\tan\delta}(e^{\frac{K\tan\delta}{b}z}-1) \quad 突出型 \tag{10.18}$$

なる解がえられる.鉛直土圧の深さ方向分布を式 (10.17) および式 (10.18) に基づき図示すると,図 10.20 (b),(c) のごとくになる.どちらの変形パターンでも,地表面付近では周辺の土との相互作用の影響が小さく,鉛直土圧は自重によって決まり,$\sigma_v \fallingdotseq \gamma_t z$ であることが分る.深さが増大すると,溝型変形の場合,周辺の土が荷重を分担する比率が大きくなり,鉛直土圧は自重によるものより常に小さくなる.そして,最終的に $\sigma_v = \gamma_t b/(K\tan\delta)$ なる一定値に収斂してくる.突出型変形の場合,深さの増大に伴い周辺の土の荷重の伝達分が増え,埋設管の上部の土の鉛直土圧は増大する.

10・3・2 埋設管の設計用土圧

埋設管の設計には,これに加わる鉛直土圧を設定する必要があるが,前述の溝型

または突出型の区別以外に，埋設管の剛性と埋設深さの影響についても考慮する必要がある．まず溝型変形の場合については，埋設管の剛性が大きく埋設深度が浅い場合，溝型変形の特徴が顕著に表われないから，自重 $\gamma_t z$ のみを考慮すればよい．埋設深度が大きい場合は溝型変形が表われるが，埋設管に作用する鉛直土圧は埋設管の剛性によって変わってくる．剛性が小さくたわみやすい場合は，埋設管の直上部のみの鉛直荷重を考えればよいから，荷重強度は σ_v，全荷重で表わすと $\sigma_v d$ を加えて，図 10.21 のようにして埋設管の応力計算を行う．剛性が大きくたわみにくい場合には，掘削幅 $2b$ に加わる全荷重を埋設管が負担することになるから，荷重強度は $2b\sigma_v/d$，全荷重にして $2b\sigma_v$ を加えて埋設管の応力計算をすることになる．

突出型変形の場合，埋設深度が大きいとその特徴が顕著に表われず，式（10.18）で与えられる鉛直土圧よりも相当小さい土圧しか埋設管には加わらない．また，深度が浅くても埋設管の剛性が小さくたわみやすい場合，突出型の特徴が表われないから，鉛直土圧は自重による $\gamma_t z$ を考慮すればよいことになる．埋設深度が浅く剛性が大きい時，式（10.18）で算定される鉛直土圧を用い，全荷重にして $\sigma_v d$ を作用させて埋設管の設計をすればよい．

設計計算では，図 10.21 のように鉛直土圧を上下方向に加え，左右側にはバネを配置して応力解析を行うこともあるが，側方自由（バネ定数＝0）と仮定することもある．さて，式（10.17）または式（10.18）を用いて鉛直土圧を求めるには，$K\tan\delta$ の値を知る必要がある．これについては正確な値が与えにくいが，大体の

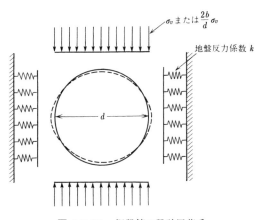

図 **10.21** 埋設管の設計用荷重

目安値として $K\tan\delta=0.11\sim0.19$ が用いられる.埋設管土圧の問題については,文献6に詳細が記されている.

参 考 文 献

1) Brooker, E. W. and Ireland, H. O., "Earth Pressures at Rest Related to Stress History," *Canadian Geotechnical Journal*, Vol. 2, No. 1, pp. 1-15, 1965.
2) Schmertman, J. S., "Measurement of In-Situ Shear Strength," *ASCE Speciality Conference on In-Situ Measurement of Soil Properties*, Raleigh, Vol. II, pp. 57-138, 1975.
3) Ladd, C. C., Foott, R., Ishihara, K., Schlosser, F. and Poulos, H. G., "Stress-Deformation and Strength Characteristics," *Proc. International Conference on Soil Mechanics and Foundation Engineeing*, Vol. 2, pp. 421-494, Tokyo, 1977.
4) Terzaghi, K. and Peck, R. B., Soil Mechanics in Engineering Practice, John Wiley & Sons, p. 204, 1967.
5) 日本建築学会,建築基礎構造設計規準・同解説,1975.
6) 最上武雄監修,松尾稔,富永眞生,土圧,鹿島出版会,1975.

第11章 地盤の支持力

11・1 支 持 力 論

　水平な地盤上に建物の基礎を置いたり，地盤内に杭やケーソン等の地中基礎を設置する場合には，どの程度の沈下が生ずるかを予測すると同時に，地盤のすべり破壊に対して安全か否かを確認しておく必要がある．この時，上部構造から伝えられる力と，地盤が支持しうる地耐力とを比較して安全の程度を判定することになるので，この地耐力または支持力を推定する必要が生じてくる．以下，この問題に関係した理論と実際につき簡単に述べてみることにする．

11・1・1　地盤の弾塑性変形

　水平な表面をもつ地盤上に図11.1のように一様に載荷し，荷重の大きさを少しずつ増やしていく時の地盤の挙動を考えてみる．簡単な場合として，地盤は均質な粘土から成り，その内部摩擦角はゼロで粘着力 c_u なる強度を有していると仮定してみる．よって，この土の応力-ひずみ関係は，図11.2 (a) のごとくであると仮定しておく．載荷重が小さい時，地盤は全体として弾性的挙動を示す．つまり，地盤内のすべての領域で土中の応力は弾性範囲内，つまり図11.2 (a) で OA の範囲内にあり，したがって荷重と地表面沈下の関係も図11.2 (b) に示すごとく OA 内にあって直線的になる．地表面上の載荷重がある値 p_A まで増加した時，地盤内の一部の土に生ずる応力が破壊強度 c_u に等しくなったとすると，この部分で塑性域が発生するために，外荷重と地表面変位の関係も直線でなくなる．つまり，図11.1 (a) のごとく塑性域が発生し，外荷重と沈下の曲線上で図11.2 (b) の点 A で示すような降伏点が表われる．この降伏点の荷重 p_A は，9・1・3項を参照して次

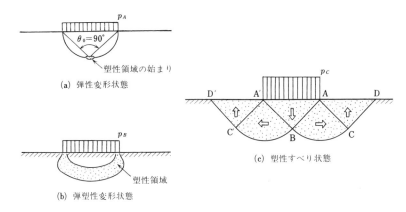

図 11.1 地表面荷重の増加に伴う地盤内の変形状態の推移

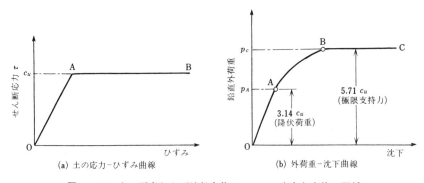

図 11.2 土の要素および地盤全体についての応力と変位の関係

のように求めことができる.

p なる一様分布荷重が加わった時,半無限弾性体の内部に発生する最大せん断応力 τ_m は,式 (9.11) に示す通り $(p\sin\theta_0)/\pi$ で与えられるが,地盤の内部でこの値が最大になる点は,$\theta_0 = 90°$ で与えられる半円周上の点である(図 11.1 (a) 参照).よって,この時の値 $\tau_{max} = (\sigma_1 - \sigma_3)/2 = p/\pi$ が,式 (7.25) と (7.26) で与えられる粘土の非排水せん断強度 $c_u = (\sigma_1 - \sigma_3)_f/2$ に等しくなった時点で,地盤内に塑性域が発生すると考えてよい.したがって,この時の荷重を p_A とすれば,

$$p_A = \pi c_u \tag{11.1}$$

であることが知れる.これが地盤の降伏荷重で,図示すると図 11.2 の点 A となる.

表面荷重が p_A を超えて更に増加すると，地盤内の塑性域は図 11.1 (b) に示すごとく次第に拡がっていく．それに対応して，荷重-沈下曲線も次第に横ばいになり，図 11.2 (b) の点 B に近づいてくる．そして，表面荷重がある最終値 p_c に近づくと，載荷重の近傍の領域で土に加わるせん断応力がすべて非排水せん断強度 c_u に等しくなる状態が現出する．このような状態は塑性流動と呼ばれ，外荷重が一定のままでも大きな沈下が発生しうる（図 11.2 (b) 参照）．また，この時，土が破壊状態にある領域を塑性域と呼んでいるが，その一例を示すと図 11.1 (c) のごとくである．このような部分の土がすべて塑性破壊状態となり，曲線 ABC′D′ または A′BCD に沿って全体が矢印の方向に動くことになる．この塑性流動が生ずる時の外荷重 p_c は"極限支持力"と呼ばれている．支持力の求め方については後述するとして，その結果のみを示すと図 11.1 (c) のごとき塑性域のパターンに対して，式 (11.26) に示すごとく

$$p_c = 5.71 c_u \qquad (11.2)$$

であることが知られている．式 (11.1) と (11.2) より $p_c/p_A = 1.82$ であるから，地盤の降伏荷重の 1.82 倍の値にまで外荷重が増大すると，これが極限支持力に等しくなり，地盤に全体的すべり破壊が生ずるということになる．以下，本章で扱う支持力の問題は，すべて塑性流動状態における極限支持力を対象にしていることに留意すべきである．

11・1・2 Rankine 塑性域に基づく支持力

図 11.1 (c) のような明確なすべり面を伴って破壊が生ずるのは，地盤が密な砂や過圧密の粘土から成り立っている場合であって，一般にはもっと複雑な挙動が表われる．図 11.3 は地盤の破壊モードを 2 つの両極端な場合について説明したものであるが[1]，図 11.3 (a) は今までに述べたすべり破壊のパターンに他ならず，これを全体破壊と称することにする．地盤がゆるい砂質土や正規圧密粘土から成る場合には，図 11.3 (b) に示すように，載荷の直下部分の土が圧縮されて外荷重を支え塑性域は外側に拡大せず，したがって周辺の土の盛り上りも見られない．この種の破壊は局所破壊と呼ばれるが，荷重-沈下曲線で明確な折点が表われず，極限支持力を求めにくくなるのが特徴である．多くの地盤は，以上 2 つの場合の中間的な挙動を示すことが多い．しかし，理論的に支持力が計算できるのは主として全体破

246   第11章 地盤の支持力

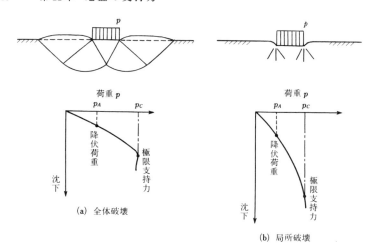

図 **11.3**　地盤破壊のパターン

壊の場合であるので，以下この点に的をしぼって説明してみることにする．

　今，全荷重 Q が幅 B にわたって地盤に加わった時，図 11.4 (a) に示すような塑性域が発達して地盤が破壊したと仮定してみよう．載荷重の両側には，q_s なる等分布荷重がサーチャージとして加わっていると仮定する．2 つの塑性域，Ⅰ，Ⅱ を拡大して描いたのが図 11.4 (b) であるが，すべり線は BC と CD の 2 本の直線から成ることは明らかである．サーチャージ q_s や載荷幅 B の値が与えられた時，領域 Ⅰ，Ⅱ が塑性状態にあるという前提のもとに，載荷重 Q を求めるのが支持力の問題である．まず領域 Ⅰ に着目すると，この部分の土は鉛直応力が水平応力より大きい状態で破壊を生じているわけだから，すべり面 BC は水平面と $\pi/4+\phi/2$ なる角度をなし，主働土圧状態にあると考えてよい（図 10.4 (b) 参照）．領域 Ⅱ では，逆に水平応力が鉛直応力より大きい状態で土が破壊していると考えてよいから受働土圧状態にあり，すべり面は水平面と $\pi/4-\phi/2$ なる角度をなすことになる（図 10.4 (c) 参照）．鉛直面 AC に作用する力の合力を P_c とすると，領域 Ⅱ の土は水平応力として P_c/H，鉛直応力として $q_s+\gamma_t H/2$ を受けて破壊を生じ受働土圧状態にあるわけだから，式 (10.6) の下側の関係式を用いて，

$$P_c/H = K_p(q_s+\gamma_t H/2) + 2c\sqrt{K_p} \qquad (11.3)$$

がえられる．ただし，$\gamma_t H/2$ は深さ H までの土の自重による鉛直応力（三角形分

11・1 支持力論　247

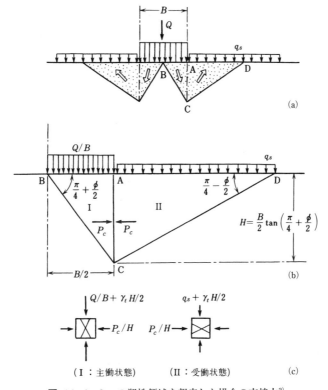

図 **11.4**　2つの塑性領域を想定した場合の支持力[2]

布をする）の平均値を表わす．また，深さ H は幾何学的考察より図 11.4 (b) に示すごとく，

$$H = \frac{B}{2} \tan\left(\frac{\pi}{4} + \frac{\phi}{2}\right) = \frac{B}{2}\sqrt{K_p} \tag{11.4}$$

で与えられる．次に領域 I に着目すると，この部分の土は鉛直方向に $Q/B + \gamma_t H/2$，水平方向に P_c/H なる応力を受けて破壊を生じ主働土圧状態にあるわけだから，式(10.6)の上側の関係式を用いて，

$$P_c/H = K_a(Q/B + \gamma_t H/2) - 2c\sqrt{K_p} \tag{11.5}$$

なる関係を満たさなくてはならない．式(11.3)と(11.5)から P_c を消去し，式(10.14)から導かれる $K_a K_p = 1$ なる関係を用いると，Q が次のように求まる．

$$\frac{Q}{B} = \frac{\gamma_t}{2} B\overline{N}_\gamma + c\overline{N}_c + q_s \overline{N}_q \tag{11.6}$$

ただし，

$$\left. \begin{array}{l} \overline{N}_\gamma = \dfrac{1}{2}(K_p^{5/2} - K_p^{1/2}), \quad \overline{N}_c = 2(K_p^{3/2} + K_p^{1/2}) \\ \overline{N}_q = K_p^2 \end{array} \right\} \tag{11.7}$$

式 (11.6) が支持力を与える式である．$\overline{N}_\gamma$, $\overline{N}_c$, $\overline{N}_q$ は支持力係数と呼ばれるが，$K_p = \tan^2(\pi/4 + \phi/2)$ であるから，これらは内部摩擦角 ϕ のみの関数となっている．この式の形から，支持力 Q は 3 つの成分に分解できることが分る．まず，$\gamma_t B^2/2 \cdot \overline{N}_\gamma$ の項に着目すると，これはすべり面より上に存在する土の重量に比例しているから，土の自重によって発揮される摩擦抵抗力であることが分る．次に，$cB\overline{N}_c$ の項について考えると，載荷幅 B が増えるとすべり面の全長が増えるから，すべり面に沿って働く粘着力による抵抗力が $cB\overline{N}_c$ であることが知れる．最後に，$q_s B \overline{N}_q$ の項についてであるが，サーチャージ q_s の作用する表面部分の長さは載荷幅に比例して増えるから，この項はサーチャージの押えによって生ずる摩擦抵抗力を表わしていることになる．

今，特別な場合として非排水状態にある粘土地盤を考えてみると，$\phi = 0$，$c = c_u$ と置いてよい．この時，$\overline{N}_\gamma = 0$，$\overline{N}_c = 4$，$\overline{N}_q = 1$ となるから，式 (11.6) は，

$$\frac{Q}{B} = 4c_u + q_s \tag{11.8}$$

となる．これより，内部摩擦角がゼロの土では，土の重量による抵抗力が発揮されえないこと，サーチャージはその大きさそのものが抵抗力として寄与すること等が分る．$q_s = 0$ とおくと式 (11.8) は $Q/B = 4c_u$ となるが，これは式 (11.2) の $p_c = 5.71 c_u$ と同じ形をしていることが分る．式 (11.2) で係数が 5.71 になっているのは，図 11.1 (c) のような異なった塑性すべり状態を仮定したためなのである．

支持力公式から分るもう一つの重要な点は，式 (11.6) からも明らかなごとく，摩擦性の土 ($\phi \neq 0$) では支持力 Q/B が載荷幅 B に比例して増大することである．つまり，構造物基礎の支持力は基礎幅の増大に伴って大きくなってくるわけである．

以上は，2 つの領域の土が完全に塑性破壊状態に達したと仮定した場合の支持力であるから，図 11.3 (a) で説明した全体破壊の場合に相当する．同様にして，砂がゆる詰めで局所破壊が生ずる場合の支持力を推定することも可能である．この場

合，載荷重直下の領域Ⅰでは土が塑性破壊に達し主働状態が現われるが，領域Ⅱでは受働土圧状態に至らず，土は相変わらず静止土圧状態にあると考えてみる．つまり，領域Ⅱに受働状態が現われるには領域Ⅰの土が横方向に大きく変形する必要があるが，領域Ⅰの土はゆる詰めなので，圧縮が卓越してもさほど大きな変位が横方向に起こらず，近似的に図11.5のACなる鉛直面が不動で静止土圧P_0が作用しているとみるわけである．よって，図11.5に示す領域Ⅱに着目すると，

$$P_0/H = K_0(q_s + \gamma_t H/2) \tag{11.9}$$

で与えられる．ただし，K_0は静止土圧係数である．一方，図11.5の領域Ⅰに着目すると，式(11.5)より

$$P_0/H = K_a(Q/B + \gamma_t H/2) \tag{11.10}$$

が成り立つ．ただし，ここではゆるい砂を対象としているので，$c=0$としてある．式(11.9)と(11.10)の間でP_0を消去することにより，

$$\frac{Q}{B} = \frac{\gamma_t}{2}BN_{\gamma 0} + q_s N_{q0} \tag{11.11}$$

ただし，

$$N_{\gamma 0} = (K_0 K_p - 1)\sqrt{K_p}/2, \quad N_{q0} = K_0 K_p$$

がえられる．今，$q_s = 0$の場合について式(11.7)の$\overline{N}_\gamma$と式(11.11)の$N_{\gamma 0}$の値

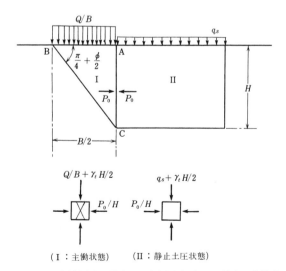

図 **11.5** 塑性領域と静止土圧領域を想定した場合の支持力

を数値的に比較してみよう．代表的な例として $\phi=30°$ とすると，式 (10.4)，(10.12) より，$K_p=3.0$，$K_0=0.5$ がえられる．これより $\overline{N}_\gamma/N_{\gamma 0}=16$ となるから，砂が密詰めで側方に向って受働域が発達する全体破壊の場合には，ゆる詰めで局所破壊の場合に比べて，支持力が 16 倍にもなることが知れる．

11・1・3 塑性過渡領域を考慮した支持力

支持力の話に入る前に，図 11.6 に示すようなくさび状の領域 AC′C を考えてみる．$\angle C'AC = \theta_1$ とし，AC 面上には内部摩擦角 ϕ の傾きをもって p_a なる等分布荷重が作用し，AC′ 面上にもやはり ϕ なる傾きを持った等分布荷重 p_b が加わっているとする．このくさび状の土の領域が塑性破壊状態になるためには，p_a と p_b の間にいかなる関係が存在せねばならないのかという命題を考えてみよう．ところで，AC′ 面と AC 面に作用している荷重は ϕ だけ傾いているから，これらの面はすべり面としての条件を満たしている．今，$\angle C'AC = \theta_1$ については何ら条件を課さず任意の角でよいとしているから，A を中心とする放射状の直線はすべてすべり面としての資格を備えていることになる．このような時，もう一組のすべり面はどのような曲線になるのか考えてみる．一般に，土が主働状態で破壊していると仮定すると，図 11.6 の右側に示すように，$\pi/2 - \phi$ なる角度で交わる 2 本のすべり線が存在しうる．受働状態で土が塑性破壊している時も同じことがいえる．したがって，図において

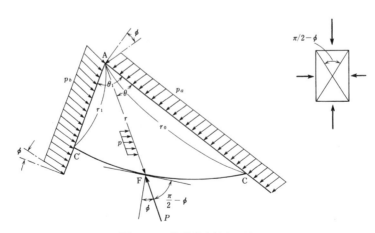

図 **11.6** 塑性過渡領域の説明

すべり面 AC および AC′ と $\pi/2-\phi$ なる角度で交わる曲線は何かと問うてみるに，その答えは CFC′ のような対数ら線しかない，ということが分る．よって，対数ら線上の任意の点を F とし，それを図 11.6 のごとく極座標 (r, θ) で表わすと，この対数ら線は，

$$r = r_0 e^{-\theta \tan \phi} \tag{11.12}$$

で表わせる．よって，互いに $\pi/2-\phi$ なる角度で交わる 2 本のすべり面は AF と対数ら線 CC′ ということになる．次に，中心点 A に関する各力のモーメントを考えてみる．対数ら線 CFC′ はすべり面であるから，この面に作用する力は図 11.6 の点 F で代表されるように，常に中心 A の方向を向いている．よって，すべり面 CFC′ 上に作用する力の A 点についてのモーメントはゼロとなる．よって，AC 上の p_a によるモーメント $p_a \cos \phi \cdot r_0^2/2$ は，AC′ 面上の p_b によるモーメント $p_b \cos \phi \cdot r_1^2/2$ に等しくなくてはならないことより，

$$\frac{p_a}{p_b} = \frac{r_1^2}{r_0^2} \tag{11.13}$$

がえられる．よって，式 (11.12) で $\theta = \theta_1$ の時，$r = r_1$ と置いて，これを式 (11.13) に代入することにより，

$$p_b = p_a e^{2\theta_1 \tan \phi} \tag{11.14}$$

がえられる．今，任意の点 F と A とを結ぶ直線上に作用している応力を p とすると，上式で $p_b = p$, $\theta_1 = \theta$ と置けばよいわけだから，結局，

$$p = p_a e^{2\theta \tan \phi} \tag{11.15}$$

なる関係がえられる．この式で与えられる p は，Mohr-Coulomb の破壊条件式を満たしていることが容易に示される．図 11.6 のごとく 2 本の直線と 1 本の対数ら線で囲まれた領域のことを塑性過渡領域と呼ぶことにする．この領域内では放射方向（r-方向）には応力が変化しないが，円周方向（θ-方向）には式 (11.15) の関係に従って応力 p が変化することになる．

以上のような前準備に基づき，3 つの塑性域を想定した場合の支持力を求めてみよう．そのために，図 11.7 (a) に示すようなすべりパターンを仮定してみる．この図の詳細は図 11.7 (b) に示してあるが，Rankine の塑性領域 I と II の中間に過渡領域 III を介在させたかっこうになっている．この図より，幾何学的考察に基づき次式をうる．

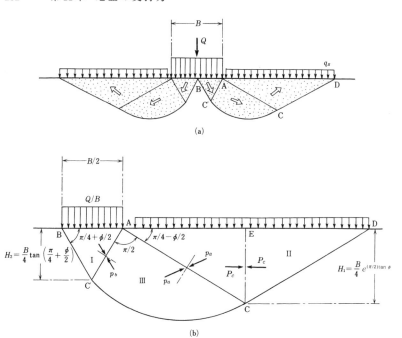

図 11.7 3つの塑性領域を想定した場合の支持力

$$H_1 = \frac{B}{4} e^{(\pi/2)\tan\phi} \\ H_2 = \frac{B}{4} \tan\left(\frac{\pi}{4}+\frac{\phi}{2}\right)\} \quad (11.16)$$

まず塑性領域IIに着目すると，これはRankineの受働土圧状態にあるから，ECのような鉛直面に作用する水平方向の合力 P_c は，式 (11.3) を導いたのと同じ考え方に従い，

$$P_c/H_1 = K_p(q_s + \gamma_t H_1/2) + 2c\sqrt{K_p} \quad (11.17)$$

によって与えられる．塑性領域IIの中の応力状態を示すと，図11.8 (b) のごとくになり，これに対応するMohrの応力円を描くと図11.8 (a) のようになる．ところで，図11.7 (b) の面ACは最大主応力面ECと $\pi/4+\phi/2$ なる角度をなしているから，破壊時に面ACに作用しうる応力は，Mohrの円で示すと図11.8 (a) に示すごとく，τ_a なるせん断応力と σ_a なる直応力から成る．よって，これらの応力

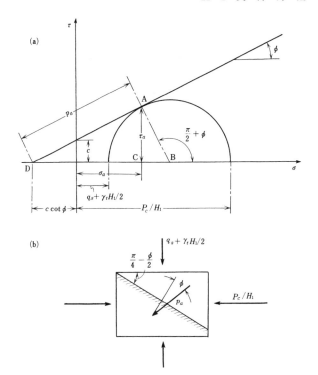

図 11.8 塑性領域Ⅱ内の応力状態

と $c\cot\phi$ とを合成した p_a は，Mohr 円の幾何学的考察より，

$$p_a = (q_s + \gamma_t H_1/2 + P_c/H_1)\cos\phi/2 + c\cos^2\phi/\sin\phi \quad (11.18)$$

で与えられることが分る．よって，式(11.17)の P_c と，$H_1 = B/4 \cdot e^{(\pi/2)\tan\phi}$ を式(11.18)に用いれば p_a の値は既知のものとなる．この p_a は ϕ なる角度をなしてすべり面に作用している力に比例しているから，これを式(11.14)に用いると，荷重直下の主働状態にある領域のすべり面，つまり図 11.7 (b) の面 AC′ に作用する力 p_b を求めることができる．この時，塑性過渡領域の内角は図 11.7 より $\pi/2$ であることが分るから式(11.14)の中に $\theta_1 = \pi/2$ を代入する必要がある．

次に，塑性領域Ⅰの中の応力状態を示すと図 11.9 (b) のごとくになり，Mohr円で表わすと図 11.9 (a) のようになる．よって，この図より塑性平衡式が次のようにえられる．

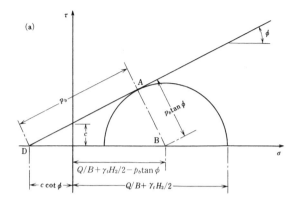

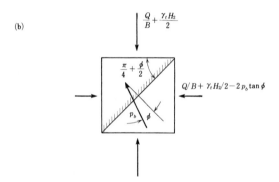

図 **11.9** 塑性領域 I 内の応力状態

$$Q/B = p_b \tan(\pi/4 + \phi/2) - c\cot\phi - \gamma_t H_2/2 \tag{11.19}$$

この式を，式 (11.16), (11.17), (11.18) を用いて書き直すと，次のような支持力公式がえられる．

$$\frac{Q}{B} = \frac{\gamma_t}{2} B N_\gamma + c N_c + q_s N_q \tag{11.20}$$

ただし，

$$\left. \begin{array}{l} N_\gamma = \dfrac{1}{8}\cos\phi\,(1+K_p)\sqrt{K_p}\,e^{(3/2)\pi\tan\phi} - \dfrac{1}{4}\sqrt{K_p} \\[4pt] N_c = \cos\phi\,(\cot\phi + \sqrt{K_p})\sqrt{K_p}\,e^{\pi\tan\phi} - \cot\phi \\[4pt] N_q = \dfrac{1}{2}\cos\phi\,(1+K_p)\sqrt{K_p}\,e^{\pi\tan\phi}, \quad K_p = \tan^2\left(\dfrac{\pi}{4} + \dfrac{\phi}{2}\right) \end{array} \right\} \tag{11.21}$$

今,特別な場合として,内部摩擦角がゼロになる粘土を考えてみる.この時 $N_\gamma=0$,$N_q=1$ となることは直ちに分るが,N_c については少し面倒である.そこで,式 (11.21) の N_c を次のように書き直してみる.

$$N_c = \cos\phi \tan^2\left(\frac{\pi}{4}+\frac{\phi}{2}\right)e^{\pi\tan\phi} + \frac{\cos\phi \tan^2\left(\frac{\pi}{4}+\frac{\phi}{2}\right)e^{\pi\tan\phi}-1}{\tan\phi}$$

右辺の第1項は $\phi=0$ の時 1.0 となる.第2項は分子も分母もゼロとなるので,分母と分子を別々に ϕ について微分し,しかる後に $\phi\to 0$ とすると,$\pi+1$ となることが分る.よって,

$$N_\gamma=0,\quad N_q=1.0,\quad N_c=\pi+2 \qquad (11.22)$$

以上のことから,まず $\phi=0$ の材料については $N_\gamma=0$ となり,土の重量に起因する抵抗力が発揮されず,支持力は重量に無関係であることが分る.このことは式 (11.8) で示されるように,2つの塑性域を考えた場合と軌を一にする結果である.また,サーチャージはその大きさ自体が支持力として寄与することも分る.式 (11.22) より,$\phi=0$ の材料に対して支持力は $c=c_u$ と置いて,

$$\frac{Q}{B}=(2+\pi)c_u+q_s \qquad (11.23)$$

で与えられることが分る.$q_s=0$ の時,支持力は $5.14c_u$ となり,これは式 (11.8) で与えられる $4.0c_u$ よりは大きいが,式 (11.2) の $5.71c_u$ より小さくなっていることが知れる.

さて,今まで論じてきた支持力論は,$\phi\neq 0$ の材料に対しては厳密にいうと正しくないのである.その理由は,Rankine の塑性域Ⅰ,Ⅱに対しては土の自重の影響を考慮しているが,過渡領域Ⅲに対しては自重の影響を無視してきたからである.このことは,図 11.6 で過渡領域のすべり面の性質を考察した際,表面応力のみを考え自重を考慮していなかったこと,そしてその結果えられた式 (11.15) を直接,支持力の算定に用いていたことを振り返ってみれば自明のことである.自重の影響を考慮すると式 (11.15) が成り立たず,したがって,過渡領域内のすべり面は直線と対数ら線で表現できず,図 11.10 (a) のように異なった曲線となる.この場合については簡単な考察ができず,微分方程式を逐次積分して数値解を求めるという複雑な手続きをとる必要が生じてくる.

11・2 地盤の支持力

11・2・1 Terzaghi の支持力式

　上部構造からの荷重は，一般に基礎体を通して地盤に伝えられるが，この時，基礎底面の状態に応じて荷重の伝達の模様が異なり，したがって地盤内のすべり面の様子，ひいては支持力の大きさが違ってくることが知られている．基礎底面が滑らかな場合には上載荷重がスムースに伝えられ，地盤内のすべり面は図 11.10 (a) に示すように，載荷面の中央から左右に向って 2 つに分かれてくる．そして，荷重直下には Rankine の主働域が現われる．これと反対に，もし基礎底面が粗であると，その下の土が横方向に移動するのを妨げるような力が誘起され，土が完全に塑性状態に至らず，荷重直下の土は基礎にくっついたくさび形の剛体として働くことになる．この時のすべり面のパターンは，図 11.10 (b) に示すごとく，このくさびの下端部から両方に拡がったかっこうになり，塑性状態になるのは領域 II と III の部分の土のみということになる．

　以上，2 つの場合について，過渡領域の土の自重も考慮した支持力式が Terzaghi によって提案されている．これは，内部摩擦角と粘着力を有する地盤がサーチャージを受けている一般的な場合に対し，自重が無いと仮定して求めた N_c と N_q，および粘着力とサーチャージが無いと仮定して求めた N_γ とを用い，式 (11.20) によっ

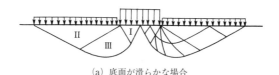

(a) 底面が滑らかな場合

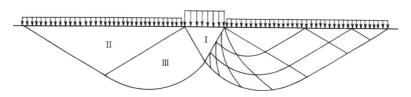

(b) 底面が粗な場合

図 **11.10**　一般的なすべり面の形状

て，支持力を算定しようというものである．まず，$\gamma_t = 0$，$\phi \neq 0$，$c \neq 0$，$q_s \neq 0$ と仮定して N_c と N_q を求め，次に，$\gamma_t \neq 0$，$\phi \neq 0$，$c = 0$，$q_s = 0$ と仮定して N_γ を求めるわけであるが，その結果のみを示すと，底面が滑らかな場合に対しては，

$$\left. \begin{array}{l} N_q = \dfrac{1}{1-\sin\phi} e^{(3/2\pi-\phi)\tan\phi}, \quad N_c = (N_q - 1)\cot\phi \\ N_\gamma \fallingdotseq (N_q - 1)\tan(1.4\phi) \end{array} \right\} \quad (11.24)$$

底面が粗な場合に対しては，

$$\left. \begin{array}{l} N_q = K_p e^{\pi\tan\phi}, \quad N_c = (N_q - 1)\cot\phi \\ N_\gamma \fallingdotseq 2(N_q + 1)\tan\phi \end{array} \right\} \quad (11.25)$$

となる．以上の式で，自重による項 N_γ は図解的にえられた近似解を数式で表現したものであり，解析解ではない．以上の支持力式は便宜上2つの状態，つまり $\gamma_t = 0$ および $\gamma_t \neq 0$ の状態を想定して導かれたものであるから，それぞれの場合につき異なったすべり面を採用して計算を行っている．この意味で式 (11.24)(11.25) はいずれも近似解であるが，支持力に影響する重要なファクターはすべて包含されるので，実用的にはよく用いられる．底面が粗な場合についての解，式 (11.25)

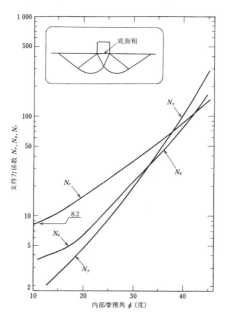

図 **11.11** 支持力係数と内部摩擦角との関係

を図示したのが図 11.11 であるが，いずれの支持力係数も内部摩擦角の増加に伴い急激に増える傾向を有することが分る．

図 11.10 より明らかなごとく，すべり面の横方向への拡がりは，底面粗の場合の方が底面滑らかの場合に比べて 2 倍だけ大きくなっている．よって，すべり面の長さも 2 倍になっていることから，自重による支持力係数 N_γ は，底面粗の場合の方が底面滑らかの場合の 2 倍の大きさになってくる．

次に，底面滑らかな場合の支持力係数が $\phi=0$ の時，どのようになるのかを考えてみよう．式 (11.25) より $N_\gamma=0$, $N_q=1$ であることは直ちに分る．N_c は分母と分子を別々に ϕ について微分し，しかる後に $\phi \to 0$ とする手続きをとることにより，

$$N_c = \frac{3}{2}\pi + 1 = 5.71 \tag{11.26}$$

となることが分る．

地盤の支持力については多くの理論的，数値的，実験的研究がなされてきているが，その多くは N_γ の評価に関係したものである．これらをとりまとめて示すと図

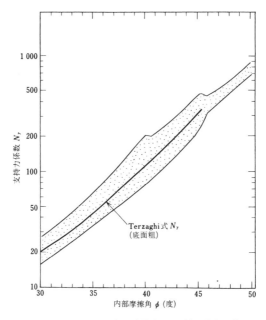

図 **11.12** N_r と内部摩擦角の関係のまとめ[3]

11.12のごとくになる．この図からも，支持力係数の値は解析や実験の方法に依存して，2倍近い範囲で大幅に変化することが知れる．実際の設計にあたっては，各機関や学会が推奨している更に実用的な公式や図表を用いることが望ましい．

11・2・2 杭基礎の支持力

以上は中小の構造物を対象とした浅基礎の支持力に関する考え方である．中高層の建物や大きな荷重が加わる道路橋や鉄道橋では，通常，杭基礎が用いられる．杭の支持機構としては，図11.13に説明してあるように，先端支持力P_bと周辺摩擦力τ_sとに分けて考えるのが普通である．それぞれに対して理論的考察がなされているが，実務上は実物大に近い杭を用いた原位置載荷試験を行い，その結果よりP_bとτ_sを求めて設計を行うことが多い．

長尺の杭には大別して場所打ち杭と鋼管杭があるが，ここでは前者について詳しく説明することにする．場所打ち杭は図11.14に示すように，(1) まず回転ビットやバケット打撃等で直径$D=0.5～2.0$ mの孔を所定の深さ$L=10～30$ mまで掘削し，ベントナイト泥水で孔壁の崩落を防止しておく（図11.14 (a)）．(2) 次に各深さにストレインゲージを貼りつけた鉄筋の籠を降ろしていく（図11.14 (b)）．(3) そしてトレミー管を用いてコンクリートを底部から上方に向けて連続的に注入する（図11.14 (c)），という順序で打設される．コンクリートが固化した後で，図11.14 (d) に示すように地上から載荷重をかけて載荷試験を行う．鉄筋籠にはいくつかのストレインゲージが貼りつけてあるから，これがコンクリートの中に埋め

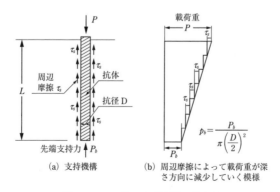

(a) 支持機構　　(b) 周辺摩擦によって載荷重が深さ方向に減少していく模様

図 **11.13** 杭の支持機構の考え方

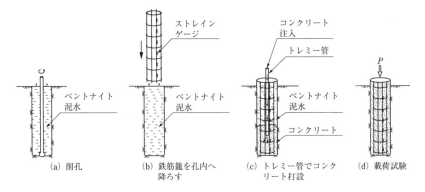

図 11.14　場所打ち杭の施工順序と載荷試験

込まれた状態で載荷重が加えられることになる．よってストレインゲージは，それを取りまく鉄筋コンクリートと一体となって軸方向に圧縮されることになるので，ストレインゲージで求まる圧縮ひずみにヤング率と杭体の断面積を乗ずることにより，その位置で作用している軸方向力を算定できることになる．その分布を概念的に描いたのが図11.13（b）であり，載荷重は深さと共に低減してくる．このようにして求めた深さ方向に隣接する2つの位置での軸方向力の差は周辺摩擦に乗り移っていることになるので，これを周辺面積で割ることにより周辺摩擦抵抗応力 τ_s を知ることができる．

　一方，図11.13（b）に示す P_b の値が杭の先端で支えられることになる．この値を断面積で割って，先端支持応力 p_b を求める．具体的に載荷試験を行う時には，図11.15に示すように，大きな沈下が生ずるまで漸増する荷重を繰り返して加える．これが極限支持力 P_b となるが，設計上は沈下量が杭径 D の 1/10 まで進行した時の軸荷重応力 P_u をもって先端支持力とすることが多い．今まで行われた多くの載荷試験データを集約したものが図11.16と図11.17に示してある[4]．図11.16では，横軸に杭先端付近における標準貫入試験の平均値 $\overline{N}$（杭先端±1.0 m 区間の平均）をプロットしてある．この図を参考にして p_b と τ_s を推定するのも一法であろう．図11.16と図11.17に示したデータは相当にばらついている．これには多くの要素が関係しているので，個々の場合について原位置試験を行って p_b と τ_s を定めるのが望ましい．

　今，全体の支持力成分を，先端抵抗力 P_b と周辺摩擦の合計 $T_b = \pi \left(\dfrac{D}{2} \right)^2 L \cdot \tau_s$ に分

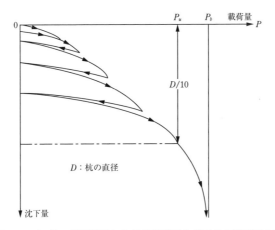

図 11.15 杭の載荷試験における載荷重と地下量の関係図より全体の耐荷重 P_b を求める方法

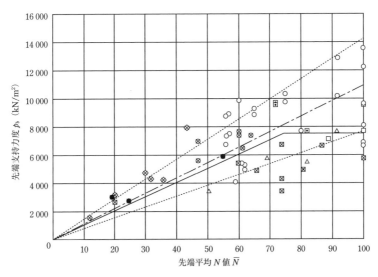

図 11.16 場所打ち杭の p_b と $\overline{N}$ の関係(日本建築学会)[4]

けて考えてみる.P_b の値が全体の約 60〜70% 以上を占めている場合,その杭は"先端支持杭"と呼ばれ,それ以下の場合には"摩擦杭"と総称されている.一般に粘土・シルト・砂・レキの順に,周辺摩擦抵抗杭 T_b の割合が低減して,先端抵抗力 P_b の割合が増加してくる.これは,地質調査でよく用いられるコーン貫入試験に

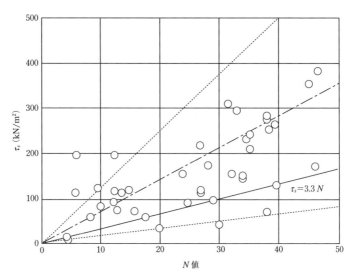

図 11.17 場所打ちコンクリート杭の周面摩擦力度と N 値の関係（日本建築学会）[4]

おいて砂レキ土になればなるほど周辺摩擦抵抗力に比して先端抵抗力が増加してくるのと同じメカニズムによるものである．

参 考 文 献

1) Vesic, A. S., "Analysis of Ultimate Loads of Shallow Foundations," ASCE, SM 1, pp. 45-73, 1973.
2) Lambe, T. W. and Whitman, R. V., Soil Mechanics, SI Version, John Wiley & Sons, pp. 202-210, 1979.
3) 谷和夫，砂地盤上の浅い基礎の支持力機構，東京大学修士論文，1986.
4) 日本建築学会，建築基礎構造設計指針，2001

第12章 斜面の安定

12・1 斜面の安定度

　盛土やアースダム，または自然斜面は，色々の原因ですべり崩壊を生ずる．したがって，現在ある斜面がどの程度の安定度を持っているのか，あるいは新しく作られる土構造物がどの位の安定性を確保すべきか等について，まず安定性評価の尺度を定義しておくことが必要になってくる．斜面の崩壊は，基本的には土のすべり破壊によって生ずるので，最も危険なすべり面を想定し，それより上に存在する土塊に作用するあらゆる種類の滑動力（重力，地震力等）の総和と，すべり面に沿って発揮しうる土の抵抗力の総和とを比較して安定度の目安とする方法が広く採用されてきている．この比較は安全率 F という形で，次のように表現される．

$$F = \frac{すべり面に沿って発揮しうる土の抵抗力}{すべり面より上に存在する土に作用する滑動力}$$

すべり面より上にある土に働く滑動力は，すべり面に伝えられて破壊に関与するわけだから，上の定義は

$$F = \frac{すべり面に沿って発揮しうる土の強さ}{すべり面に沿って実際に作用している力} \tag{12.1}$$

というふうに解釈してもよいわけである．

12・1・1 直線斜面の安定性

　式（12.1）のように定義した安全率が，最も簡単な直線斜面の場合にどのように適用されるのか考えてみよう．図12.1に示すごとく，無限の長さをもつ直線斜面では，想定されるすべり面は表面に平行であると考えられる．このすべり面の傾斜

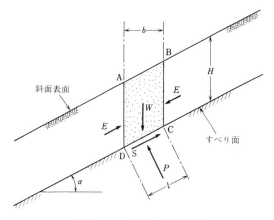

図 **12.1** 無限長の直線斜面

角を α, 深さを H とすると，任意の幅 b をもつ土塊 ABCD の安定性を考えれば，斜面全体の挙動を代表していることになる．この土塊の側面には E なる力が作用しているが，これは断面 AD でも断面 BC でも同じ大きさをもっているから，力の釣合いを考える時には消去し合ってしまう．土塊 ABCD の安定を考える時には，2つの釣合い式と1つの破壊条件式を作るのであるが，これに対する未知数は，土塊の底面に作用する垂直力 P とせん断力 S, それに安定率 F の3つである．よって，F の値が一意的に求まることになる．

今，これらの式を書き下すと次のごとくである．

1) すべり面に垂直方向の力の釣合い

$$P = W\cos\alpha \tag{12.2}$$

2) すべり面方向の力の釣合い

$$S = W\sin\alpha \tag{12.3}$$

3) 破壊条件式

$$F = \frac{P\tan\phi + cl}{S} \tag{12.4}$$

ただし，W は土塊 ABCD の重量である．式（12.4）は，式（12.1）で示した安全率の定義を式の形で表現したものと見なしてもよい．$W = \gamma_t bH$, $b = l\cos\alpha$ なる関係を用いて上の3式を解くと，安全率が次のように求まる．

$$F = \frac{\tan\phi}{\tan\alpha} + \frac{c}{\gamma_t H} \frac{1}{\cos\alpha \sin\alpha} \tag{12.5}$$

今，特別な場合として粘着力 $c=0$ の砂質土を考えてみると，

$$F = \frac{\tan\phi}{\tan\alpha} \tag{12.6}$$

となる．安全率が1より大きい間はすべりが発生しないから，結局，斜面の傾斜角が内部摩擦角より小さい時には破壊が起こらず，$F=1.0$ で $\alpha=\phi$ の時すべり破壊が生ずることを式（12.6）は示している．砂をホッパーから自然落下させると円錐状をなして堆積していくが，この時の斜面でも $\alpha=\phi$ たる条件が満たされているはずである．よって，この円錐体の勾配を測れば，それがその砂の内部摩擦角に等しいということになる．この場合の堆積勾配は特に，安息角（angle of repose）と呼ばれているが，この斜面は上載圧が非常に小さい状態のもとで形成されるわけであるから，安息角は拘束圧が小さい時の内部摩擦角に等しいと理解しておいてよい．

式（12.5）を見ると，安全率は内部摩擦角による抵抗と粘着力による抵抗の2つの部分から成り立っていることが分る．粘着力は $c/\gamma_t H$ という形で安全性にかかわってくるので，これによる寄与の度合いはすべり面の深さ H に依存していることが分る．今，内部摩擦角より多少大きい勾配をもつ，粘着力を有する一様な土から成る斜面が存在すると仮定してみよう．この斜面では深さと共に安全率が低下していき，十分な深さに達した時 $c/\gamma_t H$ がゼロに近づくから，その深さで $F=1.0$ となってすべりが発生することになる．一般に，$\alpha > \phi$ なる一様な斜面が存在すると，$F=1.0$ となる深さが必ず存在するから，そこですべり破壊が生じることになる．一様でなくても地表面近くに硬い土が存在し，その下に軟らかい土が堆積している図12.2のような場合にも，浅い所の粘土層はそれほど危険でないが，深層に存在すると安全率が1.0となり，すべりを誘発することになるわけである．

以上のことを逆にいうと，浅い部分でのすべり安定性は内部摩擦角より粘着力によって支配されるが，深層でのすべり安定性は粘着力でなく内部摩擦角が支配的役割を果たす，ということになる．一般に，軟弱地盤上の盛土等はすべり面の深さが数メートルにすぎないから，粘着力を重視した解析が行われ，高さが $100\,\mathrm{m}$ にも及ぶロックフィルダムではすべり面の深さが数十メートルにもなるので，内部摩擦角を主体とした安定解析が行われるのは，以上のような背景に基づくのである．

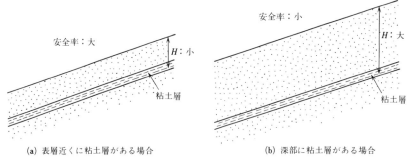

図 12.2 異なる深さに存在する粘土層の安全率に及ぼす影響

次に,雨水等で斜面内に水がしみ込んで,図 12.3(c)に示すようにすべり面から βH だけ水位が上昇した時の安定性を考えてみよう.この時,斜面に垂直方向の力 P と斜面方向の力 S は,それぞれ,

$$\left. \begin{array}{l} P = W\cos\alpha = [(1-\beta)\gamma_t + \beta\gamma_{sat}]b\cdot H\cos\alpha \\ S = W\sin\alpha = [(1-\beta)\gamma_t + \beta\gamma_{sat}]b\cdot H\sin\alpha \end{array} \right\} \quad (12.7)$$

で与えられる.想定されるすべり面上には $\beta H \cdot b\gamma_w$ の重さの水が存在しているから,すべり面上の有効重量 P' は

$$P' = W'\cos\alpha = [(1-\beta)\gamma_t + \beta\gamma']b\cdot H\cos\alpha \quad (12.8)$$

となる.今,斜面は砂質土で構成され,粘着力はゼロで内部摩擦角のみによって抵抗力が発揮されると仮定すると,安全率 F は次式で与えられる.

$$F = \frac{P'\tan\phi}{S} = \frac{(1-\beta)\gamma_t + \gamma'\beta}{(1-\beta)\gamma_t + \beta\gamma_{sat}} \cdot \frac{\tan\phi}{\tan\alpha} \quad (12.9)$$

近似的に $\gamma_t \fallingdotseq \gamma_{sat}$ とおくと,

$$F = \frac{\gamma_{sat} - \gamma_w\beta}{\gamma_{sat}} \cdot \frac{\tan\phi}{\tan\alpha} \quad (12.10)$$

斜面内に十分水がしみ込むと地下水面が地表面と一致して,図 12.3(b)のような状態となる.この時には $\beta = 1.0$ となるから,これを式(12.9)または式(12.10)に代入すると安全率は

$$F = \frac{\gamma'}{\gamma_{sat}} \cdot \frac{\tan\phi}{\tan\alpha} \quad (12.11)$$

となる.4·3·2項に述べたように飽和した砂の単体重量を $\gamma_{sat} \fallingdotseq 2.0\,\text{tf/m}^3$ とすると

12・1 斜面の安定度　267

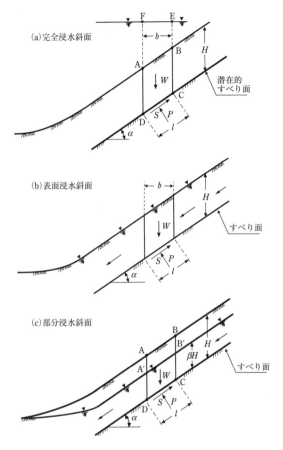

図 12.3　斜面が浸水している時の安全性

$\gamma' = \gamma_{sat} - \gamma_w = 1.0 \text{ tf/m}^3$ となり，安全率は著しく小さくなる．以上述べた地下水位の上昇，つまり β の増加に伴う安全率の低下の模様を図示したのが図 12.4 であり，水位がすべり面より下位にある場合に比して，表面まで浸水すると安全率が 1/2 まで下がってくることが知れる．このようなことが生ずる理由は，部分浸水と表面浸水の場合ともに斜面に沿って下方に向かう浸透が生じ，それに伴って透水力が土塊 ABCD に作用しているからである．図 12.3 (c) において，水が B'C 断面から A'D 断面まで流れると考えると透水距離は l であり，水位差は $l \sin \alpha$ である．よって，4・1 節で述べたごとく動水勾配は $i = l \sin \alpha / l = \sin \alpha$ となり，透水力は式 (4.22)

より単位体積当り $f = \gamma_w \sin \alpha$ となる。よって，図 12.3 (c) の $A'B'CD$ の土塊に加わる透水力はこの部分の体積と f との積で与えられるから $\beta H b \cdot \gamma_w \sin \alpha$ である。この透水力は β と共に増えるので，滑動力が増し安全率が低下してくるのである。これはアースダムでは rapid drawdown と呼ばれ最も注意すべき現象である。アースダムの上流側斜面等では，貯水によって水位が更に上昇し，図 12.3 (a) に示すように斜面が完全に水没してしまう。この場合，すべり面より上方の CDFE の区画内にある水は釣合って透水は生じていないから，上に述べた透水力はゼロとなる。よって，式 (12.7) の S から $\beta = 1.0$ として透水力 $H b \cdot \gamma_w \sin \alpha$ を差し引いたものが，水中斜面に作用する滑動力となり，これは

$$S' = (\gamma_{sat} - \gamma_w) b H \sin \alpha = \gamma' b H \sin \alpha$$

で表わせる。すべり面に沿う抵抗力 $P' \tan \phi$ は式 (12.8) で $\gamma_t = \gamma_{sat}$，$\beta = 1.0$ とおくことにより $\gamma' b H \cos \alpha \cdot \tan \phi$ で与えられるので，水中斜面の安全率は

$$F = \frac{\tan \phi}{\tan \alpha}$$

となる。これは，地下水位が存在しない場合の安全率，つまり式 (12.6) で与えられるものと全く同じになる。このことは図 12.4 にも図示してある。

以上の考察から，粘着力 $c=0$ の砂質土から成る斜面については，これが空中に

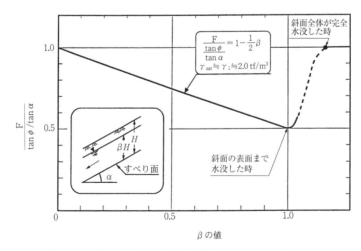

図 **12.4** 地下水面の上昇に伴う斜面のすべり安全率の低下

あろうと水中にあろうと理論上の安全率は同じになるが，斜面内に地下水位が存在する場合には透水力の影響で安全率が低下してくる，ということが分る．

12・1・2 円弧すべり面による安定解析法

実際にでくわす斜面は複雑な形状をしており，すべり面も直線で近似できないことが多い．このような場合には，図12.5のごとくすべり面を円弧で表わし，これより上の土塊をn個のスライスに分割して安定解析を行うとよい．円弧の半径をr，その中心点をOとし，右から数えてi番目のスライスにつき，力の平衡と破壊条件式を作ってみる．このスライスの幅をb_i，高さをH_i，重量をW_iとし，またスライスの底面の長さをl_i，その勾配をα_iとする．スライスの両側面にはE_i，E_{i+1}なる力が作用しているが，この力の影響は無視して安定解析を行うことが多い．すべり面に作用する垂直力をP_i，せん断力をS_iとして，2種類の釣合い方程式を考えてみると，式 (12.12), (12.13), 式 (12.12)′, (12.13)′ のようになる．また，全体のすべり安全率をFとして，各スライスに対し破壊条件式を作ってみると式(12.14)のごとくになる．

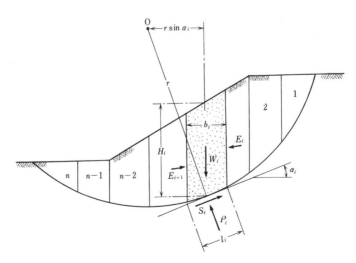

図 12.5 円弧すべりを用いた分割法

a) すべり面に垂直方向の力の釣合い	a) 鉛直方向の力の釣合い
$P_i = W_i \cos \alpha_i$ (12.12)	$P_i \cos \alpha_i + S_i \sin \alpha_i = W_i$ (12.12)′
b) すべり面方向の力の釣合い	b) 水平方向の力の釣合い
$S_i = W_i \sin \alpha_i$ (12.13)	$P_i \sin \alpha_i - S_i \cos \alpha_i = 0$ (12.13)′

$$S_i = \frac{1}{F}(P_i \tan \phi_i + c_i l_i) \qquad (12.14)$$

ここで，各スライスの底面部分に存在する土は，スライスごとに異なった内部摩擦角と粘着力を持っていてもかまわないから，一般性をもたせるためこれらを ϕ_i, c_i で表わしてある．以上，2種類の釣合い式を考えたが内容的にはどちらも同じであり，一方から他方が容易に導けることは明らかである．次に，円弧の中心点 O に関するモーメントの釣合いを考えてみよう．各スライスの底面に作用する垂直力 P_i は点 O の方向に向っているから，これによるモーメントはすべてゼロである．よって，各スライスごとにとった土の重量による滑動モーメントの総和が，円弧状のすべり面に沿う抵抗力モーメントの総和に等しい，ということより，

$$\sum_{i=1}^{n} W_i \cdot r \sin \alpha_i = \sum_{i=1}^{n} r \cdot S_i \qquad (12.15)$$

なる関係がえられる．ここで，円弧の半径 r はすべてのスライスについて共通で一定値をとるから，式 (12.15) は

$$\sum W_i \sin \alpha_i = \sum S_i \qquad (12.16)$$

となる．ただし，Σ はすべてのスライスについての合計を求めることを意味する．以上述べた，式 (12.12)，(12.13)，(12.14)，(12.15) を解いて，安全率 F を求めれば所望の目的が達せられるわけであるが，その前に方程式の数と未知数の数について調べてみよう．各スライスについて P_i と S_i は未知数であるから合計で $2n$ 個，それに安全率 F を加えて，全体で未知数の数は $2n+1$ である．これに対して方程式の数は，釣合い式が合計で $2n$ 個，破壊条件式が n 個，それにモーメント釣合い式を加えて，全体で $3n+1$ 個である．このように，未知数の数が減ったのはスライス側面に加わる力を無視したことによるが，さりとてこれを考慮すると，側面力は垂直成分と水平成分の2つがあるから，未知数は一挙に $2n$ 個増えてしまう．これに対しては，各スライスごとにモーメントの釣合い式を追加すると，方程式も n 個増え，方程式も未知数も共に $4n+1$ 個になって，丁度よいという論法も成り立つ．

しかしこれらの式は，式 (12.14) のような 2 次の非線形式を含んでいるから，安定解析をして安全率 F の値を求めるという事は，本質的には 2 次の非線形連立方程式を解くことにほかならないわけで，一般には非常に大きな困難を伴う作業なのである．このようなことから，未知数の数 $2n+1$ はそのままにして，影響の少ない方程式を n 個だけ無視して安定解析を行う試みがなされている．

a. スウェーデン法　現在，最もよく用いられる方法はすべり面方向の力の釣合い，つまり式 (12.13) を無視するやり方で，これは普通，スウェーデン法，あるいは Fellenius 法と呼ばれている．表 12.1 に示すごとく，未知数と方程式の数が一致するので容易に解がえられる．具体的には，式 (12.12) を式 (12.14) に代入し，更にそれを式 (12.16) に用いることにより，次式がえられる．

$$F = \frac{\Sigma [W \cos \alpha \tan \phi + cl]}{\Sigma W \sin \alpha} \tag{12.17}$$

ここで，i 番目のスライスを表わす小文字は簡単化のため省略してある．

b. Bishop 法　次に，もう一つの方法として水平方向の力の釣合い，つまり式 (12.13)′ を無視する場合を考えてみよう．この方法は Bishop 法[1] （厳密には Bishop の簡便法）と呼ばれるもので，この中で考慮される $2n+1$ 個の方程式の内訳は表 12.1 に示してある．この場合には，式 (12.12)′ をまず式 (12.14) に代入して P_i を消去すると，

$$S_i = \frac{1}{Fm_a}(W_i \tan \phi_i + c_i l_i \cos \alpha_i) \tag{12.18}$$

表 12.1　すべり安定解析における未知数と方程式の数

	未　知　数	方　程　式
スウェーデン法	P_i……………n 個 S_i……………n 個 F………………1 個 合計　……$2n+1$ 個	・すべり面に垂直方向の力の釣り合い式……n 個 ・破壊条件式…………n 個 ・モーメント式…………1 個 合　　計………$2n+1$ 個
Bishop 法	P_i……………n 個 S_i……………n 個 F………………1 個 合計　……$2n+1$ 個	・鉛直方向の力の釣り合い式……n 個 ・破壊条件式…………n 個 ・モーメント式…………1 個 合　　計………$2n+1$ 個

ただし，

$$m_\alpha = \left(1 + \frac{\tan\phi_i \tan\alpha_i}{F}\right)\cos\alpha_i \qquad (12.19)$$

がえられる．次に，$b_i = l_i \cos\alpha_i$ と置いて式（12.18）を式（12.16）に代入することにより，

$$F = \frac{\sum\left[(W\tan\phi + cb)/m_\alpha\right]}{\sum W \sin\alpha} \qquad (12.20)$$

をうる．ここでも，スライス番号 i は簡単化のため省略してある．式（12.20）がBishopの式と呼ばれるものであるが，分子には m_α なる項があり，これには未知数である F が式（12.19）のような形で含まれている．したがって，まず F として適当な値を仮定して式（12.20）の右辺を計算し，求まった F を再び右辺に用いて同じ計算を繰り返すという，逐次反復計算を行う必要が生ずる．この逐次計算は収斂が早く，2～3回反復すると右辺に用いた F と計算で求まる F の値とが十分接近してくることが確かめられている．Bishopの方法では各スライスに対し，土の抵抗を表わす項 $W\tan\phi + cb$ を m_α で割る操作が含まれている．したがって，もし m_α が極端に小さな値を取るようなスライスが1つでも存在すると，そのスライスに対する $(W\tan\phi + cb)/m_\alpha$ の値は極端に大きくなるから，このような項の和から成る式（12.20）の分子も非常に大きくなる．よって，極端に大きな安全率が計算されて，明らかに現実的でないことが分る．これは図12.6に示すように，斜面の法尻部で α_i がマイナスになるようなスライスで起こる．今，たとえば土の内部摩擦角が $\phi = 30°$，$F = 1.5$ とすると $\alpha_i = -69°$ の時 $m_\alpha = 0$ となるから，安全率は無限大と計算される．このような不都合を避けるために，$m_\alpha \leq 0.5$ となるスライスが存在する時には，そのスライスを除いて安全率を求めるか，あるいはBishop法の適用を見合わせるかした方がよいであろう．$m_\alpha \leq 0.5$ となるスライスは，それを除去したとしてもその重量 W_i は一般に小さいから，全体の安全率に及ぼす影響は小さいと見なしてよい．

以上述べた2つの計算法を，図12.7に示すような斜面の安定解析に適用してみよう．斜面は，単位体積重量 $\gamma_t = 1.8\,\mathrm{tf/m^3}$，内部摩擦角 $\phi = 25°$，粘着力 $c = 0.5\,\mathrm{tf/m^2}$ の均質な土から成るとする．すべり面上の土塊を8個のスライスに分割し，それぞれのスライスの寸法と底面の角度を求めると，表12.2のごとくになる．式

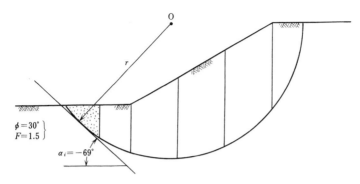

図 **12.6** 底面の勾配がマイナスになり，m_α の値が小さくなるスライスの例

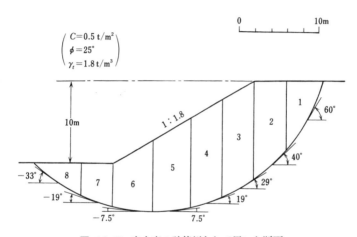

図 **12.7** 安全率の計算例として用いた断面

(12.17) の分子と分母の値を，それぞれのスライスに対し計算した値も同じ表にのせてある．式 (12.17) のスウェーデン法で安全率を求めると，$F=1.80$ という値がえられる．次に，この $F=1.8$ を初期値として，Bishop 法で同じ斜面の安全率を求めてみると表 12.3 のごとくになる．第1近似では $F=2.15$ となり，第2近似では $F=2.17$，第3近似でも $F=2.17$ という値がえられた．この例からも，2回の反復計算で十分な収斂値がえられることが知れる．今の例では，同じ断面をもつ斜面に対し，スウェーデン法によると $F=1.80$，Bishop 法によると $F=2.17$ という安全率がえられ，両者の間に差があることが分る．この差は，表 12.2 と 12.3 とを比

表 12.2 スウェーデン法による安全率計算例

スライス番号	b (m)	α (度)	l (m)	H (m)	cl (ton)	W^* (ton)	$W\sin\alpha$ (ton)	$W\cos\alpha$ (ton)	$W\cos\alpha \times \tan\phi$ (ton)	$W\cos\alpha \times \tan\phi + cl$ (ton)
1	4.5	60	9.0	4.8	4.5	38.88	33.67	19.44	9.06	13.57
2	4.0	40	5.22	10.2	2.61	73.44	47.20	56.26	26.23	28.84
3	4.0	29	4.57	12	2.29	86.4	41.89	75.57	35.24	37.53
4	4.0	19	4.23	11.6	2.12	83.52	27.19	78.97	36.82	38.94
5	5.0	7.5	5.04	10	2.52	90.0	11.75	89.23	41.61	44.13
6	5.0	-7.5	5.04	7.4	2.52	66.6	-8.70	66.03	30.79	33.31
7	4.0	-19	4.23	5	2.12	36.0	-11.72	34.04	15.87	17.99
8	6.0	-33	7.15	2.5	3.58	27.0	-14.71	22.64	10.56	14.14
							↓			↓
							$\Sigma = 126.57$			$\Sigma = 228.45$

* $W = \gamma_t bH$

安全率: $F = \dfrac{228.45}{126.57} = 1.8$

表 12.3 Bishop 法による安全率計算例

スライス番号	cb (ton)	$W\tan\phi$ (ton)	$\Delta = W\tan\phi + cb$ (ton)	$F=1.80$		$F=2.15$		$F=2.17$	
				m_α	Δ/m_α	m_α	Δ/m_α	m_α	Δ/m_α
1	2.25	18.13	20.38	0.724	28.14	0.688	29.63	0.686	29.70
2	2.0	34.25	36.25	0.933	38.85	0.905	40.03	0.904	40.09
3	2.0	40.29	42.29	1.00	42.29	0.980	43.16	0.979	43.21
4	2.0	38.95	40.95	1.030	39.76	1.016	40.30	1.015	40.33
5	2.5	41.97	44.47	1.025	43.39	1.020	43.61	1.020	43.62
6	2.5	31.06	33.56	0.958	35.03	0.963	34.84	0.963	34.84
7	2.0	16.79	18.79	0.861	21.82	0.875	21.48	0.876	21.46
8	3.0	12.59	15.59	0.698	22.34	0.721	21.64	0.722	21.59
					↓		↓		↓
					$\Sigma=271.62$		$\Sigma=274.69$		$\Sigma=274.84$

第1近似: $F = \dfrac{271.62}{126.57} = 2.15$

第2近似: $F = \dfrac{274.69}{126.57} = 2.17$

第3近似: $F = \dfrac{274.84}{126.57} = 2.17$

較すると分るように,主として,内部摩擦角が寄与する項の差異,つまり $W\cos\alpha\tan\phi$ と $W\tan\phi$ の差に帰因している.上の例では,粘着力が小さいので内部摩擦角のきき方が顕著になるが,$\tan\phi$ に掛かる重量が Bishop 法では W であるのに対し,スウェーデン法では $W\cos\alpha$ である.よって,抵抗力が小さく算定される後者の方が小さい安全率を与えることになるわけである.内部摩擦角が小さくて

粘着力が卓越する土から成る斜面では事情が逆転し，スウェーデン法の方が大きな安全率を与えることになる．

しかし，一般には Bishop 法の方が 0.1〜0.4 程度，大きな安全率を与えることが多いようである．

以上は，計算で求まる安全率の差異であるが，どちらが本当の安全率に近いかという問いには簡単に答えられないのが実情である．それは，実際の斜面の土の挙動は結構複雑で理論的に割り切れないことが多く，真実の安全率がつかみにくいことによるのである．我が国では，スウェーデン法を用いて安定解析を行うことが多いが，Bishop 法の適用も見直されてきている．以上のような計算法による差異に加えて，土の強度パラメータを評価する時の誤差等，色々な原因による誤差が常に計算には含まれていると考えてよい．このようなことから，与えられた斜面が安全であるための目安として，計算で求めた安全率は 1.0 ではなく，1.1 または 1.2 以上必要であるとして，土構造物の設計を行うことが多い．

さて，以上はすべり面の形状とその位置が与えられた時の議論である．同じ斜面であっても，すべり面が異なると安全率の値が違ってくる．小さい安全率を与えるすべり面では，大きい安全率を持つすべり面に比べて実際にすべりが発生する可能性が高いのは当然である．したがって，ある断面が与えられた場合には，多くのすべり面を仮定して何度も安定解析を行い，最小の安全率とそれを与えるすべり面の位置を探索する必要がある．そのためには図 12.8 で説明してあるように，まず円弧の中心点 O を固定し，円弧の半径 r を変えて色々なすべり面を作り，それぞれに対してスウェーデン法または Bishop 法を用いて安定解析を行う．その結果えられる安全率の中で最小のものを，その中心点に書き込んでおく．次に，円弧の中心点の位置をずらして同じことを繰り返し，最小安全率の値を決める．このようにして，たとえば格子状の点を多数選び，それぞれの点に最小安全率の値を記入しておけば，図 12.8 に示すごとく等しい安全率をもつ点を結ぶコンター・ラインを描くことが可能になる．このコンター・ラインの中心を定めれば，その点を中心にしたある半径をもつ円弧がその断面に対して最小の安全率を与え，この円弧で作られるすべり面上で，実際にすべりが発生する可能性が最も高いということになるのである．

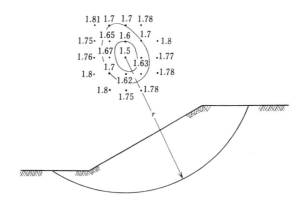

図 **12.8** 最小安全率の値とその時のすべり面の位置

12・1・3 水浸斜面の安定解析法

貯水されたアースダムの上流側斜面や河川堤防，あるいは岸壁や海底斜面の安定解析を行う場合には，斜面が部分的に水浸していることが多いので，この影響を考慮した解析を行う必要が生ずる．このような場合にも，前述の円弧すべり面を採用したスライス分割法によって安定解析を行うことができる．図12.9に示すように，d なる深さまで水浸した斜面を考え，水は地下水として斜面の内部までつながっており，この水位より下にある土は完全に飽和して，水圧は静水圧と過剰水圧が存在すると仮定してみる．代表的なスライス ABCD を取り出し，これに加わる力を示したのが図12.9 (b) である．水位面からこのスライスの底面までの深さを z とすると，地下水面より下の土の水中重量は $W_b' = \gamma' bz$ $(\gamma' = \gamma_t - \gamma_w)$ で与えられる．水位面より上の土の全重量を W_a とすると，このスライスの全有効重量は $W' = W_a + W_b'$ で与えられる．これに，地下水面より下の部分の水の重量 $\gamma_w zb$ を加えたものが，このスライスの全重量になる．次に，スライスの底面に作用する垂直応力は，静水圧による $\gamma_w zl$，有効圧力 P'，それに過剰間隙水圧による水圧 ul 等から成る．スライスの底面には，この他にせん断力 S が加わる．以上の力をすべて集めて力の多角形を描いたのが，図12.9 (c) である．今の説明では，i 番目のスライスを表わす P_i とか S_i とかいう記号を用いていないが，P'，S' 等はすべて i 番目のスライスに作用する力であると解釈する必要がある．

さて，前と同じように2種類の力の釣合いを考えてみると次のようになる．

12・1 斜面の安定度　277

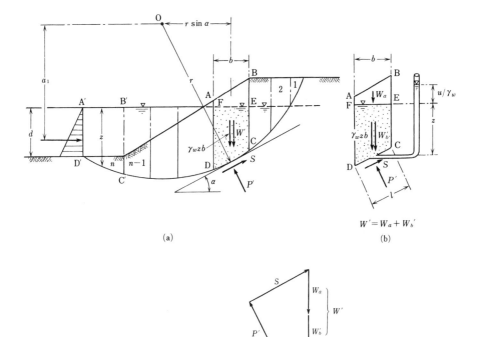

図 12.9　水浸斜面の分割方法

a) すべり面に垂直方向の力の釣合い

$$P' + \gamma_w zl + ul = (W' + \gamma_w zb)\cos\alpha$$

$$(12.21)$$

b) すべり面方向の力の釣合い

$$S = (W' + \gamma_w zb)\sin\alpha \quad (12.22)$$

a) 鉛直方向の力の釣合い

$$W' + \gamma_w zb = (P' + \gamma_w zl + ul)\cos\alpha + S\sin\alpha$$

$$(12.21)'$$

b) 水平方向の力の釣合い

$$(P' + \gamma_w zl + ul)\sin\alpha - S\cos\alpha = 0$$

$$(12.22)'$$

ここで，完全に水浸している部分のスライスについても，水面からスライス底面中央までの深さを z とすることに注意すべきである．つまり，図 12.9 (a) の n 番

目のスライスでいうと，水の部分も含む A′B′C′D′ の部分を 1 つのスライスと考えていることになるわけである．

次に，安全率 F を含んだ破壊条件式は，

$$S = \frac{1}{F}(P'\tan\phi + cl) \qquad (12.23)$$

で与えられる．ここで内部摩擦角による土の抵抗力は，有効垂直力 P' に比例して発揮されることに注意すべきである．

点 O に関するモーメントの釣合いは 2 種類あるが，まず有効圧と水圧の両方を考慮したモーメントの釣合い式を作ると，

$$\sum(W' + \gamma_w zb)r\sin\alpha = r\sum S + \frac{1}{2}\gamma_w d^2 a_1 \qquad (12.24)$$

がえられる．n 番目のスライスには，図 12.9 (a) に示すごとく，側面 A′D′ に静水圧分布をする $\gamma_w d^2/2$ なる水圧合力が外力として加わっていると考えるべきである．この力の腕の長さを a_1 とすると，これによるモーメントは $\gamma_w d^2 a_1/2$ となる．式 (12.24) 右辺第 2 項は，これを示している．次に，各スライスの水の部分にのみ着目すると，土中の水は外部の水とつながっていると想定しているから，各スライス内の水の重さによるモーメントの合計は，図 12.9 (a) の側面 A′D′ に加わる水圧によるモーメントと釣合っていなくてはならない．よって，

$$\sum \gamma_w zbr\sin\alpha = \frac{1}{2}\gamma_w d^2 a_1 \qquad (12.25)$$

なる関係がえられる．これを式 (12.24) に用いることにより，

$$\sum W'\sin\alpha = \sum S \qquad (12.26)$$

をうる．以上の諸式に基づき，前節で述べたのと全く同じ要領で安定解析用の公式を導くことができる．

a. スウェーデン法　すべり面方向の力の釣合いを表わす式 (12.22) を無視して，未知数と方程式の数を揃えて，連立方程式を解くのがこの方法の特徴である．まず，式 (12.21) を式 (12.23) に代入すると，

$$S = \frac{1}{F}[W'\cos\alpha\tan\phi - \gamma_w zl\sin^2\alpha \cdot \tan\phi - ul\tan\phi + cl] \qquad (12.27)$$

がえられるが，この中で $\gamma_w zl\sin^2\alpha \cdot \tan\phi$ なる項は一般に小さい値をとる．それは，z が大きいすべり面の中央部付近では α が小さくなり，逆に α の大きくなるすべ

りの両端部ではzが小さくなるからである．よって，この項を無視すると，

$$S = \frac{1}{F}[(W'\cos\alpha - ul)\tan\phi + cl] \tag{12.28}$$

となるので，これを式（12.26）に代入して，

$$F = \frac{\sum[(W'\cos\alpha - ul)\tan\phi + cl]}{\sum W'\sin\alpha} \tag{12.29}$$

これが，スウェーデン法による安全率の算定式であるが，$u=0$とすると式（12.17）と同じ形をしていることが分る．ただ異なるのは，陸上のすべり計算では全重量Wを用いているのに対し，水中のすべり解析では水中重量W'を用いていることである．

b. Bishop法 前節に述べたごとく，水平方向の力の釣合いを表わす式（12.22）$'$を無視して，連立方程式を解いてFを求めるのがBishop法の特徴である．まず，式（12.21）$'$のP'を式（12.23）に代入すると，

$$\left.\begin{aligned} S &= \frac{1}{F}[(W' - ub)\tan\phi + cb]/m_\alpha \\ m_\alpha &= \left(1 + \frac{\tan\phi\tan\alpha}{F}\right)\cos\alpha \end{aligned}\right\} \tag{12.30}$$

がえられるから，これを式（12.26）に代入することにより，

$$F = \frac{\sum[(W' - ub)\tan\phi + cb]/m_\alpha}{\sum W'\sin\alpha} \tag{12.31}$$

をうる．これが，Bishop法によって水浸斜面の安全率を求める式であるが，$u=0$とおくと，WがW'に変わっただけで式（12.20）と同じ形をしていることが分る．この式を用いる時も，前と同様にFについて逐次反復計算をする必要がある．

c. 簡便法 式（12.29）で与えられるスウェーデン法では，過剰間隙水圧をubではなくて$ul(b=l\cos\alpha)$という形で考慮しているために，$W'\cos\alpha - ul$の値を小さく見積もり過ぎるきらいがある．このような弊害を避けるために，スウェーデン法とBishop法の折衷形ともいえる近似解法が時折用いられる．この方法では，式（12.21）$'$で$S\sin\alpha$の項を無視してしまい，その上で式（12.23）と（12.26）を用いるのである．その結果

$$F = \frac{\sum[(W - ub)\tan\phi + cb]/\cos\alpha}{\sum W'\sin\alpha} \tag{12.32}$$

がえられる．この式では上の欠点が改善され，しかも反復計算の必要がない．

次に，同じ斜面が陸上にある時と水浸している時とを比べ，どちらが高い安全率を持っているのか考えてみよう．過剰間隙水圧 $u=0$ の場合につき，たとえばスウェーデン法の式（12.17）と式（12.29）を比較してみると，重量については分母も分子もほぼ同じ割合で増減するから，内部摩擦角が関与する項は陸上でも水中でも変化がないはずである．しかし，粘着力の項は水中の場合の方が分母が小さくなるから，その影響の度合いは大きくなる．よって，$c=0$ の時には水中も陸上も安全率は同じであるが，$c\neq 0$ の材料では水浸斜面の方が陸上の斜面よりも大きな安全率を持つことになるといえよう．

12・1・4 任意のすべり面に対する安定解析法

斜面が不均質な土層構造をもっている場合等では，すべり面を円弧で近似しにくいことが多い．たとえば軟弱な土層が存在すると，すべり面はこの中を通過して斜面の崩壊が起こるから，すべり面の形状はこのような土層の堆積深さや長さに支配され，円弧で近似することが無理になってくる．このような場合に対処するため，任意の形状をしたすべり面に対して，分割法を適用して安定解析を行う方法が必要になってくる．この種の解析法はいくつか提案されているが，よく用いられる簡単な方法として Janbu[2] によるものを以下に紹介してみることにする．図 12.10 に示すように，任意の形をしたすべり面上の土塊をいくつかのスライスに分割して，前と同様に力の平衡と破壊条件式を作ってみる．まず，鉛直方向の釣合い式として

$$P\cos\alpha + S\sin\alpha = W \tag{12.33}$$

を採用する．そして，水平方向の釣合い式は無視することになる．次に，破壊条件式は

$$S = \frac{1}{F}(P\tan\phi + cl) \tag{12.34}$$

と書ける．以上は，一つひとつのスライスに対して適用すべき式であったが，すべり土塊全体に適用すべき条件として，水平方向の釣合い式，

$$\Sigma[P\sin\alpha - S\cos\alpha] = 0 \tag{12.35}$$

を採用し，今度は鉛直方向の釣合いを無視するのである．以上の3つが基本式になるわけであるが，上述のごとく各スライスについては鉛直方向の力の釣合いを，すべり土塊全体については水平方向の力の釣合いを，考慮に入れているのが特徴であ

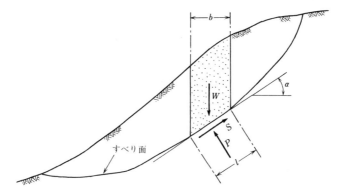

図 12.10 任意のすべり面に対する分割法

る．式 (12.33) と (12.34) とから P と S を求め，それを式 (12.35) に代入することにより，安全率 F に対する次式がえられる．

$$F = \frac{\sum[(W\tan\phi + cb)/\overline{m}_\alpha]}{\sum W\tan\alpha} \quad (12.36)$$

$$\overline{m}_\alpha = \left(1 + \frac{\tan\alpha\tan\phi}{F}\right)\cos^2\alpha$$

この式の適用に当っては，Bishop の方法と同じく安全率 F について逐次反復計算を行う必要がある．

図 12.7 に示した例を，今度は式 (12.36) によって安定計算してみよう．この際，表 12.2 と表 12.3 に示したデータをそのまま用いればよいが，$W\tan\alpha$ と $\overline{m}_\alpha$ の値は新たに計算せねばならない．これらの値と式 (12.36) によって求めた安全率の値を示すと，表 12.4 のようになる．F の値の初期値としてスウェーデン法で求めた 1.80 を採用し逐次計算を行うと，第 2 近似として $F = 1.828$ がえられるので，Janbu 法を用いた場合の安全率は $F = 1.83$ としてよいであろう．この値はスウェーデン法で求めたものと Bishop 法で求めたものの中間に位置していることが分る．

以上は，陸上の斜面を対象にした考察であるが，水浸した斜面に対しても前節で述べた考え方を適用すれば，Janbu の方法を用いて安定解析が可能となる．Janbu の方法は，任意のすべり面形状に対して適用できるという意味では便利であるが，多くのすべり面を想定して計算を繰り返し，最小安全率の値を探索する必要がある

表 12.4 Janbu法による安全率計算例
（表12.2, 12.3のデータによる）

スライス番号	$W\tan\alpha$	$F=1.80$		$F=1.83$	
		$\bar{m}_a$	$\Delta/\bar{m}_a$	$\bar{m}_a$	$\Delta/\bar{m}_a$
1	67.34	0.362	56.30	0.360	56.56
2	61.62	0.715	50.72	0.712	50.89
3	47.89	0.875	48.35	0.873	48.44
4	28.76	0.974	42.05	0.973	42.11
5	11.85	1.016	43.76	1.016	43.77
6	-8.77	0.950	35.33	0.950	35.33
7	-12.40	0.814	23.08	0.816	23.04
8	-17.53	0.585	26.63	0.587	26.56
	↓		↓		↓
	$\Sigma=178.76$		$\Sigma=326.22$		$\Sigma=326.70$

第1近似： $F=\dfrac{326.22}{178.76}=1.825$

第2近似： $F=\dfrac{326.70}{178.76}=1.828$

問題等では，秩序だったすべり面の選択方法がないため，不便なこともある．この方法が最も有効に使われるのは，すでにすべりが発生してしまってすべり面の位置が分っている斜面や，詳しいボーリング調査等で弱層が発見されてすべり面の位置が前もって特定できる斜面等の安定解析をする時であろう．

12・1・5 急速水位降下時の安定解析

アースダムの貯水水位が急速に降下すると，上流斜面の安全率が低下してすべりの危険が生じるので，この状態を想定したすべり安全率の算定は，設計上重要な位置を占めている．図12.11に説明してあるのは，アースダムの上流斜面で生ずる3つの重要な水位状態である．まず，満水位を対象にした安定性の評価であるが，このためには，水浸斜面の安定解析法である式（12.29）または式（12.31）を用いればよい．

次に，水位が急速に低下すると堤体内の水が抜ける時間がないから，図12.11（b）に示すごとく，水位は堤体表面に沿って張りついたような状態になっている．この状態に対して水浸斜面の安定解析法を適用してみると，まず滑動に寄与するのは各スライスの全重量であるから，式（12.26）の左辺は全重量による滑動モーメント

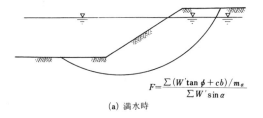

(a) 満水時

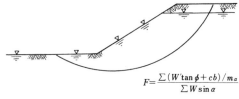

(b) 急速水位降下時

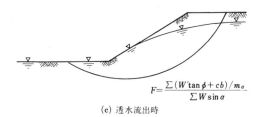

(c) 透水流出時

図 **12.11** アースダムの水位変化

$\Sigma W\sin\alpha$ で置きかえられねばならない．それに対して，発揮される抵抗力は有効応力を表わす水中重量に比例するわけだから，Bishop 法でいうと式 (12.21)′ や式 (12.23) がそのまま成り立つわけである．よって，これらの式を前と同じ要領で変形すると，

$$F = \frac{\Sigma[(W'\tan\phi + cb)/m_\alpha]}{\Sigma W \sin\alpha} \tag{12.37}$$

がえられる．これが，Bishop 法に基づく急速水位降下時の斜面の安全率を与える式である．これと，$u=0$ とした式 (12.31) を比較してみると，分子は両者とも同じであるのに対し，分母が $\Sigma W'\sin\alpha$ から $\Sigma W\sin\alpha$ に増加していて，そのために，急速水位降下時の安全率が下がってくることが分る．今，満水時の安全率を F_{sub}, 急速水位降下時の安全率を F_{rd} とすると，式 (12.31) と式 (12.37) の比を取るこ

とにより

$$\frac{F_{\text{sub}}}{F_{\text{rd}}} = \frac{\Sigma W \sin\alpha}{\Sigma W' \sin\alpha} \tag{12.38}$$

となる．今，満水位が堤頂まできている特殊な場合を考えると，各スライスの土の部分の高さを H とする時，$W = \gamma_{\text{sat}} bH$，$W' = \gamma' bH$ としてよい．よって，これらを式（12.38）に代入し，式（1.19）と（1.20）の γ_{sat}，γ' を用いると

$$\frac{F_{\text{sub}}}{F_{\text{rd}}} = \frac{\gamma_{\text{sat}}}{\gamma'} = \frac{G_s + e}{G_s - 1} \fallingdotseq 2 \tag{12.39}$$

となる．よって，水位が堤頂まである場合には，急速水位降下時に比較して，斜面は約 2 倍の安全率を有していることになる．しかし，実際には満水位の位置は堤頂から数メートル下に設定されるので，その差はこれほど大きくないのが普通である．一般には，$F_{\text{rd}} = (0.6 \sim 0.8) F_{\text{sub}}$ であることが多い．満水位の安全率が急速水位低下時に比べて大きくなる理由は，別な見方をすると，水の存在が押えの効果を発揮するからであり，この効果が $\Sigma W \sin\alpha$ と $\Sigma W' \sin\alpha$ の差異として安全率の上に反映されるわけである．

最後に，水位降下後ある程度時間が経過した状態を考えると，堤体内の水が抜け出るので，図 12.11（c）に示すような水位状態となる．この時の安全率は時々刻々と変化するが，基本的には式（12.37）を用いて計算してかまわない．ただ，この時には不飽和の部分が分割スライスの上部に現われるので，W も W' もスライスごとに変わってきて，上のような簡単な議論はできない．

12・2　全応力解析と有効応力解析

今まで述べてきた安定解析法では，土の強度を表わすのに最も一般的な Mohr-Coulomb の破壊条件式を用いてきた．しかし，具体的な問題を取り扱うに当っては，斜面内の土が排水状態にあるのか，あるいは非排水状態にあるのかに依存して異なった強度表示をすることがあるので，それに対応して解析用の式を修正しておく必要がある．

a. 粘土質またはシルト質土　軟弱地盤上の盛土や沖積粘土から成る斜面の安定問題では土が一般に飽和しているから，対象となる荷重が加わった直後は非排水

状態で, ある程度年月が経過した後には排水状態で土がせん断を受けることになる. 前者の状態を想定して安定解析を行うことを"短期の問題", そして後者の状態を対象とした安定解析を"長期の問題"と呼ぶことは, 7・3・1項で述べたとおりである. これら2つの排水条件を区別して, 飽和粘土の室内試験に圧密非排水試験と圧密排水試験の2種類あることも 7・3・2 項で説明した. この中で, 圧密非排水試験は, 短期の安定問題を検討する際に必要な土の強度パラメータを求めるのが目的で, その結果は式 (7.26) に示すように粘着力 c_u のみによって表現され, 内部摩擦角は見掛け上ゼロであることが示された. この c_u を用いてすべり安定解析を行う時には, 式 (12.17) または式 (12.20) は, $\phi=0$, $c=c_u$ とおくことにより,

$$F = \frac{\sum c_u l}{\sum W \sin \alpha} \tag{12.40}$$

と簡単化され, スウェーデン法も Bishop 法も同一の式になってしまう. このような方法を $\phi=0$ 法, または Su-法と呼んでいる. また, この方法は間隙水圧に特別な配慮をせず, すべて全応力に基づいて安全率が求められるので, 全応力解析法と呼ばれている.

圧密非排水試験で過剰間隙水圧を測定してやると ($\overline{\text{CU}}$-試験), 有効応力についての強度パラメータ ϕ' と c' を図 7.22 に示す方法で求めることができる. これらのパラメータを用いて短期の安定解析を行う場合には, すべり面に沿う破壊時のせん断によって生ずる過剰間隙水圧 u_f を考慮して, たとえば Bishop 法の式 (12.20) は

$$F = \frac{\sum [(W' - u_f b) \tan \phi' + c' b]/m_\alpha}{\sum W \sin \alpha} \tag{12.41}$$

と修正されねばならない. この式の分子の中で有効重量 W' を取っているのは, 抵抗力をすべて有効応力で表わしているためであり, このことから式 (12.41) によって安定解析を行うことを"有効応力解析"と呼んでいる. 短期の安定解析は以上のごとく, 全応力法と有効応力法のいずれを用いても実施可能であるが, 後者の場合, 過剰間隙水圧の推定に困難が伴うので, 一般には全応力法が広く使われている.

次に, 長期の安定問題であるが, この場合, 過剰間隙水圧の逸散が完了してしまってから, 圧密排水試験 (CD-試験) から求めた ϕ_d と c_d を用いて有効応力解析をすればよい. あるいは, 式 (7.40) の関係から $\overline{\text{CU}}$-試験でえられた ϕ' と c' を用いてもよい. 解析用には式 (12.17) か式 (12.20) が用いられるが, いずれの場合も分

子の W は有効重量 W' に置きかえる必要がある．あるいは，急速水位降下の場合の式 (12.37) で ϕ' と c' を用いた解析を行っても，内容は同じである．以上の解析法と対応する強度パラメータを一覧表の形で示すと，表 12.5 のようになる．

b. 砂質またはレキ質土　飽和した砂やレキは，せん断を受けて過剰間隙水圧が発生しても，透水性がよいから，直ちに逸散してしまうことが多い．したがって，粘土のように短期と長期の問題を区別する必要はなく，すべてが長期の問題だと考えておいてよい．この種の問題の代表例はダム上流斜面の安定解析で，式 (12.37) が用いられるが，強度パラメータは CD-試験で求めた ϕ_d または c_d が用いられる．よって，砂質またはレキ質土から成る斜面安定は，ほとんど有効応力解析と考えておいてよい．

c. 不飽和土　アースダムの築造時や自然斜面は，不飽和土から成ることが多い．不飽和土に対しては，有効応力の考え方が適用しにくいので，強度は全応力表示となる．よって，安定解析も式 (12.17) または (12.20) を用いて行えばよい．

以上，土の種類別に排水環境に応じた解析法につき説明してきたが，これらを一覧表の形でまとめたのが表 12.5 である．

土構造物の設計に関連して，斜面安定が重要な問題になる場合として，軟弱地盤での盛土や切土，そしてフィルダムの 2 つが代表例として挙げられる．前者の場合，軟弱な正規圧密粘土が対象となるが，すべりの規模が小さく，したがってすべり面も 2～5 m と浅いのが特徴である．長期よりも短期の問題が重要で，粘着力 c_u を用

表 12.5　すべり安定解析の種類と適用法

飽和または不飽和	土の種類	短期の問題	長期の問題
飽和土	粘土質・シルト質土	・全応力法（$\phi=0$ 法） 　（$\phi_u=0,\ c_u$） 　CU-試験 ・有効応力法　（$\phi',\ c',\ u_f$） 　$\overline{\text{CU}}$-試験	有効応力法 （$\phi_d \fallingdotseq \phi',\ c_d \fallingdotseq c'$） CD-試験または $\overline{\text{CU}}$-試験
飽和土	砂質・レキ質土	有効応力法 （$\phi_d,\ c_d$），CD-試験	
不飽和土	すべての種類の土	全応力法 （$\phi,\ c$），CD-試験	

表 12.6 2種類の主要な安定問題とその内容の特徴

安定問題	土質	すべり面の深さ	支配的な強度パラメータ	安定解析法
沖積軟弱地盤での盛土および切土	粘土・シルト	浅い 2~5 m	粘着力 c_u	全応力解析
ロックフィルおよびアースフィルダム	砂・レキ質土	深い 10~30 m	内部摩擦角 ϕ'	有効応力解析

いた全応力解析が行われるのが普通であるが,このことは12・1・1項で述べた.浅層すべりでは内部摩擦角より粘着力の方がより支配的影響を及ぼす,という結論と軌を一にしているといえよう.これと反対に,フィルダムではすべりの規模が大きく,すべり面の深さも10~30 mと大きくなる.したがって,12・1・1項で述べた深層すべりでは粘着力より内部摩擦角がより重要な役割を果たすという結論と軌を一にして,解析の方も ϕ' に主眼を置いた有効応力解析が行われているわけである.以上のことをまとめて表示すると,表12.6のごとくになる.

参 考 文 献

1) Bishop, A. W., "The Use of the Slip Circle in the Stability Analysis of Slopes," *Geotechnique*, Vol. 5, pp. 7-17, 1955.
2) Janbu, N., "Application of Composite Slip Surface of Stability Analysis," *Proc. Stockholm Conference on the Stability of Earth Slopes*, Vol. 3, pp. 43-49, 1954.

第13章　砂地盤の液状化

13・1　繰返し非排水せん断時の挙動

　水平地盤内で地下水面より下に堆積している砂質土は，地震時にせん断波の伝播に伴い水平面で左右方向の繰返しせん断応力を受けることになる（13.4節参照）．この時の応力変化は，地震前の上載圧力による長期の圧密荷重と，地震時の繰返し荷重によって表わされる．この載荷環境は，三軸試験装置内の供試体にまず排水で拘束圧 σ_0' を加え，その後で非排水状態で等振幅 σ_d' の繰返し荷重を加えることで代表される．この繰返し荷重は，三軸のすべてのサイクルで圧縮側と伸張側と両方に対称的に交互に加える必要がある．

　この時の砂の挙動を模式的に示したのが図13.1である．全応力は $0\to1'$ の経路をたどるが[*1]，有効応力経路は $0\to1$ となる．砂の変形特性は5・2・2項で説明したように，摩擦則とダイレタンシー則が働いて間隙水圧が $0\to2$ の間隔で表わせる量だけ発生する．次に荷重を減らすと，除荷となるので弾性変形のみで塑性変形は生じない．よって過剰間隙水圧は発生せず，有効応力は $1\to2$ となる．次に三軸伸張側に荷重を反転させると，全応力経路は $0\to3'$ となる．ここで伸張側は初めての載荷となるので塑性変形[*2]が生じ，それに伴って過剰間隙水圧が生じ，有効応力経路は $2\to3$ となる．この荷重を除荷する時には $3\to4$ となるが，この除荷過程は弾性的なので過剰間隙水圧は発生しない．よって伸張側の載荷と除荷の過程で発生す

[*1] 圧縮で軸荷重を σ_d だけ加えると，$\sigma_1=\sigma_d$，$\sigma_3=0$ と置いて平均圧力は $p=(\sigma_1-2\sigma_3)/3=\sigma_1/3=\sigma_d/3$，軸差応力は $q=\sigma_1-\sigma_3=\sigma_d$ となり，$p:q=1:3$ となる．

[*2] 過剰間隙水圧の上昇は塑性変形（永久変形）が生じた時にのみ発生し，弾性変形では生じないと考えてよい．

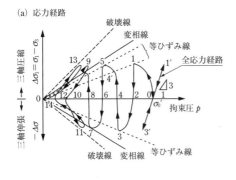
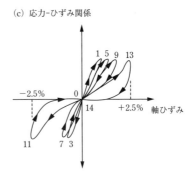
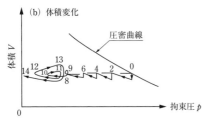

図 13.1 飽和砂に繰返し荷重を加えた時の有効応力変化と応力-ひずみ関係

る水圧は 2→4 で表わされる値となる.

次に，点 4 からスタートして二回目の圧縮側の載荷を行うが，この時 4→4′ の区間では等ひずみ線が第一回目の載荷で消滅しているため塑性ではなく弾性変形のみとなる．よって間隙水圧は発生しないことになる．結局第二回目の圧縮側で発生する間隙水圧は 4′→5，つまり 4→6 となる．続く伸張側でも同じことが生じ，発生する間隙水圧は 6→8 となる．以上のような過程が何度も繰り返されて，間隙水圧が上昇するメカニズムは 5・2・3 項と 5・2・4 項で説明した摩擦則とダイレタンシー則を適用して図 13.1 (b) のように説明できる．これは図 5.11 (c) で説明したのと同様のメカニズムである．以上の繰返し載荷では間隙水圧が徐々に上昇してくるので，砂は次第に軟らかくなり，応力-ひずみ関係にもその影響がでてくる．これが図 13.1 (c) に模式的に説明してある．

以上の繰り返しが何度か行われると，図 13.1 (a) に示すごとく有効応力経路が，図 8.2 と 8.3 で説明した変相線に当ることになる．図 13.1 (a) ではこの状態が圧縮側の点 9 とか伸張側の点 11 で示されている．この変相線に当ると，それ以後の荷重増に対しては砂が正のダイレタンシー領域に入り，非排水載荷では間隙水圧が

減少し有効応力が増加するという逆転現象が起こる.

図 13.1 (a) では 10→11, 12→13 の部分の応力経路がこのことを如実に示している. 更に，一旦応力経路が変相線を越えると，除荷の過程で著しい負のダイレタンシー効果が発揮されて大きな間隙水圧が発生し，砂質土は著しく軟らかくなる. 伸張側の 11→12, 圧縮側の 13→14 の応力経路がこれに相当する. そして最終的に有効圧力がゼロになる状態が現われる. これが液状化現象に他ならない.

この液状化というのは，厳密にいうと，せん断応力（軸方向荷重）がゼロになった時，つまり砂の変形がゼロに戻された時に有効応力がゼロになる状態を意味している. よって，せん断応力が再度加わって変形が生じると，間隙水圧は減少して有効圧力が再び増加し，砂は見かけの剛性を回復してくる. このことは模式的に図 13.1 (c) にも説明してある. このように，極めて有効圧力が低くなった状態で繰返し荷重が加わる時，砂の剛性が低下したり上昇したりする現象が "cyclic mobility" と呼ばれているが，強いて翻訳すると "繰返し稼働性" といってもよいであろう.

13・2 砂質土の繰返し強度

地震時における砂地盤の液状化に対する強さを具体的に求めるために，繰返し三軸試験や単純せん断およびねじりせん断試験が数多く実施されてきている[2]. その中で最も多用されるのが繰返し三軸試験であるが，これは原理的に図 7.17 に示した装置と同じもので，供試体を圧密した後に軸方向荷重を繰り返し加える方式である. この時，排水を遮断し間隙水圧の変化を測れるように水圧計を台座の中に設置しておく必要がある.

新潟市から採取した砂を相対密度 $D_r = 45\%$ で堆積させ，$\sigma_0' = 150\,\text{kPa}$ の拘束圧を加えて等方圧密させた供試体に対して行った繰返し試験の結果が図 13.2 に示してある. 加えた軸方向応力 σ_d は一定振幅を保持しており，間隙水圧は9回目の繰り返しで，最初の圧密した時の拘束圧 $\sigma_0 = 150\,\text{kPa}$ に等しくなり，液状化が発生していることが知れる. 9回目を少し過ぎた時点で水圧が少し減少しているが，これは図 13.1 で説明した cyclic mobility のため，軸方向圧縮力が加わって供試体が少し変形し，正のダイレタンシーが働いたためである. しかし，軸応力がゼロになる

と，再び間隙水圧がゼロになって液状化状態になっていることがわかる．8回目の載荷まで，間隙水圧は一回の周期で変動しているが，9〜10回目にかけては二度上下しているのはこのためである．なお，間隙水圧は変動幅が約 $\sigma_0/2 = 25$ kPa で変化しながら上層していくが，これは軸方向力の半分が純粋な圧縮力として間隙水圧に乗り移るためである．

このことを説明するため図 13.3 (b) のように鉛直から 45° 傾いた面に着目してみる．ここでの応力状態が図 13.3 (a) の Mohr 円上に示してあるが，45°-面に作用する応力 $\overrightarrow{AB}$ は面に平行方向の成分 $\overrightarrow{CB} = 25$ kPa と，垂直方向成分 $\overrightarrow{AC} = 25$ kPa とに分解できる．このうち，垂直成分は水圧に移り，平行成分のみがせん断応力として作用し，ダイレタンシー効果により間隙水圧の残留値を生み出すのである．この残留値が基本的に重要で，それは図 13.2 の間隙水圧の変動軸が繰り返しに伴い漸次増加していることに現われてきている．同じ意味合いで軸方向力が $\sigma_d = 50$ kPa だけ減少した時には，図 13.3 (b) において 45°-面に作用する垂直成分は $\overrightarrow{AC} = \sigma_d/2 = 25$ kPa だけ減ってくる．この模様も図 13.2 (c) で間隙水圧の一時的減少として現われているが，液状化には関係のない変動と考えてよい．

ところで，軸差繰返し応力振幅 σ_d が初期の圧縮応力 σ_0' より大きくなった時には何が起こるのであろうか．図 13.3 (a) から明らかなように，$\sigma_d > \sigma_0'$ の時には，伸

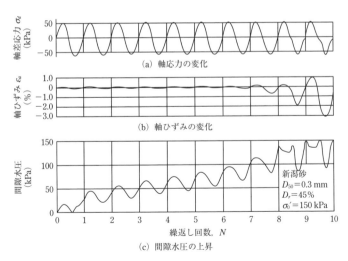

図 **13.2** 三軸繰返し試験における軸応力，軸ひずみ，間隙水圧の変化

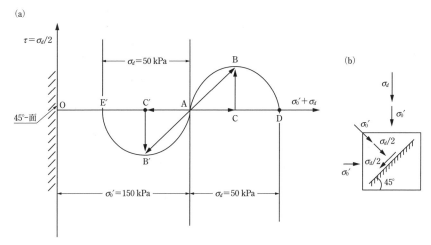

図 13.3 軸方向を変化させた時,鉛直から 45° 傾いた面に作用する応力の変動

張荷重の 45°-面上の成分が,初期拘束圧を上まわる瞬間がでてくる.このことは純粋に引張力が供試体中に生じ,試験全体が純粋な両振り繰返し状態でなくなってきて,地震時に水平面上に作用応力変化を正確に表わしていないことを意味する.よって,軸方向の応力のみを変化させて液状化強度を求める試験においては,安全な両振りの繰り返しを実現するために,加える軸方向の応力には上限が存在し,

$$\sigma_d \leqq \sigma_0', \text{ つまり } \sigma_d/(2\sigma_0') \leqq 1/2 \tag{13.1}$$

の条件をみたす軸荷重の範囲でのみ,三軸試験を用いて正確な液状化強度を求めうる,ということができる.

次に図 13.2 (b) に示してある軸ひずみ ε_a (あるいは ε_1) に着目すると,9 回目の載荷から急激にひずみ振幅が増加して,供試体が著しく軟化している模様がうかがえる.これは間隙水圧が 100% 発生して液状化が生じたためである.

以上の考察から,$D_r = 45\%$ の新潟砂を $\sigma_d = 150\,\text{kPa}$ で排水圧密した供試体に対し,軸応力 $\sigma_d = 50\,\text{kPa}$ を 9 回加えると液状化が発生することが示された.またその時,軸ひずみは片振幅でおよそ $\varepsilon_a = 2.5\%$ だけ発生していることも明らかになる.

一般には同じ状態の供試体に対し,圧密応力 σ_0' を一定にしておいて振幅を変えて数回,同様な実験を繰り返す.この時外力としては 45° 図上のせん断応力 $\sigma_d/2$,そして拘束圧としては σ_0' をとって繰返し応力比 $R = \sigma_d/(2\sigma_0')$ を定義する.この

値を縦軸にとり，繰返し回数 N_c を横軸にとってデータを表示することが多い．その一例が図 13.4 に示してあるが，これは細粒分を $F_c = 10\%$ 含んだ $D_r = 73 \sim 75\%$ の砂質試料で，$\sigma_0' = 240\,\mathrm{kPa}$ の初期圧密圧力を採用した場合の試験結果である．4つの繰返し応力比 $R = 0.24, 0.27, 0.30, 0.34$ が採用されているが，それぞれに対し繰返し回数が増加するにつれて軸ひずみが $\varepsilon_a = 0.5, 1.0, 2.5, 5.0\%$ と増大している模様がうかがえる．この図でもう一つ注目すべきは，過剰間隙水圧が 100% 発生して液状化が発生した時点では，軸ひずみ片振幅がほぼ $\varepsilon_a = 2.5\%$ になっていることである．密な砂や細粒土を含んだ砂質土では，間隙水圧が 100% 発生しないことが多い．そこで，一般の実務ではひずみが $\varepsilon_a = 2.5\%$ になった時点で土が著しく軟化していることに鑑み，液状化発生と定義することが多い．

次に液状化の強度を定めることになるが，このためには繰返しの回数 N_c を指定する必要がある．これは多くの被害地震で取得された加速度記録等を参考にして $N_c = 15$ または 20 回とすることが多い．今 20 回を採用すると，図 13.4 に示すごとく $R_L = 0.28$ という値がえられる．これを一般に液状化強度比または略して液状化強度と呼んでいる．以上のことより，液状化強度は"20 回の繰返し載荷で両振幅ひずみが 5% に成長するのに必要な繰返し応力比"と定義され，これを R_L または R_{L20} で表わすことが多い．液状化に対する強さを表現する時，$\sigma_d/2$ という応力で

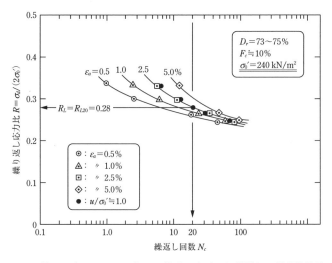

図 **13.4** ひずみ ε_a をパラメータとして整理し表示した繰返し三軸試験結果の一例

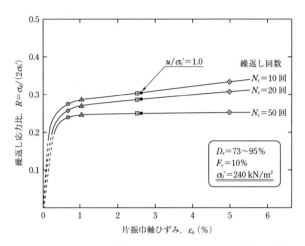

図 13.5 繰返し回数をパラメータとした時の繰返し三軸試験結果の表示方法

なく, $R=\sigma_d/(2\sigma_0')$ という応力比を採用せざるをえないのも, 5・2・2項に述べた摩擦則に由来しているのである. なお, 単純せん断やねじりせん断試験を行う時には, せん断ひずみ γ には

$$\gamma = (1+\nu)\varepsilon_a = 1.5\varepsilon_a \tag{13.2}$$

の関係があるので, 飽和土のポアソン比が $\nu \fallingdotseq 0.5$ であることを考慮して, $\gamma = 3.75\%$ を液状化発生時のひずみ振幅であると考えてよい.

図 13.4 に示した液状試験結果は, 縦軸に繰返し応力比 R, 横軸に片振幅ひずみ ε_a をとり, 繰返し回数 N_c をパラメータに選んで, 図 13.5 のように表示しても内容は全く同一である. この表示法は, 振幅で表わした一種の応力-ひずみ関係なので, 与えられた繰返し回数のもとで, ひずみ振幅がいかに増大するかを理解するのに役立つと考えられる.

13・3 液状化強度の推定法

液状化強度を求めるために, 研究と実務の両面で, 相当数の実験が今まで行われてきている. 原位置で不攪乱試料を採取し, それに対して実験を行って定めた液状化強度は道路橋示方書[1]の中にまとめられており, これが広く用いられている.

原位置での砂質土層に対してまず標準貫入試験を実施し，そこで得られた N 値を用いて密度を推定するのが一般的方法であるが，N 値は密度が同じでも土被り圧（拘束圧）σ_v' (kgf/cm²) と共に増えるので，密度のみの指標となる N_1 値を次式で求める．

$$N_1 = C_N \cdot N, \quad C_N = \frac{1.7}{0.7 + \sigma_v'} \qquad (13.3)$$

この N_1 値は一種の基準化された N 値で，拘束圧の影響を排除してあるので，密度のみを表わすパラメータと考えてよい．この N_1 値を原位置の標準貫入試験で求め，その近傍で採取した不攪乱試料に対して繰返し三軸試験を実施して液状化強度 R_L を求める．これら2つの値を両軸にプロットしてみたのが図 13.6 である．この総括図では不攪乱試料を採取してきた砂層を年代別に区別して示してある．かなりの散らばりはあるが，データ群を通過して一本の関係を引き，これを基準線として用

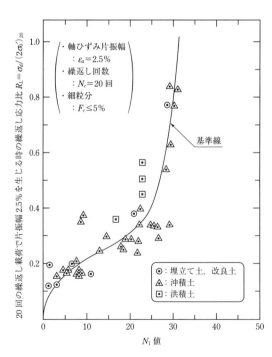

図 13.6 不攪乱試料に関する砂の液状化強度 R_L と N_1 値の関係

いるのが道路橋示方書の基本的方針である．そして，最終的に実務で用いる繰返し強度を求めるために，次のような補正のステップを踏むことを設定している[1]．

(1) 細粒分含有率による N_1 値の補正

これは，N_1 値が $F_c=0.075$ mm 以下の細粒土の含有率によって大きく変わることを考慮したもので，次式によってまず N_a 値を求める．

$$N_a = c_1 N_1 + c_2 \tag{13.4}$$

この係数 c_1 と c_2 を図示したのが図 13.7 である．更にこれを用いて求めた N_a 値が N_1 値の関数として図 13.8 に示してある．

(2) 液状化強度 R_L の求め方

以上のような手順を経て修正した N_a 値を用いて以下の式によって，液状化強度 R_L を求めることができる．

$$\left. \begin{array}{l} R_L = 0.0882 \sqrt{\dfrac{N_a}{1.7}} \qquad N_a < 14 \text{ の時} \\[2mm] R_L = 0.0882 \sqrt{\dfrac{N_a}{1.7}} + 1.6 \times 10^{-6} (N_a - 14)^{4.5} \qquad N_a \geq 14 \text{ の時} \end{array} \right\} \tag{13.5}$$

このようにして求まる R_L の値に，更に補正を加えて設計に用いる最終的な液状

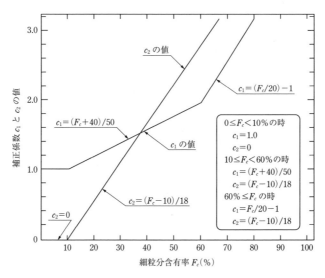

図 **13.7** 細粒分含有率と式 (7.5) の中の補正係数 c_1, c_2 との関係

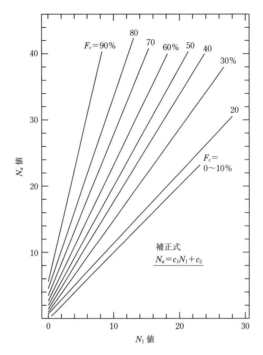

図 **13.8** 細粒分を考慮して補正した N_a 値と N_1 値との関係

化強度 R 値を求めることになるが，主な要素としては地震動の不規則性の補正と有効拘束圧 σ'_0 を原位置における鉛直方向有効拘束圧 σ'_v で置き換えるための補正の2つである．不規則性については多くの実験結果より一様振り幅の繰返し三軸試験でえられる R_L の値を1.5倍することによって，不規則な中の最大加速度が加わった時点での液状化強度が求まると考えてよい．更に有効拘束圧の補正は

$$\sigma'_0 = \frac{1+2K_0}{3} \cdot \sigma'_v \qquad (13.6)$$

によって行う．ここで K_0 は静止土圧係数である．これら2つの補正を加えて，現位置の砂質土が発揮できる液状化強度 R は

$$R \fallingdotseq R_L \qquad (13.7)$$

で表わせることになる．ここで R は不規則荷重の中で最大加速度が加わった時点での応力 τ_{max} に対応した形で表わした強度である．

13・4 液状化発生有無の判定

以上の方法で液状化強度は推定できるが，発生の有無は想定される地震動の大きさに依存しているのは当然である．これは，せん断波の伝播によって誘起される地盤内の土のせん断応力の大きさで表わされる．その時の状況が図13.9に示してある．この中で重要なのは，繰返し応力振幅 τ_d の値であるが，これを求める簡易法が図13.10に示してある．

今，水平地盤の地表面での水平加速度の大きさがその代表値として最大値をとり，a_{max} であったとしよう．深さ z，幅 D の土柱を図13.10 (a) のように取り出して考えてみる時，それに作用する慣性力は，土の単位体積重量を γ_t とすると，$a_{max} \times (\gamma_t \cdot z \cdot D)$ によって求まる．これに抵抗する力は底部のせん断力 τ_{max} であるので，釣合いの式

$$\tau_{max} = \frac{a_{max}}{g} \gamma_t \cdot z \tag{13.8}$$

によって z の深さにおけるせん断応力が求まる．ここで g は重力加速度である．ここで注意すべきは図13.10 (a) のADとかBCの側面にも力が加わっているが，無限の拡がりを持つ水平地盤ではこの2つの鉛直面に加わる力は同じ大きさなので，相殺できて考慮する必要がなくなるということである．ところで式 (13.8) の関係は地震動のピークが生じた時に瞬間的に成立するものであるが，他の小さい加速度

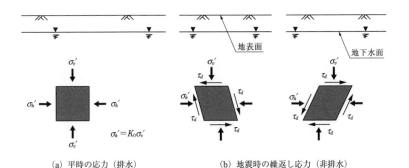

(a) 平時の応力（排水）　　(b) 地震時の繰返し応力（非排水）

図 **13.9** 地盤中の砂の微小要素がうける平時および地震時の応力

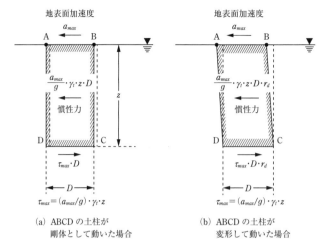

図 13.10 地表面で加速度 a_{max} が生じた瞬間において，深さ z の底面に誘起されるせん断応力の τ_{max} 値の算定法

が生じている瞬間でも同様に成り立つと考えてよい．図 13.10 (a) の考えは，z の深さまでの土柱が剛体として横方向に動くものと仮定しているが，実際には図 13.10 (b) に示すように若干変形しつつ動くのである．この変形の影響を補正するために係数 γ_d を導入すると，より正確に

$$\left.\begin{array}{l} \tau_{max} = \dfrac{a_{max}}{g} \cdot \gamma_t \cdot z \cdot r_d \\[6pt] r_d = 1 - 0.015 z \quad (z:m) \end{array}\right\} \quad (13.9)$$

によって地震時のせん断が求まることになる．ここで r_d の式は多くの解析を行って定めた経験式である．この両辺を有効拘束圧（上載圧）σ_v' で除すことにより

$$L = \frac{\tau_{max}}{\sigma_v'} = \frac{a_{max}}{g} \cdot r_d \cdot \frac{\sigma_v}{\sigma_v'} \quad (13.10)$$

によって地震動による外力としての応力比 L を推定できることになる．ここで σ_v は上載圧の全応力を表わす．

このようにして求めた地震時外力 L と式 (13.7) で表わせる最大加速度に対応する液状化強度 R を比較することにより

$$F_l = R/L \quad (13.11)$$

によって，所定の土層における液状化安全率 F_l を算定できることになる．したがって，$F_l \leq 1.0$ であれば液状化が発生し，$F_l > 1.0$ であれば発生しないことになる．

　以上は道路橋示方書[1]による液状化判定法であるが，他の基準では多少異なった液状化強度の推定法や安全率の定め方を設定している．しかし，基本的な考え方はいずれも同じであるとみなしてよい．液状化については，多くの研究がなされ多数のデータと考え方が提示されてきているので，これらを参照することが望ましい．

参 考 文 献

1) 日本道路協会，道路橋示方書・同解説 V 耐震設計編，1996.
2) 石原研而，地盤の液状化，朝倉書店，2017.

索　引

あ　行

圧縮係数　109
圧縮指数　110, 114, 170
アッターベルク限界　14
圧　密　98, 105
圧密係数　119, 132
圧密降伏応力　113
圧密先行圧力　112
圧密度　125
圧密排水試験　155
圧密非排水試験　155, 285
圧力球根　206
安全率　263
安息角　265

一軸圧縮試験　171

鋭敏比　24
液状化　185, 291
液性限界　13, 15, 17
液性指数　14
エネルギー補正　173, 177
鉛直自立高さ　225

温度伝導率　46

か　行

過圧密過程　167
過圧密粘土　112
過圧密比　112, 169
過剰間隙水圧　90
間隙圧係数　93, 104
間隙比　2
間隙率　2
間隙水圧　87
間隙水圧係数　160
含水比　3, 6
乾燥単位体積重量　3

ギャップのある粒度　84
強度増加率　163
極限支持力　245
曲率係数　13
均等係数　12

クイッククレイ　24
Coulomb 土圧　226

限界状態　180
限界動水勾配　79
コア　82

コンシステンシー　13
コンシステンシー指数　15

さ 行

cyclic mobility　291
最大せん断応力面　142
最終沈下量　126
最適含水比　53
サクション　35, 38
残留強度　180, 182

シェル　82
時間係数　122
支持力係数　248, 258
湿潤単位体積重量　3
地盤反力係数　212, 213
締固め曲線　53
収縮限界　14
主応力面　141
主働土圧　221, 234
主働土圧係数　221, 223
受働土圧　221
受働土圧係数　221, 223
準定常状態　187

正規圧密　163
正規圧密過程　167
正規圧密粘土　112
静止土圧　230, 234
静止土圧係数　220, 231, 233, 249
ゼロ空隙曲線　54
全応力解析　285
全応力法　285
潜　熱　45

相対密度　25
塑性過渡領域　251
塑性限界　14, 16, 18
塑性指数　14, 18, 163, 233

た 行

体積圧縮係数　106
体積含水率　2
ダイレタンシー　98, 102, 155
Darcyの法則　63, 120
単位体積重量　7
短期の安定問題　90

長期の安定問題　90
貯留係数　42
沈下の影響係数　210

統一分類法　28
凍上現象　49
透水係数　41, 64
動水勾配　63, 78
透水力　76
突出型変形　238, 240
土粒子の比重　3

な 行

内部浸蝕　84
内部摩擦角　96, 147, 177, 231, 277

熱拡散率　46
熱伝導率　45
熱容量　43
粘着力　147, 223, 243
粘土の活性度　21

は　行

排水せん断強度　176
パイピング現象　81, 82

比　重　6
非塑性土　19
比　熱　43
非排水せん断強度　160

フィルター　82

変相線　188

ボイリング現象　80
膨張指数　116
飽和度　2

ま　行

溝型変形　238, 240

メニスカス　35

毛管作用　34
Mohr の応力円　145, 150
Mohr-Coulomb の破壊規準　148, 153

や　行

有効応力　87
有効応力解析　285
有効応力法　285
有効粒径　12

ら　行

Rankine 土圧　223

粒径加積曲線　9
粒度分布　22
流動曲線　15
流動指数　15

ロックフィルダム　82

著者の現職
中央大学研究開発機構教授
東京大学名誉教授
工学博士
日本学士院賞（2000 年）
米国工学アカデミー外国人会員

第 3 版 土質力学

平成 30 年 1 月 30 日　発　　行
令和 6 年 1 月 10 日　第 5 刷発行

著作者　　石　原　研　而

発行者　　池　田　和　博

発行所　　丸善出版株式会社
〒101-0051　東京都千代田区神田神保町二丁目17番
編集：電話 (03) 3512-3266／FAX (03) 3512-3272
営業：電話 (03) 3512-3256／FAX (03) 3512-3270
https://www.maruzen-publishing.co.jp

Ⓒ Kenji Ishihara, 2018

組版印刷・中央印刷株式会社／製本・株式会社 松岳社
ISBN 978-4-621-30234-7　C 3051　　　　Printed in Japan

JCOPY　〈(一社)出版者著作権管理機構　委託出版物〉
本書の無断複写は著作権法上での例外を除き禁じられています．複写
される場合は，そのつど事前に，(一社)出版者著作権管理機構（電話
03-5244-5088, FAX 03-5244-5089, e-mail: info@jcopy.or.jp）の許諾
を得てください．